JN132773

恐竜の教科書

最新研究で読み解く進化の謎

DINOSAURS
How They Lived and Evolved

【著】
ダレン・ナイシュ
Darren Naish

ポール・バレット
Paul Barrett

【監訳】
小林快次
久保田克博
千葉謙太郎
田中康平
【訳】
吉田三知世

創元社

凡例

- 恐竜名や分類群名、その他の専門用語、人名は、基本的に各章の本文初出箇所に英語を
  併記し、図の説明文にのみ記載されている語については、説明文に英語を併記した。
- 図表や解剖学的な写真は、基本的に英語を併記した。
- 図の説明文のうち、同じ英語が図中に記載されているものは、日本語のみとした。
- 年代表は英語を併記せず巻末資料で示し、各表に「年表の英語表記は巻末資料参照」と
  記載した。
- 分類群名の英語表記は、形容詞や一般称、複数形は記載せず、固有名詞として記載した。
  例 ティラノサウルス科 Tyrannosauridae

目次 *Contents*

	監訳者序文	004
第1章	歴史、起源、そして恐竜の世界	008
第2章	恐竜の系統樹	044
第3章	恐竜の解剖学	084
第4章	恐竜の生態と行動	126
第5章	鳥類の起源	182
第6章	大量絶滅とその後	202
	資料	222
	用語解説	224
	参考文献	225
	和英索引	226
	英和索引	232

監訳者序文

　恐竜研究の速度は年々速くなり、その情報量に追いつくことが大変である。これまで「定説」とされてきたことが、あっという間に古くなり、これまで考えもつかなかった恐竜の新しい像が唱えられる。そうかと思うと、2つの説を行ったり来たりして、いつまでたっても決着がつかないものもある。

　たとえば、最近発表された「『定説』を覆した」研究は、恐竜の分類である。これまでは、「恐竜とは2つのグループに分かれます。それらは鳥盤類と竜盤類です。これらは、腰の骨を見ると区別ができ、鳥の骨盤を持った方が鳥盤類、トカゲの骨盤を持った方が竜盤類です」と説明してきた。この分け方は、誰もが信じており、恐竜情報においては、最も初歩的なものであった。

　しかし、2017年にイギリスの研究チームが、この"定説"に異論を唱える。従来、獣脚類は竜脚形類と近縁とし、その2つのグループ（獣脚類と竜脚形類）が竜盤類を形成しているとされていた。しかし彼らは、竜盤類など存在せず、獣脚類と鳥盤類が近縁でこの2つのグループが鳥肢類という大きなグループを作ると発表した。ちょっとわかりにくい人のために、違う形で説明すると、これまで巨大なブラキオサウルスと凶暴なティラノサウルスは近い関係にあり、トリケラトプスは蚊帳の外だった。しかし、今回の研究により、蚊帳の外だったのはブラキオサウルスだったということということになる。恐竜に興味のない人には、大したことはないことかもしれないが、私たち恐竜研究者にとっては、恐竜の進化の大きな流れを解釈する上での定説が根本から覆ったことになり、衝撃的な提案だった。あまりにも衝撃が大きすぎて、まだ完全に支持される説にはなっていない。

　私がこの研究が面白いと思ったのは、鳥盤類・竜盤類の組み合わせが正しいのか、竜脚形類・鳥肢類の組み合わせが正しいのかという点ではない。このような、「定説」というところにチャレンジした彼らに敬服する。そのチャレンジが大きければ大きいほど、その考えが合っていれば多大な賞賛を受けるが、その一方で世界中から反論や非難を浴びる可能性が大きい。実際、この研究の欠点として、初期の鳥盤類の化石が少なすぎるため、結果の信頼性が低いと考える研究者がいる。どちらにせよ、このように新しい説が提唱されることで、恐竜研究がさらに進歩し、より多くのことがわかってくる。

　「2つの説を行ったり来たり」という研究の例に、ティラノサウルスの羽毛問題が挙げられる。ティラノサウルスは、恐竜ファンから絶大な人気を博しているが、研究の分野も同様で、ティラノサウルスを題材としている研究者は多い。

1990年代から現在まで多くの「羽毛恐竜」と呼ばれる、羽毛の痕跡が残った化石が発見されている。特に中国の遼寧省から無数と言っていいほどの羽毛恐竜が次々と発見されている。1996年に、シノサウロプテリクスが発表された時は、ショッキングだった。恐竜に羽毛が生えている。これまで考えられなかった事実が、シノサウロプテリクスの化石によって証明された。鳥類が恐竜類であることを確定させる標本でもあり、"羽毛恐竜化石ラッシュ"のきっかけにもなったものだ。

　それから8年後の2004年に、ディロングという恐竜が、同じ遼寧省から発見される。この化石は、原始的なティラノサウルス上科で大きさはほんの2mしかない。私たちが持っているティラノサウルスのイメージとはかけ離れている。このティラノサウルスのご先祖様の衝撃だったことは、羽毛の痕跡があったことだ。つまり、ティラノサウルスの祖先には、羽毛が生えていたことがわかった。「個体発生は系統発生を繰り返す」というヘッケルの反復説があり、それは動物の発生（成長）の過程が進化の過程を辿るというものだ。これをティラノサウルスに当てはめる研究者が出てきた。つまり、T-rexとして知られるティラノサウルスに羽毛が生えていたかどうかわからないが、成長しきっていない子供は、原始的なディロングのように羽毛が生えていたのではないかという考えだ。これによって、ティラノサウルスも子供の時には、羽毛が生えていると考えられた。さらに決定的だったのは、同じ遼寧省から発見されたユウティラヌスだった。全長が9mと大きなティラノサウルスの仲間だが、これにも羽毛の痕跡が残されていた。この発見によって、巨大なティラノサウルスにも羽毛が生えていたに違いないと考えられるようになった。

　しかし、その一方で、学術的な報告はなかったが、ティラノサウルスの皮膚痕の化石があり、それには羽毛ではなくウロコが残されていることが知られていた。そして、ついに2017年にティラノサウルスの皮膚についての研究成果が発表された。それによると、Wyrexと呼ばれるティラノサウルスの標本の首、腰、そして尻尾にウロコが残っていることが判明した。10m以上に達した巨大なティラノサウルスに対して、そのウロコは1mmにも満たない小さなものだった。この研究によって、ティラノサウルスは羽毛で覆われておらず、ウロコを持つ爬虫類と同様にウロコで覆われていたと考えられた。これで決着か？　と思われるが、そうではない。今でも、羽毛が生えていたと考える研究者も多く、ティラノサウルスの羽毛問題は、「生えている vs 生えていない」で意見が割れている。

　恐竜研究が進んでいるのは、海外だけではない。この日本でも恐竜研究は盛んだ。かつては、日本からは恐竜化石は出ないとされてきたが、今では違う。北は北海道から南は鹿児島まで、全国から恐竜の化石が見つかっている。世界に誇れる恐竜化石が北陸地方を中心に発見されていたが、現在では北海道、兵庫県、九

州（熊本県や鹿児島県など）が特に注目を浴びている。北陸地方のものは、恐竜化石の空白時代と言われた白亜紀前期の地層から発見されていた。一方で、北海道・兵庫県・九州は、恐竜の大繁栄の時期として知られる白亜紀後期の地層が広がり、貴重な化石が次々と発見されている。特にティラノサウルスの時代である白亜紀末の化石が発見され、日本でもティラノサウルスの時代について、また恐竜絶滅の原因についても追求できる化石が発見されている。また、兵庫県の白亜紀前期の化石の保存の良さは世界的に見ても異例であり、今後の調査によって世界を驚かせるような化石が発見されるのは間違いない。

　そして、日本の恐竜研究において最大の発見といえば、北海道むかわ町穂別地区から発見された「むかわ竜」だろう。約7200万年前という "T-rex の時代" の地層から発見された恐竜全身骨格化石で、全長は8mと考えられている。植物を食べていたハドロサウルス科の恐竜で、海の地層から発見された。

　この全身骨格は、頭から尻尾まで化石として残っており、ボリュームでいうと全体の8割ほどの骨が残っている、日本で初めての大型恐竜全身骨格となった。このような中型または大型の恐竜全身骨格の発見は、昭和9年にまでさかのぼる。当時日本領だった樺太から発見されたニッポノサウルスは6割程度とされており、この発見以来ということが言える。現在樺太は日本領ではないので、「むかわ竜」は日本で初めての大型恐竜全身骨格となった。それだけでも、日本の歴史に残る発見であることの証明になるが、それだけではない。海の地層から発見されたことと白亜紀末の時代の恐竜というところが面白い。海の地層から発見される恐竜化石は世界的にも珍しく、この化石から沿岸に広がっていた恐竜の生態系というものが明らかになってくる。これは、世界的にも不明な点が多く、注目度

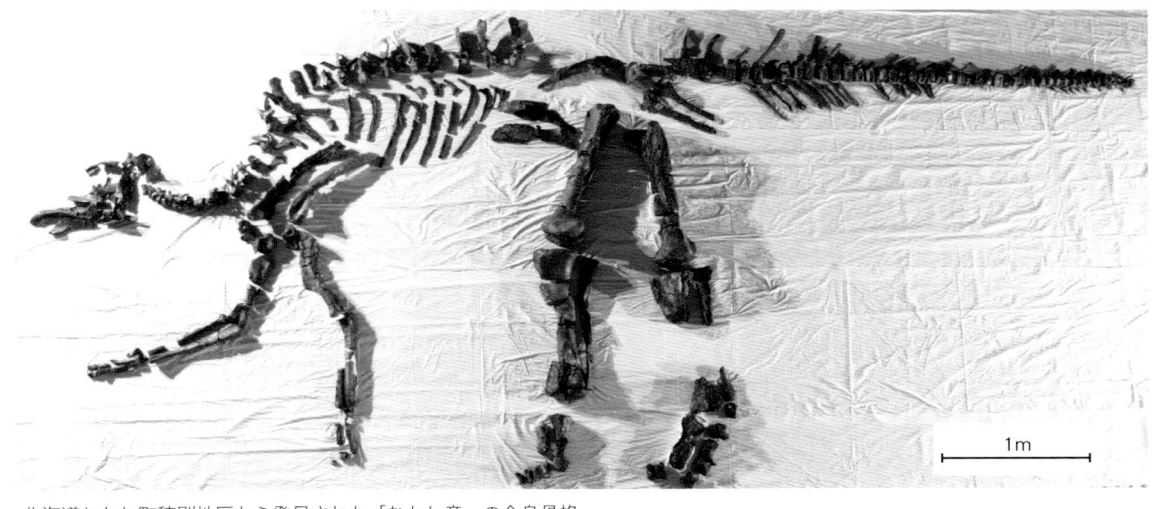

北海道むかわ町穂別地区から発見された「むかわ竜」の全身骨格

が高い。

　さらに、白亜紀末の恐竜化石であることから、恐竜絶滅のメカニズムについても一石を投じる可能性がある。小天体の衝突によって、恐竜は突然いなくなったのか、それとも衝突以前から恐竜は衰退していたのか。白亜紀末に向けてのハドロサウルス科の形態多様性の変化を調べた研究によると、北米では衝突前から衰退が始まっていたとされている。一方で、アジアでは多様性が増えており、地域によって恐竜の繁栄と衰退が異なっていることがわかっている。「むかわ竜」を含めたアジアのハドロサウルス科をもう一度研究することによって、壊滅的な小天体の衝突までに何が起こったのかがわかってくるかもしれない。この「むかわ竜」だけではなく、兵庫県の恐竜化石、熊本県や鹿児島県の恐竜化石など、世界に誇れる化石によって日本の恐竜研究が発展していくだろう。

　これらの例のように、国内外の恐竜研究は日々進歩し、恐竜への「常識」はめまぐるしく変わっている。その一方で、恐竜の基礎を学べる本を日本で探そうとなると至難の技である。子供向けの一般書は数多くあるが、もう少し深い情報を得ようとすると、その選択は限られてくる。そのような時にこの本『恐竜の教科書』が非常に役に立つ。

　『恐竜の教科書』は、世界でも最も活躍しているイギリスの恐竜研究者であるダレン・ナイシュとポール・バレットが執筆した本である。そして、30代の若き日本人恐竜研究者（私を除いてだが）が、翻訳の監修をしているという画期的な本である。この本は、教科書と銘打っているように、恐竜の基礎を学ぶには丁度いい本と言える。6章で構成されており、最初の章では、恐竜研究の歴史や恐竜の起源について、第2章では恐竜の分類について、第3章では恐竜のカラダについて、第4章では恐竜の生物学について、第5章では恐竜から鳥への進化について、そして最後の第6章では恐竜の絶滅について解説されている。この本のいいところは、最新の研究結果だけでなく、その背景や歴史にも触れていることだ。そのことによって、研究の流れが理解でき、読み物としても面白い。教科書というと学生のためという印象を受けるかもしれないが、そうではなく、恐竜に興味を持つすべての人が最初に手に取る本としてふさわしいものだと思う。最初から最後まで通して読むのもよし、興味のあるトピックスから読み始めるのもよしという便利な本だ。また、カラーで刷られ多くの絵や図が使われ、ビジュアル的にも楽しめる本と言える。

　いずれにせよ、一家に一冊というのが、この『恐竜の教科書』である。

2019年1月

小林快次

歴史、起源、そして恐竜の世界

第 1 章

HISTORY, ORIGINS AND THEIR WORLD

恐竜類Dinosauriaは、これまでに存在した動物のなかで、最も有名なグループの1つだ。約2億3000万年前の三畳紀に出現して以来、ジュラ紀（2億100万年前〜1億4500万年前）と白亜紀（1億4500万年前〜6600万年前）を通して、極めて長い期間にわたって陸地に君臨し、進化によって夥しい数の種speciesを生み出した。これまで1000を超える種が命名され、その多くが、想像を超える奇妙な動物だ。たとえば、最強の肉食動物ティラノサウルス Tyrannosaurusや、背中に骨板platesが並んだステゴサウルス Stegosaurus、首や尻尾が長いディプロドクス Diplodocusが有名だ。さまざまな生活様式のなかで独特な進化をし、驚異的な適応を行うことで、1億5000万年以上に及ぶ極めて長い期間にわたって優勢を保ち、栄えたのだ。本書でのちに紹介するが、恐竜は、今生きている動物のうち、最も優勢なグループの1つでもある。なぜなら、恐竜は遠い過去の動物ではなく、現在、最も私たちの目につき、広く分布しているグループの1つとして存続し繁栄しているからだ。

恐竜は、巨大な体に進化したことでよく知られている。最大の種は、現在のクジラに匹敵する大きさだったが、恐竜はクジラと違い陸上生活に適応していた。実際、体が巨大化したことは、恐竜の歴史においても重要な進化であり、規格外に大きな恐竜も出現した。恐竜は、他にも数えきれないほどの進化や生物学的革命を成功させており、研究者たちの関心の的になっている。体を守る鎧のような皮骨osteoderm、角、とさか、とげ、背中に並んだたくさんの骨板、そして武器として使える尾などの構造といった、画期的な進化をしたのだ。一部の恐竜は、これまでに地球上に出現したなかで、最も特殊な歯や歯列batteryを持っていた。また、ある恐竜は進化によって、他の

第1章 歴史、起源、そして恐竜の世界

▲恐竜は、年齢にかかわらず私たちの興味を引き付ける。この絵に描かれたアロサウルスやディプロドクスのような、鳥ではない恐竜たちが生きていたときは壮観だっただろう。

陸生動物には見られない、驚くべき首の構造を持つようにもなった。

恐竜には二足歩行のものと四足歩行のものがあり、ある爬虫類のグループから進化した。二足歩行の体型から四足歩行の体型に、そしてまたその逆方向に進化できたことが、恐竜のユニークさとも言える。実際、この双方向の変化を行えたことが、恐竜が繁栄できた一因かもしれない。

約1億6000万年前に羽毛を持つ小型の肉食恐竜（獣脚類Theropodaと呼ばれる）が鳥へと進化したことを示す、素晴らしい化石が発見されている。さらに今日では、鳥は恐竜であるということを示す一連の化石が知られている。そう、鳥は、恐竜の親戚だとか、子孫だとかいうのではなく、系統樹phylogenetic tree上でれっきとした恐竜の仲間なのだ。つまり、羽と飛行能力が進化したことは恐竜の歴史の中で重要な要素であり、最も興味を引かれる研究テーマとなっている。

鳥が恐竜そのものだということは、研究上重要な知見である。恐竜は絶滅したという考えは捨てなければならず、恐竜は絶滅していないということを受け入れなければならない。恐竜は大きく獣脚類、竜脚形類Sauropodomorpha、鳥盤類Ornithischiaという3つのグループに分けられるが、このうち、獣脚類に含まれるグループの1つが、約6600万年前に白亜紀を終焉に導いた大量絶滅mass extinctionを生き延び、その後に続く時代に爆発的に多様化した。このグループの生き残り、すなわち鳥類Avesは、現在約1万種存在している。

▲保存状態の良い化石がいく
つか発見され、この図の中国
の白亜紀前期の地層から発見
されたシノルニトサウルス
Sinornithosaurus など、鳥に
似た恐竜たちは、全身を羽毛で
覆われており、長年考えられて
いたよりもはるかに鳥に似てい
たことが明らかになっている。

一部の専門家は、鳥が地球上に現れてからこれまでに100万種もの鳥類が存在したと考えている。鳥類の進化は、小さな恐竜から始まった。現在の「平均的」な鳥は、体重たったの40g、全長20㎝未満しかない。この軽い体のおかげで、鳥類は他の恐竜には不可能だった生活様式をとることができたのだ。鳥類の起源、進化、そして多様性については、第5章と第6章で詳しく述べる。

鳥類の種の数、地理的分布、そして体の構造に起こった革新的な進化がいかに重要かを考え、恐竜の進化やその多様性について論じるとき、鳥類は恐竜なのだということを初めに確認しておくことが大切だ。また、鳥類を恐竜に含めることで、恐竜全体を一般化して論じるのは難しくなることも理解しなければいけない。たとえば、肉食恐竜について述べるとき、そこにはアロサウルス Allosaurus やティラノサウルスと並んでフクロウ、タカ、ハヤブサも含まれるのだろうか？　恐竜の絶滅extinctionの話をするとき、それはドードーやリョコウバトの絶滅も指すのだろうか？　このような疑問が生じてくる。

古生物学者は、いくつかの手段でこの問題を回避している。一部の本では、最初に、「恐竜」という言葉は「鳥ではない恐竜」という意味で使うと断っている。便利なやり方かもしれないが、これでは不正確だ。鳥類はまさに恐竜なのだという事実は極めて重要なので、「恐竜」という言葉に出会えば常に、鳥類を無視せず、意識にとめておかなければならない。現在多くの研究者が、「鳥類を除いたすべての恐竜」を意味するいくつもの専門用語を使っている。普及しているのは、「非鳥類型恐竜non-avian dinosaurs」と「非鳥群型恐竜non-avialan dinosaurs」だ。本書では、鳥類ではない恐竜を特に指す必要のあるときは、「非鳥類型恐竜」という用語を使うが、白亜紀末を超えて存続した鳥類を含まない恐竜を指す場合には、「非鳥類型恐竜と原始鳥類」という用語も使う。総じて、本書で「恐竜」という言葉を使う場合、それは恐竜類という意味であり、鳥類もすべて含んだ概念である。

新たな恐竜の化石が見つかったとき、古生物学者が真っ先に行うのは、文献に記載されている既存の化石を確認することである。文献をチェックすれば、その恐竜の体の大きさ、体型、あるいは生活様式が述べられていることがある。このとき、骨学的な情報に特に注意する。新しく発見した化石に、これまでに見られたことがないユニークな特徴がある場合、新しく命名しな

第 1 章　歴史、起源、そして恐竜の世界

ければならない。専門家たちは、新しく見つかった恐竜の骨学的特徴を、他の恐竜と比較することによって、その恐竜が系統樹のどこに位置するのか、およその見当をつけ、該当する恐竜グループの進化史に関する仮説を立てる。進化史の研究に分岐学cladisticsと呼ばれるものがあり、恐竜研究のかなりの部分が、これをテーマにしている。

　新しい恐竜化石を記載し、系統樹の位置関係を解明したら、それで研究が終わりというわけではない。骨がどのように動くのかや、骨から恐竜の生態についてなどを研究するのも古生物学者の仕事だ。骨は、筋肉を支えるただの支柱や梁ではない。骨は、常に体の内部で再構築remodellingされ、形を変えながら成長する構造を備えている。古生物学者は、骨の薄片試料を作成して顕微鏡で観察し、その結果から、恐竜の成長過程から生殖活動に関することまで、多くのことを解明している。また、歯、筋肉、その他の構造を研究し、絶滅した恐竜が生きていた当時、どのように生活をしていたのか、どのように動き、呼吸し、食べたのかを明らかにしようとしている。骨の構造が、動き、機能、行動にいかに関係しているかを知る研究は、機能形態学functional morphologyと呼ばれている。現在、恐竜の機能形態学の研究では、三次元（3D）画像化、CTスキャン、デジタル写真測量法（多数の画像と計測値から対象物の幾何学的特性を得る方法）など、コンピュータを使っ

◀このようなほぼ完璧なステゴサウルスの骨格のように巨大な化石を発掘するのは、大きな労力を必要とするたいへん困難な仕事だ。だが、このような化石を発見し発掘することは、長い科学的プロセスの初めの一歩にすぎない。

011

名前に込められた意味

　現在の動物とは違い、絶滅した動物には通称がなく、ティラノサウルス・レックス *Tyrannosaurus rex* やトリケラトプス・ホリドゥス *Triceratops horridus*、アーケオプテリクス・リトグラフィカ *Archaeopteryx lithographica* などの、いわゆる「学名 scientific name」を使う。学名は欧文では常にイタリックで書くことになっている。絶滅したものも含め、すべての動物、植物、菌類に、2つの部分からなる学名が割り当てられている。この二名法 binomial system と呼ばれる命名法は、1758年にスウェーデンの生物学者カール・リンネ（Carl Linnaeus）によって考案された。学名の後ろの部分は、その種を表す固有の名称である（種 Species とは、外見と遺伝的特徴が共通で、個体間で生殖 reproduction が可能な個体群のこと）。種は近縁のものどうしをまとめて、属 Genus というグループに分けられる。学名の前の部分は属名で、大まかに言って似ており、他の属の種よりも互いに密接な関係にある複数の種を指す。たとえば、トリケラトプス・ホリドゥスは、トリケラトプス *Triceratops* という属に含まれる2つの種のうちの1つだ（もう1つはトリケラトプス・プロルスス *Triceratops prorsus*）。属には必ず複数の種が含まれるわけではなく、1つしかないこともあり、むしろ絶滅した恐竜の属の多くは、1つの種しか含まない。したがって、絶滅した恐竜を論じるときは属名だけを使うことが多くなる。

　属と種小名の名称を併記する学名には、1つ厄介な問題がある。この命名法では、その生物が系統樹のどこに位置するかという仮定がそのまま名前として使われてしまうのだ。たとえば、トリケラトプス・ホリドゥスとトリケラトプス・プロルススは、近縁の種だと考えられているため、トリケラトプスという属に一緒に入れられているが、今後の研究でどちらか一方が、別の属に含まれる種により近いことが明らかになれば、少なくとも一方の名称を変えねばならなくな

▲カール・リンネ（1707 〜 1778年）は動植物の分類の権威。スウェーデンの生物学者である。彼が考案した二名法による命名方式は、今日も使われている。

る。進化から見た種どうしの関係について発見が続く限り、二名法による学名は変化する運命にある。

　リンネは、二名法による命名方式を確立したのみならず、種と属をより大きなグループにまとめる階級式の分類体系も作り上げた。上の階級に行くほど、多くの種がまとめられていくシステムだ。属は科 Family というグループにまとめられ、科は目 Order に、目は綱 Class に、綱は門 Phylum にまとめられる。これが、種と属を分類する基盤となっている。伝統的に、1つの属（ここでもトリケラトプスを例に取ろう）は、他の属とともに、科（この場合、ケラトプス科 Ceratopsidae）にまとめられる。そしてこの科は、他の科とともに、目（この場合、鳥盤目）にまとめられる。これがさらに上の階級へと続いていくわけだ。

　リンネの階級分類法には、1つ問題がある。研究者も含め、人々は、違うグループであっても、階級

第 1 章　歴史、起源、そして恐竜の世界

が同じ（科なら科）なら、そこに含まれる動物の、たとえば体の構造の多様性はほぼ同じ程度だとつい思い込んでしまうのだ。たとえば、非鳥類型恐竜や原始鳥類の「科」や「目」が持つ体の構造の多様性は、現在の哺乳類の「科」や「目」と同じぐらいだと思い込んでしまう。だが、実際にはそうではない。リンネ分類法の階級は、違う動物たちについては大きく異なり、そこに含まれる体の構造などの多様性も大きく異なる。このこともあって、生物学者や古生物学者の多くが、リンネの階級分類法には見切りをつけ、分岐学というものにしたがって、適切なクレードclade（日本語では、「分岐群」とも呼ばれる）の名称を付けるほうが便利だと考え、より実態に即した、系統分類学phylogeneticsもしくは分岐学と呼ばれる分類法を採用しはじめている。クレードとは、そこに含まれるすべての種が、1つの共通する祖先の子孫であるグループのことなので、分岐学の

システムでは、どのグループでも、それが1つのクレードである限り、命名することができる。

　非鳥類型恐竜と、原始鳥類に対して使われる分岐名は、少数の種しか含まない小さなグループから、数千の種を含む巨大なグループまで、多岐にわたっている。リンネの分類法の科に相当するような小さなクレードもまだ使われている。たとえば、ティラノサウルス科Tyrannosauridaeやケラトプス科などだ。だが、前述のクレードの他に、関連する他の種も含むクレード名も広く使われている。たとえば、ティラノサウルス科とその近縁のグループを含むクレードは、ティラノサウルス上科Tyrannosauroideaと呼ばれている。また、たとえば、ケラトプス科と、その近縁のズニケラトプスZuniceratopsやトゥラノケラトプスTuranoceratopsを含む分岐は、ケラトプス上科Ceratopsoideaと呼ばれる。現在、恐竜に対しては夥しい数のクレード名が使われている。

　また、恐竜の系統樹や進化上の結びつきについて新たな発見があるたびに、新しいクレード名が次々に作り出されている。

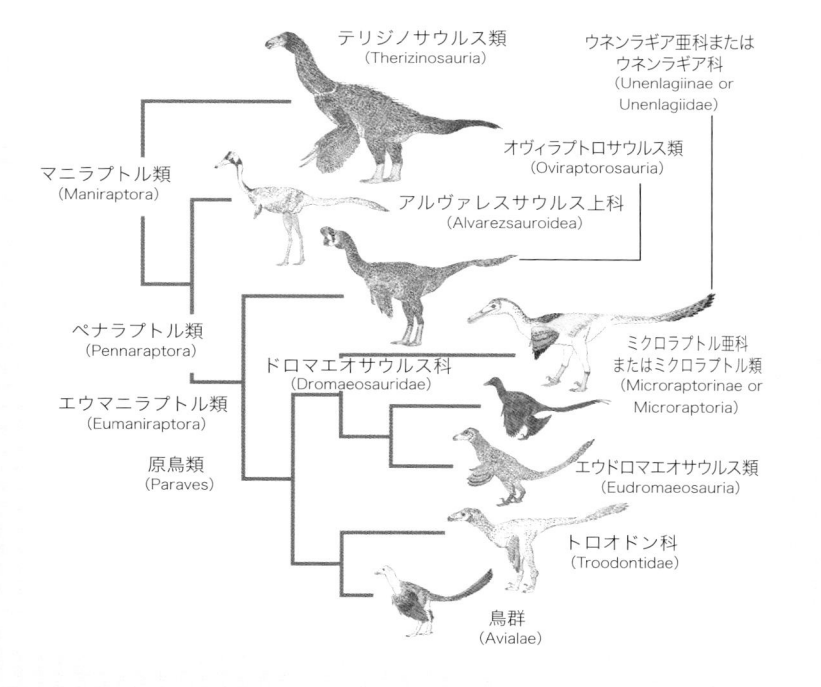

▲分岐図は、生き物どうしの進化上の関係性を図示する手段の1つだ。この図は、マニラプトル類（恐竜類というクレード内の、獣脚類というクレードの分岐）の分岐図を示している。分岐図には、それぞれのグループがクレードにどのように収まっているのかが示されており、また、多くのクレードの名称が表示されている。この図に示されている、マニラプトル類、ペナラプトル類、ドロマエオサウルス科などはすべてクレードの名前である。

013

た手法が日常的に用いられている。恐竜の機能形態学については第3章で詳しく解説し、また、これらの研究が恐竜の生態や行動にとってどのような意味を持つかについては第4章で論じる。

　化石として発見された恐竜が、どのように歩行していたかについては、足跡化石という直接的な証拠がある。中生代の恐竜の足跡化石は、数百万点知られており、歩行や行動に関するデータを得ることができる。また、恐竜の糞、胃stomachや腸intestineの内容物、皮膚の痕跡も発見されていて、これらのものからも生態や行動に関する重要な情報が得られる。生痕化石trace fossilと呼ばれるこれらの証拠に関しては、第4章で詳しく見ることにしよう。

　恐竜の生態と行動を巡る多くの疑問は、未解決のままだ。恐竜の歩行した足跡や、多数の骨格が重なって発見される状況などから、恐竜の多くの種が、集団で生活し、移動し、巣作りnestingをしていた、社会的動物だったことがわかっている。集団で生活する現代の動物はさまざまな種類の社会的行動communal behaviour

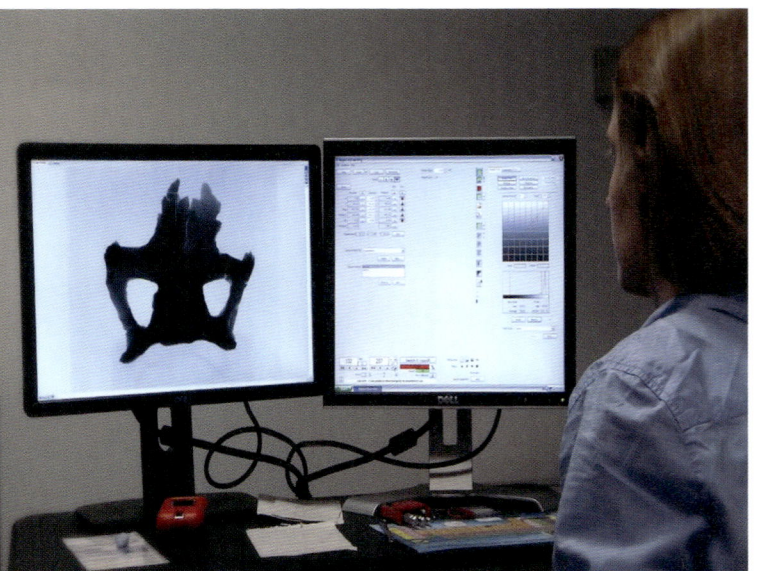

▲技術の進歩により恐竜化石の研究方法も変化しており、現代の古生物学者たちはCTスキャンを頻繁に使っている。最近までは、病院や外来診療所のCTスキャナーを借りていたが、今では多くの古生物研究グループが自らスキャナーを所有している。この写真は、ロンドン自然史博物館の研究者がステゴサウルスのスキャン画像を観察しているところ。

をとる。これは、鳥類や哺乳類のみならず、トカゲ、カメ、ワニについても言えることだ。非鳥類型恐竜も同様に複雑な行動をとる存在だったと仮定できるが、恐竜の集団行動に関して化石の記録から得られる情報は少なく、推測が入ってしまう。恐竜は、求愛し、敵と戦ったに違いないし、餌と水を見つけ、悪天候を避けなければならなかっただろうし、おそらく、仲間と争ったり、子供や仲間を世話したり助けたりしたはずだ。他の種と関わり合うこともあっただろう。

　一方で、化石が恐竜の行動に関してまったく何も語らないというわけではない。膨大な数の恐竜の卵や巣が知られており、恐竜の巣作りや繁殖行動について多くのことが明らかになっているし、また、幼体juvenileの化石が成体の化石と同じ場所で発見された場合は、子育て行動についても知ることができる。ある恐竜の種のなかに見られる骨の違いを調べれば、そこから、性別による違いや、成長段階growth stageごとの違いなどを突き止めることができ、その結果、社会構造も推定できるかもしれない。さらに、噛まれた跡やけがの痕跡は、恐竜と捕食者や同じ種の他の個体との関わりを示す。こ

系統樹の構築

　さまざまな動物の種どうしが、進化上どのような関係にあるかを示す標準的な手法として、枝分かれした木のように表すことがある。これを系統樹と呼ぶ。化石やデータが明らかになるにつれて、系統樹も系統樹を作る方法も、次第に複雑になっている。

　1980年代以前、古生物学で動物の種を分類する際は、他のグループの種が持っていない特徴を共有する種どうしをまとめるのが普通だった。その際、ごく少数の体の構造の特徴だけを考慮して、種どうしの関係を推測していた。進化の跡を辿るこのような伝統的な方法は、20世紀終盤に捨て去られてしまう。というのもその間に、多くの研究者が、分岐学と呼ばれる、生物学者のヴィリー・ヘニッヒ（Willi Hennig）の考え方と手法を採用するようになったためだ。ヘニッヒは、複数の種を同じ1つのグループにまとめられるのは、それらの種が進化によって新しく出現した固有の特徴を共有する場合だけであり、グループの存在を認め命名できるのは、そこに含まれるすべての種が、1つの共通の祖先を共有する場合だけだと主張し、このようなグループを分岐群またはクレードと呼んだ。

　生物のグループを研究するとき、研究者たちは大量情報を収集する。以前は、進化の痕跡を辿ろうとする際、ごくわずかな特徴しか扱えなかったのだが、現在では、数百もしくは数千もの項目に関する情報を検討する。研究対象となっているグループのなかで種によって異なる特徴は何かをリスト化し、続いて、研究対象の種のうち、どの種がどの原始形質と派生形質を持っているかを特定し、そのグループのなかで、解析したい特徴がどのように分布しているかを記述するデータを巨大な表にまとめる。化石になった脊椎動物の場合、解析可能な特徴の多くは、骨から得られる情報だ。現生動物の研究では、遺伝子コードの一部、行動の特徴、あるいは、分布、匂い、声なども解析可能である。たとえば、霊長類の場合、尾は原始形質だ。この特徴は、化石で発見された霊長類、霊長類の歴史の初期に進化し現存している種、そして、ツパイなど、霊長類に近い種で見られる。これに対して、尾がない状態は派生形質である。このあとさらに、数種類のコンピュータプログラムを使って、このデータを解析する。それらのプログラムは、すべてのデータを参照し、最も多くの形質を共有する種どうしが同じグループに含まれるようにグループ分けをする。

　その結果得られるのが、枝分かれした木のような図で、系統樹または分岐図cladogramである。この図は、さまざまな種がどのような関係にあるかを示すのみならず、図で枝分かれしている箇所、すなわちノードnodeが、どれくらい信頼性が高いかをも示している。系統樹のいくつかのノードは、多くの派生形質で支持されており、その場合そのノードに含まれる種の近位性は信頼性が高い。一方で、その他のノードの中にはあまり支持されていないものもある。一般的に、データが多ければ多いほど、得られる系統樹が複雑になる傾向がある。しかも、この方法で得られる系統樹は1つだけではないことが多い。与えられた形質データを元に推定される合理的な種どうしの関係として、いくつかの可能性があるというのはよくあることだ。そのため、最終的に示される系統樹も複数になる。

　分岐学の研究者は、系統樹は、単なる仮説なのだということを決して忘れないよう心掛けている。系統樹はあくまでデータを説明するものであり、新たな証拠が得られたり、間違いが特定されたり、従来の解釈が覆されたりするたびに検証され修正されるものだ。できるかぎり多くの情報を考慮に入れて系統樹を作ることで、進化のパターンの正確な再現を目指すことが可能になる。そのようなパターンを手にすることによってのみ、生物がその歴史のなかで経験した実際の変化を理解する道が拓ける。

▲ここに描かれている白亜紀後期の、頭部にとさか状の飾りを持つハドロサウルス科の恐竜は、社会的な動物であった。また、複数の種が1つの生息地を共有していた。これらの恐竜は、おそらく、見た目や行動による伝達、音声信号、そして香りなどをコミュニケーションに使っていたと推測される。

の点についても、あとで詳しく取り上げる（第4章参照）。

　絶滅した恐竜の行動や生活様式に関する研究をするとき、現生動物の中で、研究対象になっている恐竜と似ている動物を探し、生活様式や生態系などを推測するという間接的な方法に頼らざるを得ない。また、絶滅したグループのメンバーを、系統樹上でそのグループと近い現生動物と比較するという手法が大いに活用されている。この手法を、系統ブラケッティング法phylogenetic bracketingと呼ぶ（23ページ参照）。

第 1 章　歴史、起源、そして恐竜の世界

恐竜の発見についての小史

　今日私たちが非鳥類型恐竜と呼んでいる動物のグループが初めて科学的に
認識されたのは、1840年代のことだった。このころ、イギリスの解剖学者
リチャード・オーウェン（Richard Owen）は、イギリス南部から産出した
3種類の巨大な爬虫類の化石が、他の爬虫類にはない特徴を共有していると
主張した。

地質時代と地質時代区分

絶滅した恐竜や、その他の化石生物について述べるとき、その化石の地質時代geological timeがいつかを特定しなければならないことが多い。たとえば、ティラノサウルス・レックスは、白亜紀の恐竜だ。白亜紀は、約1億4500万年前から約6600万年前まで続いた地質時代である。もっと正確には、ティラノサウルスは約1億年前から約6600万年前までの、白亜紀後期に属する。さらに厳密に言えば、ティラノサウルスは白亜紀後期の最後の期である、7210万年前から6600万年前までの、マーストリヒチアン期の恐竜だ。概して恐竜の種は、100万年から300万年にわたって存続したあと絶滅していることが多い。白亜紀全体どころか、白亜紀後期を通して常に存在していた恐竜の種など1つもない。そのため専門家たちは、恐竜の地質時代を指すとき、マーストリヒチアン期などの期の名称を使うのが最も便利だと考えている。だが本書では、期の名称はあまり使っていない。

化石の時代を指すとき、本書では2つの情報を組み合わせて使う。「白亜紀」や「マーストリヒチアン期」などの用語はそもそも地層を指す名称から来ているのだが、特定の時代にも対応しているとみなされている。地質学的記録を解釈する際には、地層を特定し、地層どうしが互いにどのような関係にあるかを把握することによって得られる地層からの情報と、化学分析や放射年代測定で特定された時代の情報とを組み合わせて検討する。

地球上にある岩石や堆積物は、地層になって重なっている。地層は、色、整合性、構造、そしてどんな化石を含んでいるかで区別されている。地層は、時代順に重なっており、層ごとに体系的な名前が付けられ年代層序区分chronostratigraphic unitsとしてまとめられている。この区分には、単位の小さなものから「統Series」、「系System」、「界Erathem」があり、それぞれが地質年代区分である「世Epoch」、「紀Period」、「代Era」に対応する。地球の表面に露出する地層の大部分が、3つの界のいずれかに属する。これらの界は、それぞれまったく異なる化石を含んでおり、古生界（太古の生き物の地層）、中生界（中間の生き物の地層）、新生界（新しい生き物の地層）と呼ばれている。非鳥類型恐竜（と、もちろん原始鳥類も）が含まれているのは中生界の地層だ。中生界は3つの系からなっている。最も古い三畳系、それよりはるかに分厚いジュラ系、そしてさらに分厚い白亜系だ。系は、はっきりと上部（後期）と下部（前期）に分かれている場合があり、さらに中部（中期）を持つものもある。たとえばジュラ系の地層は、上部ジュラ系、中部ジュラ系、下部ジュラ系のいずれかに属する。

堆積物がたまるには長い年月がかかり、堆積物（砂や泥など）が岩石になるには数百年から数千年かかるので、地質年代が極めて長い期間を表していることは以前から認識されていた。しかし、実際にどれくらいの時間尺度なのかが正確にわかるようになったのは、1900年代前半に放射年代測定法が開発されてからのことだ。これは、放射性元

これらの珍しい特徴を持っていた3つの化石はどれも、巨大な動物のものと判断され、とりわけ、その体と四肢の形が、とてつもなく重い体重を支える目的に特化していたことをオーウェンは重視した。彼はこの3種類の動物を、小型でたいがいは地面にはいつくばっている現代の爬虫類とはまったく異なり、ゾウやサイのような大型哺乳類に似ているとして、「スーパー爬虫類」

素（カリウム、ウラン、アルゴンなど）の原子核が、時間が経つにつれ、一定の測定可能なペースで崩壊するという、放射性崩壊の原理に基づいた測定法である。地層のなかに残っている元素がどれだけ放射性崩壊しているかを調べることによって、岩石そのものの年代が正確に特定できるわけだ。

　放射年代測定の結果、地球は約45億年前に誕生、生物は約37億年前に出現し、古生代は5億4100万年前に始まり、中生代は約2億5200万年前に始まったことが明らかになっている。恐竜が初めて登場したのは、約2億3000万年前の中生代のことだ。放射年代測定法は、年代層序区分のすべての層の岩に適応されている。層どうしの境界の年代はもちろん、絶滅など、地質記録に残された特定の出来事の年代も特定されている。この手法は、技術や知識が向上するにつれ、随時改良されており、年代層序区分の境界線の年代が修正されることもある。白亜紀と新生代の境界は、以前は約6500万年前とされていたが、2012年に、約6600万年前と訂正された。

　年代層序区分のなかで使われている名称や、重要な出来事の年代に関する情報は、古代の生物や進化の歴史に興味がある人々にとって極めて重要だ。中生代や白亜紀などの言葉が、地層と地質時代の両方に使われているということは、並行する2組の用語があるということである。ティラノサウルスは白亜紀後期に生きていたが、その化石は上部白亜系の地層から産出した。本書を通して、この2つの用語系を注意深く区別することにする。

累代	代	紀	世	期	年代（百万年前）
顕生代	中生代	白亜紀	後期	マーストリヒチアン	66
				カンパニアン	72.1
				サントニアン	83.6
				コニアシアン	86.3
				チューロニアン	89.8
				セノマニアン	93.9
			前期	アルビアン	100.5
				アプチアン	113.0
				バレミアン	121.4
				オーテリビアン	125.8
				バランギニアン	132.6
				ベリアシアン	139.8
		ジュラ紀	後期	チトニアン	145.0
				キンメリッジアン	149.2
				オックスフォーディアン	154.8
			中期	カロビアン	161.5
				バトニアン	165.3
				バジョシアン	168.2
				アーレニアン	170.9
			前期	トアルシアン	174.7
				プリンスバッキアン	184.2
				シネムーリアン	192.9
				ヘッタンギアン	199.5
		三畳紀	後期	レーティアン	201.4
				ノーリアン	208.5
				カーニアン	227.0
			中期	ラディニアン	237.0
				アニシアン	242.0
			前期	オレネキアン	247.2
				インドゥアン	251.2
					251.9

※年表の英語表記は巻末資料参照。

▲地質時代は、階層化された細かい区分に分割されている。恐竜は、顕生代（「目で見える生き物」の時代）のなかの、中生代（「中間の生き物」の時代）と呼ばれる時期に繁栄した。

だと考えた。オーウェンはこれを恐竜類と名付けた。ラテン語で「恐ろしいトカゲ」という意味だが、オーウェンは、「素晴らしい」の意味で「恐ろしい」を使ったのである。

　オーウェンが、最初に恐竜とみなした3つの動物は、肉食の獣脚類のメガロサウルス *Megalosaurus* と、植物食のイグアノドン *Iguanodon* とヒラエオ

▶リチャード・オーウェンは、ヴィクトリア朝時代に最も影響力のあった生物学者、古生物学者で、多数の発見をした。その1つが、イギリスで発掘された数点の爬虫類の化石は、彼が恐竜と名付けたグループにまとめられるという洞察だった。

サウルス*Hylaeosaurus*だった。どれも発表の数十年前に発見されていたが、3つが近い種だとは考えられていなかった。じつのところ、このころには、混乱を来すほど多数の巨大絶滅爬虫類の化石が記録されていた。その多くが、現在のカメ、ヘビ、トカゲ、ワニ類Crocodyliaと明確なつながりはなさそうな、当時の人たちにとっても、摩訶不思議で興味深いものだったのだ。

　実際、人々は何世紀も前から、恐竜やその他の遠い昔に絶滅した動物の化石を見つけては、疑問を持っていた。なかには、古代ギリシア人やローマ人、そして中国の人々のように、化石は神話の英雄や怪物が残したものだと考える者たちもいた。実際に一部の専門家のなかには、神話に登場する動物は、絶滅した動物の化石を解釈しようとして生まれたものだと主張する者たちもいる。こうした神話の生き物の中で最も有名な例は中央アジアを起源とするグリフィン伝説である。

　恐竜は厚皮類（かつて提唱されていた哺乳類の分類群で、イノシシ、カバ、ゾウ、ウマなどが含まれると考えられていた）のような動物だというオーウェンの考え方は、19世紀後半にヨーロッパで新たな化石がいくつも発見されたことで疑問視されるようになった。これらの化石のなかには、恐竜と鳥類が進化系統のなかで近いところにあることを示すものがあった。イギリスで産出した、二足歩行の小型植物食恐竜、ヒプシロフォドン*Hypsilophodon*と、それよりもっと小さい、ドイツで産出した二足歩行肉食恐竜、コンプソグナトゥス*Compsognathus*とアーケオプテリクス*Archaeopteryx*（始祖鳥）だ。化石に羽の痕跡が残っていることでもよく知られているアーケオプテリ

▶オーウェンが提唱した最初の恐竜類である3つの化石のうち、メガロサウルスだけが肉食だ。メガロサウルスは多くの骨が発見されているが、最も迫力があるのは、この巨大な下顎で、長く突き出た1本と少し突き出た4本の牙状の歯が見られる。

第1章　歴史、起源、そして恐竜の世界

クスは、約1億5000万年前のジュラ紀後期に鳥類が存在したという重要な証拠である。

　ヨーロッパからはその後19世紀の末まで、新たな恐竜が数々産出したが、やがてヨーロッパに代わって北米が注目の的となった。コロラド州やモンタナ州などの、ジュラ紀後期と白亜紀後期の地層から、見事な恐竜の化石が夥しい数で発見された化石発掘の黄金時代に、研究者や、化石発見で一攫千金を狙う者や、化石収集家が、多数の新しい恐竜を発見し、発掘した。ティラノサウルス、トリケラトプス、ディプロドクス、アパトサウルス *Apatosaurus*、そしてステゴサウルスをはじめとする、非鳥類型恐竜で最も有名な恐竜がこの時期に発見され、その骨格はアメリカ東部の著名な博物館に送られた。

　この熱狂的な注目の時代が終わると、1900年代前半の間、化石熱はすっかり冷めてしまい、1930年代までには、恐竜に関する研究はほとんど停滞してしまった。20世紀の中盤は、長い「沈滞期」と呼べるだろう。この間も研究は続いていた。たとえば、1930年代にインドで恐竜が発見され、専

▼1900年代初頭、実業家で慈善家のアンドリュー・カーネギー（Andrew Carnegie）は、ディプロドクスの骨格の複製を、ロンドンやパリなどの都市に送るために出資した。これは、1905年5月、ロンドンに送られた、今日「ディッピーDippy」とも呼ばれる複製全身骨格の初公開時の写真である。

▲恐竜であるヒプシロフォドン
は、イギリスで1840年代に発見
された。1800年代末から1900
年代初頭にかけては、四足歩行
し木登りもしたと考えられていた。
しかし、現在は、森林や平原に
棲む二足歩行の動物だったこと
が知られている。

門誌に論文が掲載されたし、1940年代、ソ連の探検隊がモンゴルの恐竜の
調査に出かけたが、他の動物グループの研究に比べれば影が薄かった。実際、
「沈滞期」の間、恐竜よりも哺乳類（とりわけ、ネズミ目やウマ目などの新
しい動物グループに属する種）のほうがより研究価値が高いという風潮が広
まり、恐竜は進化の袋小路で、地球の生物全体を理解するうえではそれほど
重要なものではなく、概してそれほど注目に値しないとみなされていた。
1950年代から1960年代前半にかけて、非鳥類型恐竜は否定的に見られるこ
とも多かった。彼らは絶滅する運命にあった出来損ないで、彼らに取って代
わった哺乳類より劣っており、生き残ったのは、中生代の地球が広大な熱帯

▶1900年代前期には恐竜への
科学的関心は薄らいでしまった
が、博物館の展示品としての需
要は続いた。この竜脚類ディプ
ロドクスの標本は、アメリカの
恐竜国定公園で1920年代に発
掘されたもの。

第1章　歴史、起源、そして恐竜の世界

系統ブラケッティング法

　化石になった動物の体の構造、生態、あるいは行動といった、これまでに発見された化石では直接答えることはできない特別な疑問を抱いているとしよう。この疑問に答える（少なくとも、現在わかっている事柄の範囲で）方法の1つが、系統樹のなかでその種がどこに位置し、現在生存している種で、その付近に存在するのはどのような種かを特定することだ。たとえば、ティラノサウルスを含む系統樹を見ると、一方ではワニ類につながる系統樹が分かれてクレードが伸びており、またその反対側では鳥類へとつながるクレードが伸びている。言い換えれば、ティラノサウルスは系統樹のなかで、現生ワニ類と鳥類に「はさまれている（ブラケットされている）」。

　この手法は、「系統ブラケッティング法」（または単に「ブラケッティング法bracketing」）と呼ばれており、化石になった動物の体の構造、生態、あるいは行動の研究に日常的に使われている。単純な例としてティラノサウルスの視覚について考えてみよう。ティラノサウルスは視力がよかったのだろうか？　それに、色を見ることはできたのだろうか？　現生ワニ類と鳥類を見ると、どちらも視力が優れており、また、どちらも色覚も良いことがわかっている。したがって、ティラノサウ

ルスもこれらの特徴を持っていたのだろうと結論できる。

　ブラケッティング法は、このような基本的な疑問に対しては、大まかで使いやすい指標になるが、限界もある。さっきとは違う疑問を取り上げてみよう。「ティラノサウルスは尾脂腺uropygial gland（尾羽根の付け根にある油分を分泌する腺）を持っているだろうか？」。今度は、ブラケッティング法からはあいまいな答えしか返ってこない。というのも、この点に関してはワニ類と鳥類は異なっており、鳥類にはそのような腺があるが、ワニ類にはない。そのためティラノサウルスはワニ類の原始的な状態を維持していたのか、それとも鳥類に見られる進化した状態にあったのか、私たちには判断できないからだ。このような場合、ブラケッティング法を使っても明確な指標は得られず、妥当な化石の証拠が見つからない限り、私たちが求める答えは得られない。

▼化石になった動物を「はさむ（ブラケットする）」2つの現生動物は、他の方法では得られないような、生態や体の構造に関する情報を提供してくれる。ただし、それが可能なのは、検討対象の3つの動物のあいだに、うまくつながりそうな系統的関係が認められる場合のみであることは言うまでもない。

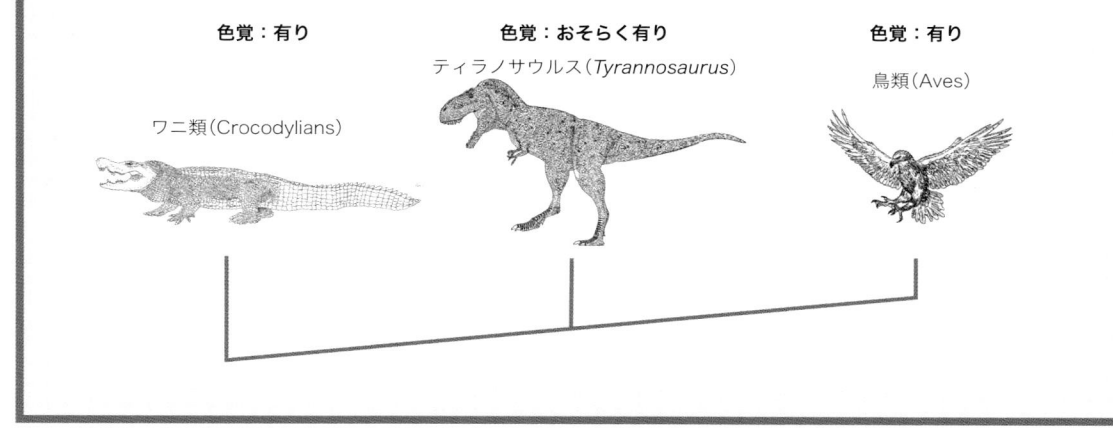

色覚：有り　　　　　　色覚：おそらく有り　　　　　色覚：有り
　　　　　　　　　ティラノサウルス（Tyrannosaurus）　　鳥類（Aves）

ワニ類（Crocodylians）

023

の湿地だったからにすぎないと言われていた。

　恐竜は出来損ないだという今では時代遅れになった恐竜観は、19世紀の研究者たちの考え方から直接来ていると思われがちだが、それは間違っている。この見解は実際には、恐竜への無関心から、20世紀に生まれたものなのだ。1800年代末から1900年代初頭にかけての恐竜の研究者たちは、恐竜は鳥にとても近い活動的な動物だと推測していたのである。

オストロム、バッカーと恐竜ルネサンス

　原因が何であったにしろ、一握りの古生物学者が恐竜に改めて取り組みはじめた1960年代後半に「沈滞期」は終わりを告げた。これらの研究者たちは、すでに19世紀に考えられていた「非鳥類型恐竜と原始鳥類は活動的な動物だ」という見解を復活させた。この時代は「恐竜ルネサンス」と呼ばれ、かなり信頼性の高いデータを基にした研究と、裏付けが乏しい推測とが同じぐらい混ざっていた時期だった。恐竜ルネサンス時代に活躍した最も有名な、アメリカ生まれの研究者が2人いる。そのうちの1人が、イェール大学ピーボディ自然史博物館のジョン・オストロム（John Ostrom）だ。

　オストロムが初期に研究していたのは、カモノハシのようなくちばしを持つハドロサウルス科Hadrosauridaeとトリケラトプスなどに代表される角のあるケラトプス科の、歯と顎であった。どちらも、白亜紀後期に繁栄した植物食恐竜である。オストロムは、ハドロサウルス科は「沈滞期」に考えられていたような沼地に棲む恐竜ではなく、針葉樹の若葉や芽などを食べる陸棲動物だったという説を提唱した。さらに、非鳥類型恐竜はそれまで考えられていたよりも、社会的で複雑な行動をするという証拠を提唱した。また、非鳥類型恐竜は、「沈滞期」に考えられていたよりも、成長が速く活動的な「温血warm-blooded」性の生理機能physiologyを持っていたことを示す証拠も指摘した。

　オストロムは、鳥類に似た獣脚類デイノニクス *Deinonychus*（1964年にモンタナ州から発見）と、ジュラ紀の鳥類アーケオプテリクスに関して、優れた研究を行った。鉤爪を持ち、極めて敏捷だったデイノニクスの驚異的な体の構造を示したのみならず、デイノニクスとアーケオプテリクスが共有する多くの特徴も指摘した。その数は夥しく、両者が進化の過程で密接な関係にあるという十分な証拠となったのだ。白亜紀の化石（約1億1500万年前）であるデイノニクスに比べ、より進化したアーケオプテリクスがはるかに古いジュラ紀の化石（約1億5000万年前）であることから、デイノニクスの祖先は、白亜紀よりも前の時代に出現していたと考えて間違いない。オスト

第 1 章　歴史、起源、そして恐竜の世界

◀ロバート・バッカーの恐竜の生態と進化に関する考えは、現代の恐竜研究の研究者たちに大きな影響を及ぼしている。1986年に出版された有名な『恐竜異説』（瀬戸口訳, 1989年, 平凡社）に、バッカーの説の多くがイラスト付きで解説されている。

ロムは、白亜紀よりも古い時代から小型のデイノニクスに似た獣脚類がやがて発見されるに違いないと主張した。その後の数々の発見によって、この考えが正しいことは証明されている（第5章で再び触れる）。

　オストロムの考えや見解は雑誌やテレビで広く取り上げられるようになった。それをなお一層精力的に広めたのが、彼の教え子のひとりであり、古い考えの殻を破ったことで有名なロバート・バッカー（Robert Bakker）だった。彼は、骨の微細構造から、恐竜は哺乳類や鳥類と同様に成長が速かったこと

025

を、恐竜の歩行跡から、歩行や走行が、現存する哺乳類や鳥類と同程度の速さだったことを主張した。また、恐竜の進化のペース、全体的な体の構造、そして肉食恐竜と植物食恐竜の比率についても検討し、これらの証拠はすべて、恐竜が「温血」動物であり、その体や器官は、トカゲやワニ類よりむしろ、鳥類や哺乳類に似ていると主張した。さらに、オストロムの鳥類の起源に関する研究を擁護し、非鳥類型恐竜は進化の失敗作で哺乳類よりも劣っているという、伝統的な考え方は間違っているとし、恐竜は他のどんな動物グループよりも進化的に優れた驚異的な成功者なのだと主張した。

現代の恐竜研究

オストロムやバッカーの主張に促され、他の研究者たちも、非鳥類型恐竜

▼ここに描かれているのは、背中に骨板が並んだ植物食恐竜ステゴサウルスや、角のある獣脚類ケラトサウルス *Ceratosaurus* だ。このような目を見張るような姿の恐竜たちは進化の失敗作だったと考えるのは大間違いだ。それとはまったく逆に、恐竜は進化によって登場した最も優れた動物の1つなのだ。

第1章 歴史、起源、そして恐竜の世界

に注目するようになった。ポーランド、ソ連、中国、南アフリカ、アルゼンチン、その他の国々で研究が始まり、アメリカ以外の研究者たちも多くの恐竜化石を発見した。なかには、第二次世界大戦後の経済復興策の一環として始められた研究もあったが、大部分は「沈滞期」時代から注目を集めることもなく、細々と続けられていた研究テーマだった。

　オストロムとバッカーが新しい考えを提案したちょうどそのころ、素晴らしい恐竜化石が発見されたというニュースが世界各地から報じられるようになった。たとえば、モンゴルからは巨大な腕で有名なデイノケイルス*Deinocheirus*が、南アフリカからはきわだった犬歯のような歯を持つヘテロドントサウルス*Heterodontosaurus*が、ニジェールからは背中に帆のような突起を持つオウラノサウルス*Ouranosaurus*が、そしてアメリカのコロラド州からは長い首をした巨大なスーパーサウルス*Supersaurus*が発掘された

のだ。デイノニクスをはじめ、多くの発見が絶好のタイミングで出そろい、報道や一般の関心を引くこととなる。「恐竜ルネサンス」によって、恐竜の注目度が一変したのだった。

それ以来、ますます多くの研究者が恐竜研究をスタートする。鳥類の起源に関するオストロムの仮説に関しても、今では十分な証拠によって裏付けられており、非鳥類型恐竜は進化の失敗作だという古い見解は見当違いであったといえる。鳥類が持つ特徴が非鳥類型恐竜の中でどのように進化したかを調べるためには、恐竜の生態と体の構造を理解することが極めて重要なのだ。

1960年代以降発見された膨大な数の恐竜化石も、負けず劣らず興味深い。

恐竜の発見は、1824年に最初の恐竜化石（メガロサウルス）が命名されて以来続々と続いてきたが、その数は1990年代に目覚ましく増え、非鳥類型恐竜の85％以上が1990年代以降に命名されているのである。

保存状態の良好な化石が多数発見されたおかげで、恐竜の軟組織soft tissueについての理解も深まっている。非鳥類型恐竜の皮膚に生えていた羽毛や繊維filamentsその他の構造について、今日ではかなりの情報が

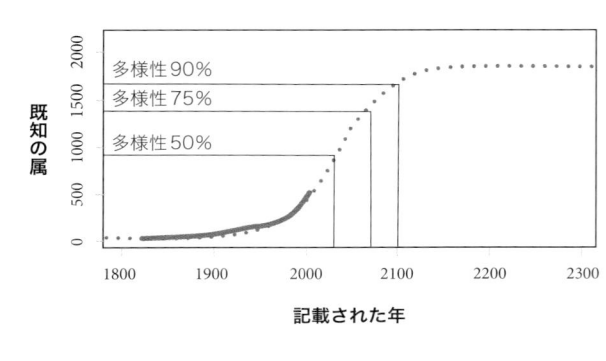

▲ここ数十年で、膨大な数の非鳥類型恐竜が新たに命名されており、今後もさらに多くの種が新たに発見されると予想されている。このグラフは、十分な恐竜化石の標本を集めるには、まだ先が長いことを示している。太い実線は、これまでの発見を表し、破線は今後予想される発見のペースを表している。

得られており、中には、筋肉や消化管その他の内臓が残されている化石もある。技術の進歩と相まって、恐竜の生態と進化に関する多くの化石証拠が発見され、非鳥類型恐竜と原始鳥類の研究は、古生物学のなかで、最も革新的で最も活発な分野となっている。今日の恐竜研究の姿は、ほんの数十年前のものとは全く異なったものとなっている。

非鳥類型恐竜と原始鳥類に関する研究の進展は、現生動物の体の構造に関する研究や機能形態学に関する研究が必要であることを浮き彫りにした。恐竜以外の研究をしている古生物学者たちは恐竜研究に刺激を受けていく。本来恐竜に関する仮説の検証のために考案された技法を、彼らは他の動物たちの進化パターンや傾向に関わる多くの仮説の検証に応用するようになった。こうして、古生物学者たちの研究が「解剖学革命」を推進し、ゾウ、トカゲ、ワニ、そして鳥など、現生の動物の研究を見なおすようになっていった。

恐竜と中生代の世界

大陸どうしが衝突することで山脈が隆起し、気候が変動することで海面は上昇下降を繰り返し、動物や植物が登場しては絶滅するような複雑な世界の

第 1 章　歴史、起源、そして恐竜の世界

なかで、恐竜は進化していった。環境変動は、恐竜の進化に影響を及ぼし、恐竜の姿、生活様式、行動を形作る原因となった。非鳥類型恐竜と原始鳥類は、植物が生い茂り、熱帯雨林と沼地に覆われた環境に生息していたと想像され、中生代の動物は、暖かく植物が豊かな環境のみに適していたと考えられることが多い。たしかに、中生代のある時期、世界の各地はそのような状態であっただろうし、少なくとも一部の恐竜たちは、このような環境で生息していた。しかし、恐竜は極めて長い期間存続したため、その長い歴史のなかで、恐竜が直面した環境条件を一般化するのは難しい。

　三畳紀に恐竜が初めて出現したころ、すべての大陸はつながっており、パンゲアPangaea（「すべての陸」を意味する名称）と呼ばれる超大陸が存在した。超大陸パンゲアを、大陸がまだ分裂を起こしていなかったというだけの理由から「プロトタイプ大陸」と考える研究者もいる。しかし実際には超大陸パンゲアは、それ以前に存在していた数個の大陸が合体してできたもので、それらの大陸も、約3億年前にパンゲアが形成されるまでに、合体と分裂を数回繰り返していた。

　超大陸の存在は、地球の気候に大きな影響を及ぼす。海岸線は大陸の面積に対して相対的に短くなった。大陸の内部が広大になることで、海からの湿気は内陸まで到達しにくく、極端に乾燥した環境となり、砂漠が広がっていた。理論上では、超大陸で出現した動植物は世界中に生息できる可能性が高くなる。それらの種が広まるのを妨げる水路や海が存在しないからだ。だが実際には、それほど単純ではなかった。環境条件は地域ごとに違い、山脈や極端に高温・低温の場所など、種の拡散を遅らせたり妨げたりする障壁が他にも存在していたからだ。このような見方は、化石記録と一致する。三畳紀の恐竜やその他の動物はどれも、パンゲア全体に均一に広まっていたわけではなく、動植物は特定の気候区域に限って生息していたのだ。

　2億年ほど前、超大陸パンゲアは南北方向に分裂しはじめた。やがてそれは、2つの新しい大陸の塊として完全に分裂した。北側の大陸をローラシア大陸Laurasia、南側の大陸をゴンドワナ大陸Gondwanaと呼ぶ。このとき以来、北と南の動物は、異なる進化を遂げることになり、違いがどんどん大きくなっていった。さらに、どちらの大陸も、その後さらに分裂することになる。約8000万年前に北大西洋が形成されると、ローラシア大陸は西側（現

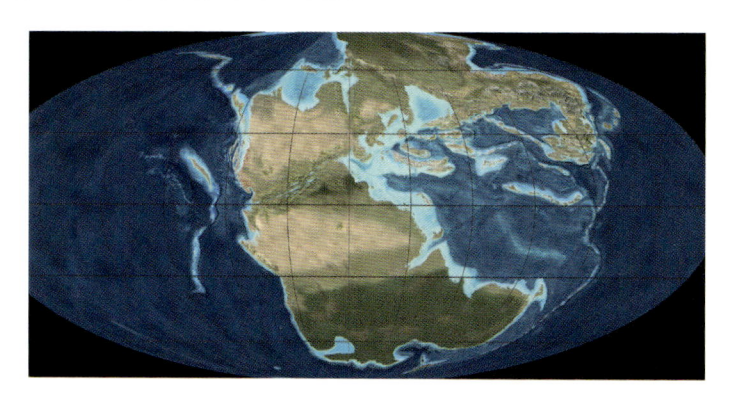

▲2億3000万年前に恐竜が初めて出現したころ、世界の大陸はすべてつながっており、パンゲアと呼ばれる超大陸を形成していた。超大陸パンゲアは南北に広がり、周囲をパンサラッサPanthalassaという大洋で囲まれていた。

029

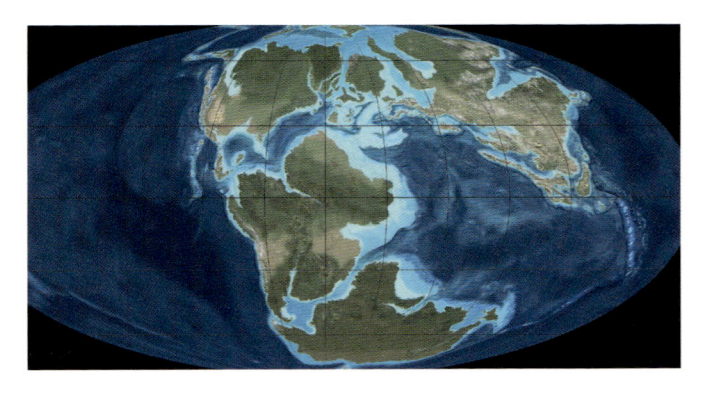

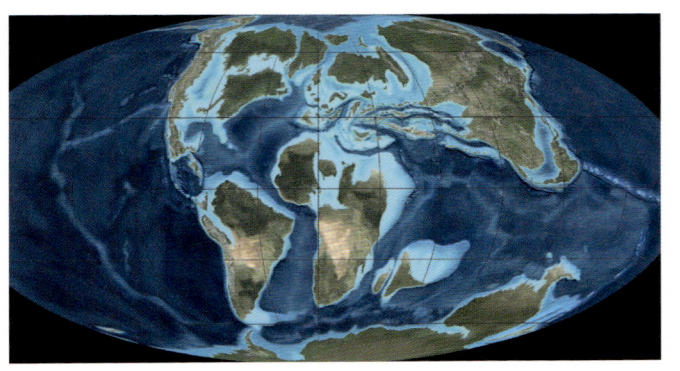

上 約1億5000万年前のジュラ紀までには、パンゲアは北の陸塊（ローラシア大陸）と南の陸塊（ゴンドワナ大陸）に分裂した。そのため、海岸線が増加し、より低温高湿の気候になった。

下 白亜紀後期までには、世界の大陸は、基本的に今と同じような位置になっていた。大西洋がヨーロッパとアフリカを南北アメリカから分離し、ゴンドワナ大陸はほぼばらばらになった。海水位が上昇し、低地は浅い海で覆われた。

在の北米）と東側（現在のグリーンランド、ヨーロッパ、そしてアジア）に分裂した。ゴンドワナ大陸の歴史はさらに複雑だ。1億1000万年前から4000万年前にかけて、南米、インド、マダガスカル、オーストラリアがすべて、南極大陸からそれぞれ別の時期に分裂していった。ゴンドワナ大陸から分裂したこれらの大陸の大部分が北に移動し、アフリカとインドは最終的にそれぞれヨーロッパとアジアに衝突し、南米大陸は陸橋landbridgeによって北米大陸とつながった。

恐竜の歴史に関する最大の疑問は、この大陸の分裂continental splittingが恐竜の進化にどのような影響を及ぼしたかである。恐竜の重大な進化の多くは、恐竜の個体群が大陸の分裂によって分断され移動させられたために起こったのだろうか？　このような疑問は、今日もなお生物地理学biogeography、すなわち動植物の分布に関する研究の、中心課題である。

近年新たに発見された恐竜は、大陸移動が恐竜分布distributionの第一の要因だったことを示唆している。現在、ほとんどの恐竜グループは、ジュラ紀にまでさかのぼる化石記録が発見されている。この時代は、パンゲア大陸が分裂する前で、当時生存していた恐竜は広範囲に分布することができた。その典型的な例が、首の長い植物食恐竜ティタノサウルス類Titanosauriaだ。長年にわたり、ティタノサウルス類が南米、マダガスカル、インドの白亜紀上部の地層から産出し、稀にヨーロッパ、アジア、北米で産出するというのは、ティタノサウルス類が白亜紀後期の終盤に北の大陸に渡った証拠だと解釈されていた。

しかし、最近の発見により、この見解に矛盾が生じている。新しく発見された化石によって、ティタノサウルス類は少なくとも白亜紀後期ではなく、白亜紀の初頭にはローラシア大陸にすでに存在したことが示されているのだ。ティタノサウルス類は、大陸がつながっていたことで、早い時期から広く分布することができ、その後の分布というものは大陸の分裂や移動によってできたものだと解釈できるということになった。もちろん、陸橋を渡ることに

第 1 章　歴史、起源、そして恐竜の世界

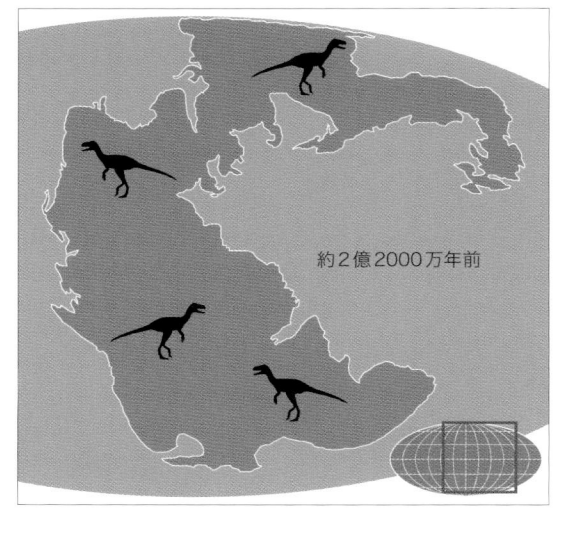

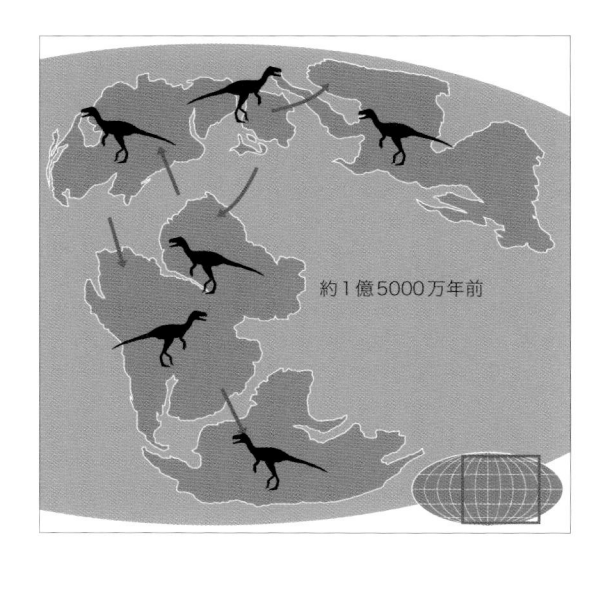

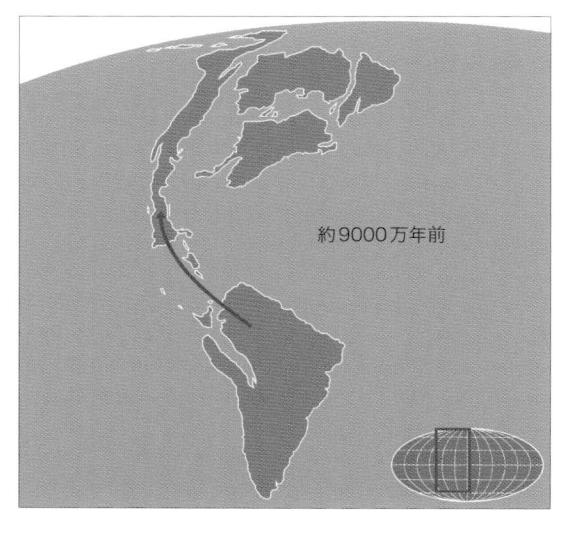

▲恐竜（やその他の陸生動物）の分布は、大陸の移動に影響を受け、また、動物そのものが陸橋を渡ったり、海峡を泳いで渡ったりして移動することでも変化する。上の2つの地図は、架空の恐竜グループの分布が大陸の移動にどのような影響を受ける可能性があるかを示したもの。ひと続きの大陸の全域に存在していた恐竜グループは、大陸が分裂し、大陸は恐竜を乗せたまま互いに遠ざかった結果、分断されたいくつもの大陸に棲むようになるかもしれない。一方、下の地図は、陸橋を渡ったり、島から島へと泳いだりすることによって動物がある地域から別の地域へと移動する様子を表したもの。

よって、恐竜の系統が新しい領域に広まったというケースもあっただろう。

　中生代の世界は概して温暖で、氷河はほとんどなかった。その結果、海の水位は史上最も高く、低地は海に覆われていた。ヨーロッパの大部分は低地のため、ジュラ紀と白亜紀の間、広大な面積が海に覆われ、群島や孤立した小さな大陸ばかりだった。同時に、アジア中央部の広い範囲が浅い海で覆われ、アジア西部はヨーロッパ東部から切り離されていた。北米も海の水位の高さに大きな影響を受け、白亜紀後半には、幅広い内陸水路のような海が北米大陸を半分に切断していた。

　高い海の水位がもたらした結果の1つが、ジュラ紀と白亜紀に生息してい

▼原始的なハドロサウルス上科であるテルマトサウルスは、現在のルーマニアの白亜紀後期に生息していた数種の特異な島嶼化した恐竜の1つ。白亜紀前期に特有の恐竜に類似している。

た恐竜たちが、棲んでいた大陸に固有のもので、孤立した状態で進化したということだ。ティラノサウルスやトリケラトプスなどの、白亜紀後期のよく知られている恐竜は、広く分布してはおらず、今日のカナダ西部とアメリカ西部に当たるララミディアLaramidiaと呼ばれる細長い大陸に暮らしていた。今日のカナダ東部とアメリカ東部に当たるアパラチアAppalachiaという大陸には、まったく違う恐竜が生息していた。白亜紀後期のヨーロッパの島々には、また別の奇妙な、島嶼生活に適応した恐竜が棲んでいた。さまざまな竜脚類Sauropodaや、アンキロサウルス類Ankylosauria、ハドロサウルス上科Hadrosauroideaなどは、他の場所に生息する近縁の種の半分または3分の1の大きさしかない矮小型だった。ルーマニアで産出したハドロサウルス上科のテルマトサウルスTelmatosaurusをはじめとする恐竜たちは、他の場所ではすでに絶滅してしまった恐竜の生き残りだった。この他にもさらに多様な奇妙で変わった恐竜たちがそれぞれの島に生息していた。

気候と気象

中生代を通して、世界は温室状態にあった。地球の平均気温は高く、極地に氷河はほとんどなく、極圏内にも森林が形成されていた。本書でもすでに触れたように、三畳紀には、パンゲア超大陸には砂漠が広がり、世界は極端な乾燥と暑さに苛まれていた。三畳紀の初頭、パンゲア超大陸でも最も暑い場所の気温は、現在の気温を上回っていたことはほぼ間違いなく、おそらくこの数億年間で最も高かったと考えられる。三畳紀初期の地球の平均気温は30℃近く（現在の地球の平均気温は14℃）、海面は40℃超（現在の海面の平均気温は17℃）という驚異的な温度だったと推測される。この異常な高温状態は、三畳紀の直前のペルム紀の終盤にも起こっており、多くの動植物が生きることができなかった。

三畳紀後期になると気温は多少下がったが、まだ全般的に暑く、当時の陸生動物には、砂漠生活への適応が必要だった。この長期にわたる高温と乾燥は、ジュラ紀に終わる。大陸が分裂し、海岸線が長くなったためと考えられる。そのおかげで、より冷涼で湿気の高い環境が生まれ、熱帯地域全体に広大な森林が広がった。ジュラ紀後期までには、地球の平均気温は20℃と、現在より3℃高いだけに落ち着いた。大陸内部は乾燥したままだっ

第 1 章　歴史、起源、そして恐竜の世界

たが、広大な高温の海上に、移動性の巨大な大気団が存在していたと考えら
れ、年ごとに雨季があったという化石記録と一致している。

　白亜紀に入っても、ジュラ紀と似た環境がいたるところに存在した。しか
し、約1億2000万年前から8000万年前までの期間（白亜紀前期の中頃から
白亜紀後期の中頃まで）に、白亜紀温度最高期と呼ばれる深刻な地球温暖化
が起こったとき状況が一変した。これによって、陸地の平均気温は現在より
約6℃高い23℃となり、海面温度は現在よりも9℃も高い26℃となった。こ
のような環境のために、赤道から極地まで、豊かな森に覆われていた。いく
つかのコンピュータモデルによると、当時存在した植物の量は、中生代の間
で一番多かったことが示されている。

　植物が大量に生えることで、気流は弱まり、その結果、地球上に存在する
大気の混合を減らすこととなり、また、降雨量と降雨地域に影響を及ぼした。
白亜紀の高温期の原因については多くの説がある。ある説は、長期にわたる

▼三畳紀後期のあいだに存在し
た恐竜の多くは、砂漠の条件に
適応していた。一方で、湖、川、
そして沼があちこちに存在し、
水や食料を探し回るために、恐
竜たちはこれらの場所へと移動
し生活していた。

火山活動でもたらされた二酸化炭素（CO_2）濃度carbon dioxide levelの高さが気候変動の背後にあったとするものだ。いずれにせよ、植物の多く生えた超温室状態が、動物の進化に大きな影響を及ぼしたことは間違いない。

このように高温の環境が続いたと推測される一方で、中生代の地球の全域が常に熱帯だったというわけでもなかったという考えもある。数学的モデルを使った研究で、温室効果で温暖化した世界でも、大陸の内部、高原地方、極地などでは寒冷な場合もあることが示されている。実際、中生代のいくつかの地域は、現在のベルリン、ニューヨーク、日本北部に近い、寒冷な環境だったと考えられている。初期鳥類やその他の羽毛獣脚類の化石が数百点産出したことで名高い中国東部の遼寧省も、白亜紀初期の年平均気温は約8〜11℃だったようだ。遼寧省で発見された羽毛恐竜のなかに、体全体が羽毛に覆われているものがあるのはこのためだろう（つま

年代（×100万年前）

▲過去6億年のあいだ、大気の組成も気候も、大きく変動した。このグラフは、地球の気温（水色の実線）が中生代を通してほぼ常に高かったこと、そしてその理由の1つが、大気中の二酸化炭素濃度（灰色の実線）が高かったからであることを示している。

先まで羽毛に包まれているものまである）。これらの羽毛恐竜は寒冷な気候での生活に特に適応していたと思われる。

オーストラリア、アラスカ、南極は、当時極圏に位置していた。冬になると、長期間暗闇が続き、年間を通じ低温であった極圏にも、多くの種類の非鳥類型恐竜が生息していた。中生代は、現代と比べると気温は高かった一方で、やはり極圏は寒冷だったが、それでも恐竜はこれら厳しい環境の場所にも年間を通して生息していたのである。

恐竜が生息した長い年月の間、地球の表面にはありとあらゆる変化が起こった。大陸が分裂し、海の水位が何度も上昇と下降を繰り返し、気温が上昇して超温室状態になることもしばしばあった。これらのさまざまな変化が、恐竜の進化や、生息場所、そして生活様式に、大きな影響を及ぼした。近年では、中生代の気温と化石についての理解が深まり、古生物学者たちは、恐竜の歴史に起こったさまざまな進化と、気候や大陸の形の変化とを、うまく関連づけられるようになってきた。太古の記録の研究をさらに進めれば、これらの因子の相互作用についても、今後一層理解が深まる可能性は高い。

第1章　歴史、起源、そして恐竜の世界

▲本図の、ステゴサウルス、アロサウルス、スーパーサウルスといったジュラ紀後期の恐竜は、平均気温が現在よりかなり高い環境で進化をした。花をつける種子植物はまだ広まっていなかったが、現在のものとよく似た針葉樹、シダ、そしてソテツが森林に生い茂っていた。

系統樹のなかの恐竜たち

　恐竜は、カメ、ワニ、ヘビ、トカゲと同じ爬虫類に属する。現生爬虫類と同じく、恐竜は皮膚がうろこに覆われており、水から遠い乾燥した環境で暮らすことができた。現生爬虫類に基づき、系統ブラケッティング法（23ページ参照）を適用した結果、恐竜は優れた視力と良好な色覚を持ち、心臓heartは複数の部屋に分かれており、体内受精を行い、基本的には現代の爬虫類と同じ消化器官と生殖器官reproductive systemを持っていたと推測されている。

　この考えに異論の余地はないが、1つ問題がある。「爬虫類」という言葉は普通、カメ、トカゲ、ヘビ、ワニのような動物に対して使われる。これらはいわゆる変温（冷血cold-blooded）動物で、エネルギーをあまり必要とせず、恒温（温血）動物である鳥類や哺乳類に比べ活動的ではない（第4章で見るように、「冷血」と「温血」という用語は、誤解を生じやすく、不正確な場合もある）。そのため人々は、「爬虫類」と呼ばれる動物はすべて、このような性質を共有していると思い込みがちである。しかし、現在生きている生物を基にした専門的な意味で使う場合、「爬虫類」とは、変温動物である、カメ、トカゲ、ヘビ、ワニ、そして、この4つのグループと共通の祖先を持

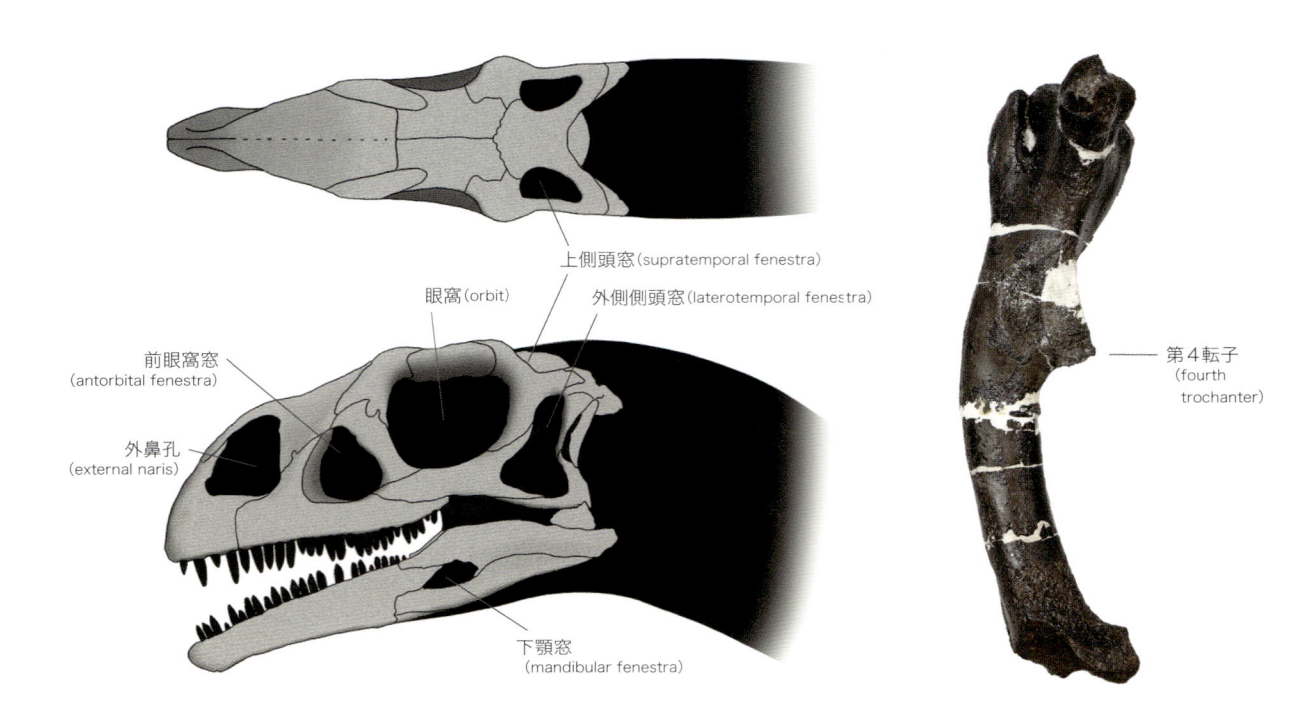

前眼窩窓
(antorbital fenestra)

外鼻孔
(external naris)

眼窩(orbit)

上側頭窓(supratemporal fenestra)

外側側頭窓(laterotemporal fenestra)

下顎窓
(mandibular fenestra)

第4転子
(fourth trochanter)

上 恐竜の頭蓋骨には、主竜類特有の特徴が見られる。上左の図に示される、外鼻孔と眼窩のあいだにある補助的な孔で、前眼窩窓と呼ぶ。孔のなかには、空気で満たされた袋が収まっていた。

上右 主竜類の大腿骨の後ろの面には、第4転子と呼ばれる突起がある。これは現生ワニ類にも残っており、尾につながる巨大な筋肉が付いていた場所だ。

つすべての動物を含むグループを指す。一方で、恐竜は爬虫類であり、古生物学的な視点を入れると、鳥は恐竜の一部なのは明らかなので、鳥も爬虫類のグループと考えなければならない。すると、鳥を含む恐竜も爬虫類ということになるが、だからといって、恒温動物である鳥を含む恐竜の生態が、トカゲやワニのような現生爬虫類に似ているというわけではない。

恐竜の骨格を見ると、主竜類Archosauria（支配的な爬虫類という意）という爬虫類グループにのみ見られる特徴がいくつもあることがわかる。その1つは、吻部の横にある前眼窩窓antorbital fenestraと呼ばれる大きな孔、そしてもう1つは、第4転子fourth trochanterと呼ばれる大腿骨femurの裏の筋肉が付く突き出した部分だ。これら2つの構造は、主竜類の軟組織構造の重要な特徴と深く結びついている。前眼窩窓の縁には開口筋が付いていた。その孔の内部に、空気が満たされた大きな袋が収まっていることで、頭を軽くし、温度を制御する重要な役割を担っていたと考えられている。一方、第4転子という突起は、歩行・走行時に大腿を後ろに引くための筋肉である長尾大腿筋m.caudofemoralis longusが付着する場所だ。

主竜類は大きな2つの系統から構成されている。1つは、現生ワニ類とその近縁種が含まれ、ワニにつながる系統のグループ（ワニ系統crocodile-line）であり、専門的な名称はクルロタルシ類Crurotarsiだ。このグループ

第 1 章　歴史、起源、そして恐竜の世界

に属する主竜類の動物は、複雑な足関節ankleを持ち、また首から背中、そして尾の上にまで皮骨の板が多数並んでいることがある。主竜類の2つ目の大きな系統は、鳥類やその他すべての恐竜とそれらの近縁種を含み、鳥につながる系統のグループ（鳥系統bird-line）であり、専門的な名称は鳥頸類Ornithodiraだ。鳥系統の主竜類は、単純な足関節を持ち、一般的にワニ系統のような皮骨の板がない。首は細長く、足も長い。

　これら2つのグループが分かれたのは、約2億4700万年前、三畳紀の初期だったことがわかっている。その時代は、ペルム紀の終わりに地球上の多くの生物が大量絶滅してから間もないころだった。主竜類は、大量絶滅の結果、それまで支配していた動物がいなくなり、空白に近い状態になった機に乗じて、素早く進化したと考えられている。

　鳥系統の主竜類bird-line archosaursはすべて、初期のうちは、小型の動物として進化した。スコットランドの三畳紀後期の地層から産出したスクレロモクルスScleromochlusは、最初期の鳥系統主竜類の典型例と言えよう。全長20cmにも満たない、脚の長い肉食動物で、昆虫を獲物にしていたと思われる。脚や足の骨が長いことから、飛び跳ねる生活様式に特に適応していたのではないかという研究者もいるが、最近の研究では、走るのが得意な陸上棲恐竜もしくは（恐らく）樹上棲恐竜だったのではないかと推測されている。スクレロモクルスは、翼竜類——中生代に繁殖した膜構造の翼を持つ飛行恐竜——と、もう1つのグループである、小型で軽量の恐竜形類との共通祖先に近い外見をしていた可能性がある。恐竜形類（「恐竜のような形」のものという意味）

▼恐竜類は、翼竜類に近縁で、この2つのグループで鳥頸類というクレードを形成している。さらに、鳥頸類はワニ系統の主竜類（クルロタルシ類）に近縁で、こちらの2つのグループで主竜類グループを形成している。

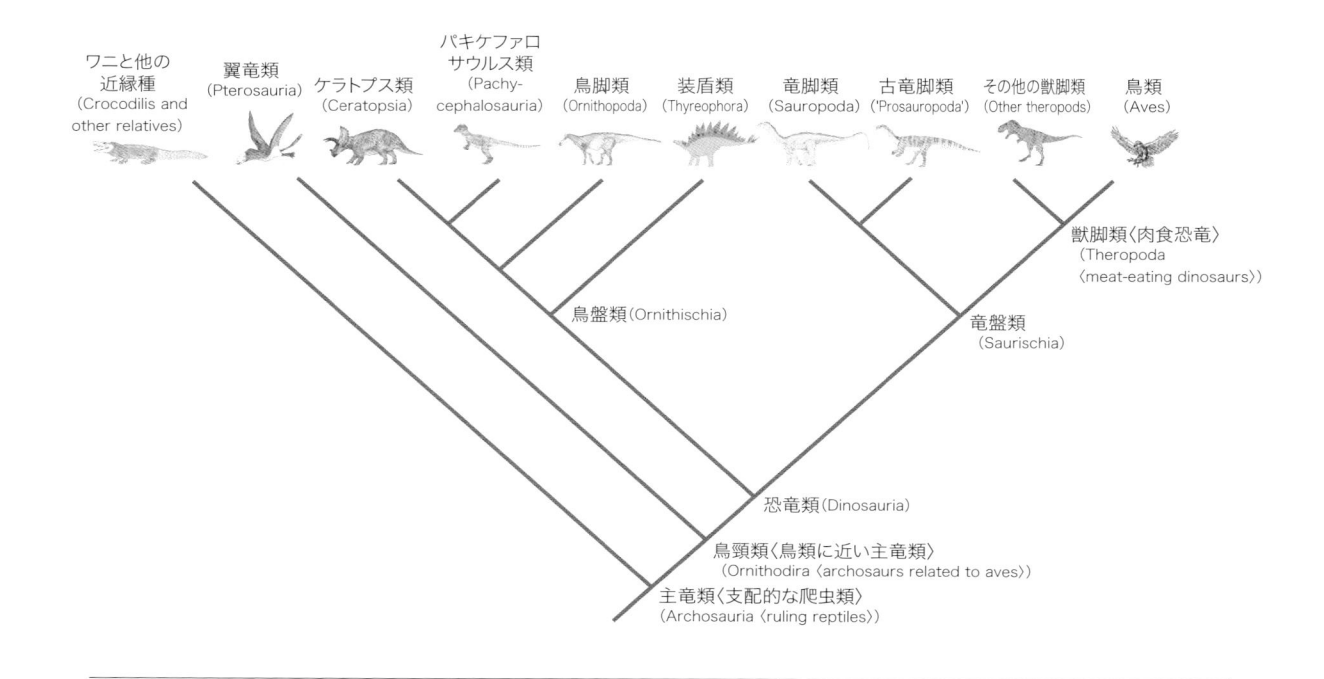

037

▲スコットランドの三畳紀後期
の地層から産出した小型のスク
レロモクルスは、翼竜類と恐竜
類の共通祖先に近い外見をして
いたと推測される。しかし、発
見されている7点の化石はどれ
も保存状態は良くないものの、
最近になってCTスキャンを用
いた研究が行われ、翼竜類に属
していることが判明した。

という名前が示唆するように、恐竜形類のグループは、やがて恐竜類に進化し、
その結果、史上最大で最も繁栄した陸生動物グループの世界を作り出した。
恐竜形類が大きな体を獲得し、動物界において重要な役割を担うまでには、
かなりの時間、おそらくは3000万年以上はかかっただろう。一体どうして、
進化して繁栄するまでに、これほど時間がかかったのだろうか？ 鳥系統の
主竜類が大型化するのを妨げる要因に何があったのだろうか？

ワニ系統の主竜類が優勢な時代

　現在も生きているワニ系統主竜類crocodile-line archosaursは、ワニ類、
すなわち、クロコダイルの仲間、アリゲーターの仲間、そしてインドガビアル
である。これらは、三畳紀に出現したワニ系統主竜類の多様性に比べれば、
氷山の一角のようなものだ。三畳紀のワニ系統主竜類は、多様化を成功させ
ており、のちに繁栄する恐竜類のような進化を遂げていた。四足歩行で体を
皮骨の板で覆う雑食性または植物食性のものや、刃物のような鋭い歯の生え
た大きな頭蓋骨skullを持つ肉食性のワニ系統主竜類たちが陸上を支配して
いた。雑食性または植物食性のものはアエトサウルス類Aetosauria、肉食

第1章　歴史、起源、そして恐竜の世界

性のものはラウイスクス類Rauisuchiaと呼ばれている。

　ラウイスクス類の最大のものは、全長8mを超える巨大な動物で、当時最強の肉食動物だった。多くが四足歩行をしていたが、中には、前肢が短く二足歩行だったものも存在した。また、背中に帆を持つ四足歩行のラウイスクス類も知られている。その1つ、中国で発見されたロトサウルス*Lotosaurus*は、歯がなく、くちばしを持ち、雑食性または植物食性だったと考えられている。また、二足歩行で前肢が細く、長い首、歯を持たない前後に短い頭蓋骨のラウイスクス類も存在し、その中で最も有名なものが、アメリカで産出したエッフィギア*Effigia*である。

　三畳紀の時代は、ワニ系統のグループが、その生態系の中で、最も優勢な消費者・捕食者だった。これらのワニ系統が陸上を支配し続ける限り、恐竜類が繁栄することはおそらくなかっただろう。三畳紀のワニ系統の繁栄の歴史から、のちの恐竜の出現とその後の繁栄についてわかってくることがある。

恐竜の始まり

　恐竜は、ジュラ紀から白亜紀にわたり、つまり、約2億年前から6600万

▼ワニ系統主竜類のいくつかのグループは、雑食性または植物食性に進化した。特に奇妙なのが、中国で産出した三畳紀中期の動物、ロトサウルスだ。背中に帆のような突起があり、歯はなく四足歩行をしていた。

年前までの期間、陸生生物の頂点にあった。最初に登場したのは、それよりかなり前の、2億4000万年前ごろの、三畳紀中期だったと推測されている。初期の恐竜類は数が少なく、わずかな種が知られているだけだ。

恐竜は、恐竜形類という、鳥系統主竜類のグループに属す。このグループのなかで、数本の系統が進化したが、そのうち恐竜類は、最後に出現したものであり、三畳紀が終わっても存続し、多様性のある生活様式と体型を進化させた唯一の系統である。初期の恐竜形類は、恐竜の起源について重要な動物たちであり、小型で体重も軽い動物ばかりだった。アルゼンチンで発見された2つの恐竜形類——ラゴスクス *Lagosuchus* とマラスクス *Marasuchus*——は、頸椎、前肢、腰骨そして後肢にある顕著な特徴から、恐竜に近縁であったと考えられる。具体的には、ゆるやかなS字型に湾曲した細長い首、上腕骨の近位部の縁に沿う長い稜、腰骨前部の細長い恥骨、大腿骨上端の筋肉付着部の稜などの特徴である。体型から、これらの恐竜形類は二足歩行で敏捷だったことがわかる。マラスクスは肉食動物特有の、後方にカーブした鋭い歯を持っていた。ラゴスクスもマラスクスも小型で、全長は70cmに満たなかった。

次に、シレサウルス科Silesauridaeを見てみよう。三畳紀中期と後期に存在した恐竜形類グループで、マラスクスよりもさらに恐竜に近い動物だ。シレサウルス科のほとんどが全長1.5〜3mだった。細身で、首が長く、前肢が長いため、四足歩行だったと考えられる。シレサウルス科は、ポーランドで発掘されたシレサウルス *Silesaurus* から名付けられたが、これまでに、アメリカ、ブラジル、アルゼンチン、タンザニア、ザンビア、モロッコでも発見されており、三畳紀に広く分布していた。

シレサウルス科で特に興味深いのは、歯と顎の形状から、植物食または雑食性の生活様式がうかがえることだ。歯は木の葉型で、端に沿って鋸状のは

▼マラスクスはアルゼンチンの三畳紀後期の地層から産出した恐竜に近縁の動物だ。四肢のバランスから、二足歩行（この図では何かを探して前かがみの姿勢になっているが）と推測され、歯の特徴から、肉食性と考えられている。しかし、恐竜に近縁の他の動物は、マラスクスとはかなり違っている。雑食性または植物食性で、四足歩行だったものもいる。

第1章　歴史、起源、そして恐竜の世界

っきりとしたギザギザがあるが、下顎の前方は、歯がなく、くちばしのような形をしている。このグループが発見される前は、恐竜はマラスクスのような鋭い歯を持つ肉食動物から進化したと考えられていた。シレサウルス科が植物食または雑食性だったのなら、恐竜は植物食または雑食性の祖先から進化したという可能性が出てくる。3つの主な恐竜グループのうち2つ（竜脚類と鳥盤類）が、植物食または雑食性の種からなり、肉食性の種は含まないという事実も、この仮説を支持することとなる。一部の専門家は、このような植物食だったことを示す特徴から、シレサウルス科は鳥盤類に属する恐竜類の一員ではないかと示唆しているが、この説はまだ広く支持されてはいない。このような議論に決着をつけるためには、もっと多くの化石が必要である。

　紹介しておかねばならない重要な恐竜形類がもう1つある。タンザニアで発見されたニアササウルス *Nyasasaurus* だ。現在のところ、腕の骨1本と、腰部の脊椎骨だけが見つかっている。ニアササウルスは、シレサウルス科よりも恐竜に近い可能性があり、初期の恐竜だったとも考えられている。しかしこれも、より良い化石が産出するまでは、確認も否定もできないのが現状である。どちらにせよ、ニアササウルスが極めて古い時代のものであることは興味深い。約2億4300万年前のものであることから、三畳紀中期までに、恐竜類も含め恐竜形類の異なるグループが多様化を進めていたことを示している。

　初期の恐竜形類に見られる後肢と腰帯pelvic girdle（腰にある骨で骨盤pelvisとも呼ばれる）の特徴から、長い脚が体の真下に直立状態で付いていたことがわかっている。そのため、すべての恐竜形類が、効率的に速く走り、素早く動けたようだ。もう少し詳しく見ると、初期の鳥系統の主竜類も同様に、素早く効率的な動きに適応しており、初期のワニ系統主竜類の大部分もやはりそうだった。つまり、優れた歩行と走行の能力は、恐竜類に限ったものではなかったということだ。

　これらの考えによって、恐竜の起源を巡る最大の争点が1つ生まれる。20世紀の間、恐竜が中生代の陸上で支配的な存在になれたのは、恐竜が当時の他の陸生動物との競争に打ち勝ったからだと考えられていた。言い換えれば、恐竜は同じ時代の他の動物グループよりも、走る能力が優れており、獲物その他の資源を獲得する能力も優れていて、さらに、繁

▼三畳紀中期と後期の地層で発見された、恐竜に似た主竜類のいくつかのグループ（ラゴスクス、マラスクス、そしてシレサウルス科）は、恐竜と同じ、恐竜形類というクレードに属する。いずれも小さく、軽量な体格をしていた。

翼竜類
(Pterosauria)

ラゲルペトン科
(Lagerpetidae)

シレサウルス科
(Silesauridae)

マラスクス
(*Marasuchus*)

鳥盤類
(Ornithischia)

竜脚形類
(Sauropodomorpha)

獣脚類
(Theropoda)

恐竜類
(DINOSAURIA)

恐竜形類
(DINOSAUROMORPHA)

三畳紀後期

三畳紀中期

三畳紀前期

041

▲タンザニアの三畳紀中期の地層で発見されたニアササウルスは、恐竜類に極めて近い恐竜形類とされているが、初期恐竜類だった可能性もある。この時代、本図の背景に描かれたリンコサウルス類Rhynchosauriaなどの動物が優勢な世界であり、ニアササウルスはこのような環境に暮らしていた。

殖力も優れていたと考えられていた。しかし、三畳紀の陸上動物たちの生活について知れば知るほど、このような恐竜優位説はますます疑わしくなってきた。

　ワニ系統主竜類が、恐竜が支配する前に陸上を支配していたことは先に述べた。小型で華奢な体型の恐竜形類と初期恐竜類が、巨大なワニ系統主竜類と直接競争できたということは考え難い。いずれにせよ、恐竜形類と初期恐竜類はおそらく、ひっそりと暮らし、はるかに大型で驚異的なワニ系統主竜類から身を隠しており、もし見つかれば彼らに食べられてしまう危険があった。また、化石記録から、恐竜に似た恐竜形類も初期恐竜類も、当時の他の動物グループに比べ、特に個体数が多かったわけでもない。初期恐竜類の化石は、ゴンドワナ大陸の西部だけで発見されており、世界的に広く分布していたわけでもないことは明らかだ。同じく重要なのは、三畳紀中期の地層からの化石（ニアササウルスなど）が、恐竜にゆっくり時間をかけて繁栄したのであり、短時間で即座に支配的になったわけではないと示していることだ。

　要するに、恐竜は生態学的、生理学的、そして骨学的に他の動物グループよりも優れていたために世界を支配できたという考え方そのものに、裏付けが

第 1 章　歴史、起源、そして恐竜の世界

ないということである。では、本当は何が起こったのだろう？　三畳紀後期は、激動の時代で、大規模な絶滅が起こって陸上の生物に大々的な影響を及ぼし、いくつかの動物グループは衰退し消滅した。三畳紀末期の大量絶滅の真の原因は、今なおさまざまな仮説があり議論が絶えないが、海水位の大幅な変動と激しい火山活動が要因となったという考えがある。そのため、三畳紀末期の大量絶滅は1回ではなく複数回にわたって起こったようだ。2億2000万年前ごろに1度、そして三畳紀の末期の2億100万年前ごろに起きていた可能性が指摘されている。何が起こったのであれ、ワニ系統主竜類は深刻な影響を受け、1つの系列を除きすべて絶滅した。残った系列は、ワニ形類と呼ばれ、最終的に現生ワニ類をもたらしたグループだった。三畳紀末に恐竜類が絶滅しなかったのは、おそらく体が小さかったため気候変動や入手可能な資源の減少に対処しやすかったこ

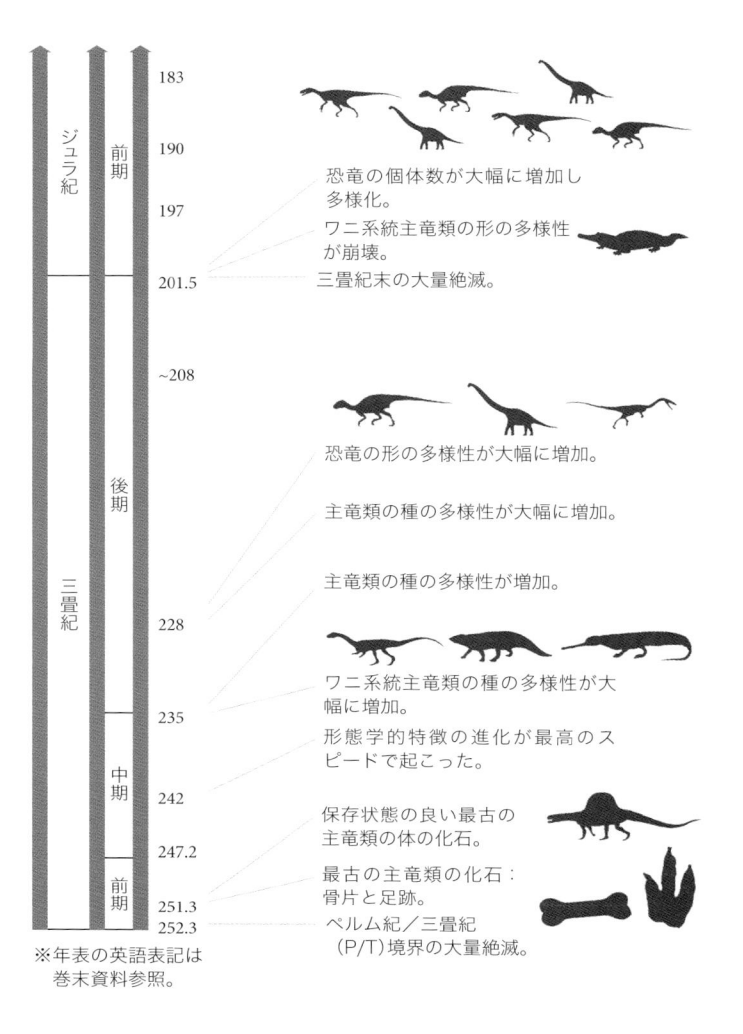

※年表の英語表記は巻末資料参照。

恐竜の個体数が大幅に増加し多様化。
ワニ系統主竜類の形の多様性が崩壊。
三畳紀末の大量絶滅。

恐竜の形の多様性が大幅に増加。

主竜類の種の多様性が大幅に増加。

主竜類の種の多様性が増加。

ワニ系統主竜類の種の多様性が大幅に増加。
形態学的特徴の進化が最高のスピードで起こった。

保存状態の良い最古の主竜類の体の化石。

最古の主竜類の化石：骨片と足跡。
ペルム紀／三畳紀（P/T）境界の大量絶滅。

とと、寿命が短く成長が速いおかげで個体数を素早く回復できたことによるためだろう。多くのワニ系統主竜類が絶滅したあと、それまで大型の陸生動物が占拠していたスペースを恐竜類が受け継ぐこととなった。この解釈によれば、恐竜は「偶然の勝者」である。恐竜は、他の動物たちが不運に見舞われたおかげで地球を受け継いだのであり、他の動物たちより優れていたり、うまく適応していたりしたからではない、というわけである。こうして、恐竜が支配する世界が形成される準備が整ったのであった。

▲この図は、三畳紀における主竜類の進化において主要な出来事を示している。ワニ系統主竜類が三畳紀の大半を通して優勢で、恐竜が大きな体へと進化するのを妨げていた可能性がある。

043

第**2**章

恐竜の系統樹

THE DINOSAUR FAMILY TREE

恐竜の研究者たちの目標の1つが、恐竜の系統樹phylogenetic treeを正しく描くことだ。種speciesどうしの関係を理解し、さまざまなグループを進化パターンに沿った順序に並べることができる。進化プロセスの研究は分岐学cladistics（または系統分類学phylogeneticsとも）と呼ばれ、恐竜に関しても多くの研究が行われてきた。系統樹を構築することは、自然のなかに存在する進化現象のパターンやプロセスを理解する鍵となる。また、グループのなかでのさまざまな進化の傾向、たとえば、体の大きさや、植物食性に関連する特徴などが理解できるようになる。これらの傾向が、気候変動や大陸の分裂continental splittingなどの出来事と関連づけられることもある。このような研究は、まだ私たちが理解していないことは何かを浮き彫りにもしてくれる。

恐竜類Dinosauriaだけに見られる骨の特徴が多数特定されている。その多くは、解剖学の知識が乏しいと、それらの重要性を理解するのは難しい。たとえば、頸椎cervical vertebra（首を構成している骨）の上部に、外関節突起epipophysisと呼ばれる、骨が盛り上がった部分があること。上腕骨humerusの上部に、非常に長い筋肉が付着する稜（三角筋稜deltopectral crest）が存在すること。寛骨臼acetabulum（腰の骨である寛骨に大腿骨が接続する関節）が完全に穴が開いて窓のようになっていること。そして、下腿（膝から足首までの部分）の腓骨fibula（下腿をなす2本の骨の細いほう）が極めて細く、そのさらに下にある距骨astragalus（かかとの骨）とはごくわずかな面積でしか接触していないことなどだ。これらの特徴は恐竜特有のもので、他の主竜類Archosauriaには見られないことから、恐竜類は1つのクレードcladeつまり、同じ祖先に由来する、1つの生物グループであると判断できる。

第 2 章　恐竜の系統樹

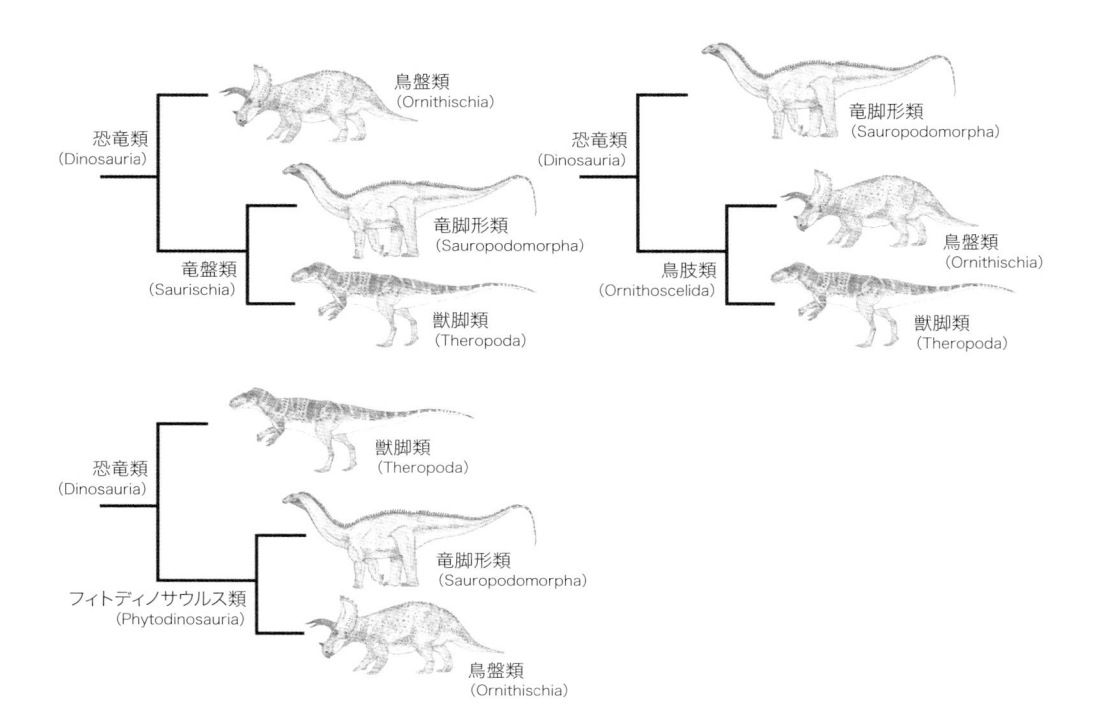

恐竜の系統樹は、初期の段階で3つの主要な枝に分かれた。竜脚形類
Sauropodomorpha（竜脚類Sauropodaとその近縁種）、獣脚類Theropoda
（肉食恐竜と鳥類Aves）と鳥盤類Ornithischia（装甲をまとったアンキロサ
ウルス類Ankylosauria、<ruby>角<rt>つの</rt></ruby>のあるケラトプス類Ceratopsia、カモノハシの
ようなくちばしを持つハドロサウルス科Hadrosauridaeなど）だ。約2億
3000万年前（三畳紀後期の序盤）の地層から、これら3つのグループの恐
竜が発見されていることから、これらのグループが枝分かれしたのは、この
ころより前だと特定されている。これら3つのグループの初期のメンバーは
よく似ていた。どれも小型で、二足歩行をする、華奢な体型の雑食性もしく
は肉食性の恐竜で、獲物をつかむのに適した手を持っていた。

2017年以前は、専門家たちは、竜脚形類と獣脚類は、竜盤類Saurischia
という1つのグループを形成していたと考えており、恐竜進化の初期におけ
る最大の出来事は、竜盤類と鳥盤類の分岐だというのが、「主流」あるいは「伝
統的」な見解だった。

この見解は、2017年、マシュー・バロン（Matthew Baron）らが、鳥盤
類と獣脚類は近縁で、鳥肢類Ornithoscelidaと呼ばれる1つのグループを形
成しており、竜脚形類は、より遠縁であったという証拠を示したことによって、
疑問を持たれるようになった。この問題提起は議論を呼び、2017年以降多く
の研究が発表され、恐竜の初期進化について激しい論争が繰り広げられてい

▲恐竜類は、3つの主要なクレード、竜脚形類、鳥盤類、獣脚類からなる。その1つ（獣脚類）が今日まで生き延びている。本図の単純化した系統樹は、この3つのクレードの関係を巡る、対立する3つの説を示している。

045

る。竜盤類と鳥盤類の分岐が起こったことを支持する研究も少なくない一方、鳥肢類と竜脚形類の分岐を支持する研究もある。また、竜脚形類と鳥盤類を、フィトディノサウルス類Phytodinosauriaという1つのグループにまとめる説も提案されている。

獣脚類：肉食恐竜と鳥類

　まとめて獣脚類と呼ばれる、肉食恐竜と鳥類は、恐竜の主要3大グループの1つだ。「肉食恐竜」という用語は、獣脚類をひとまとめに呼ぶときに便宜的に使うものでしかないことに注意してほしい。それは、鳥ではない獣脚類の多くが雑食性もしくは植物食性だったことが知られているからだ。それに、もちろん鳥類も、雑食性や植物食性の生活様式をさまざまな時期に進化させている。

　多くの獣脚類（知られている最古のものも含めて）は鳥に似ていた。このグループに属する種はほぼすべて二足歩行で、また、大多数の種が、第1中足骨が足関節ankleに接触していない、幅の狭い、鳥に似た足をしていた（中足骨metatarsalは、足首と足指の間にある長い骨）。この第1中足骨には第1趾halluxが関節しており、獣脚類の第1中足骨は、他の恐竜グループに比べ、小さく、足の内側の高い位置についていたりする。その後の進化により、鳥類では第1趾が大きくなる。この経緯については、第5章でさらに詳しく論じる。

　獣脚類の手は、捕食者としての生活に特化していることが多い。指の骨は長く、鉤爪は、強く湾曲し、下面に大きな突起があることがある。この突起は、屈筋小結節flexor tubercleと呼ばれ、強力な筋肉と靭帯が付いていた場所である。獣脚類が、獲物の体に鉤爪をグサリと突き刺すために使ったであろう筋肉と靭帯だ。古い復元模型では、獣脚類の手は、手のひらが地面を向いて復元されていることが多かった。骨がつながった状態で発見された骨格標本と、獣脚類の関節の動きに関する詳細な研究によって、獣脚類の手は、実際には手のひらが内側を向いていたことが示されている。獣脚類にとってこれが何を意味するかについては、第4章で詳しく論じる。

エオドロマエウス
(Eodromaeus)

コエロフィシス上科
(Coelophysoidea)

ディロフォサウルス
(Dilophosaurus)

ネオケラトサウルス類
(Neoceratosauria)

メガロサウルス科
(Megalosauridae)

メガロサウルス上科
(Megalosauroidea)

スピノサウルス科
(Spinosauridae)

アロサウルス科
(Allosauridae)

アロサウルス上科
(Allosauroidea)

カルカロドントサウルス類
(Carcharodontosauria)

コエルロサウルス類
(Coelurosauria)

▲初期の獣脚類（この分岐図cladogramの上部に示されているものたち）は、おおむね小型で華奢な恐竜で、後に出現するグループに特有の鳥類に似た多くの特徴はなかった。獣脚類のなかで巨大な体を持つ種が数度か出現しているが、それらの巨大獣脚類は近縁ではなく、それぞれ独自に進化した。

鳥類を除外しても、獣脚類は恐竜全種の3分の1以上を含む、極めて多様性に富むグループだ。鳥類（現生種だけで約1万種類）には、他のあらゆる恐竜グループを大きく引き離して最大数の種が含まれている。このため獣脚類は、これまでに登場した恐竜グループのなかで、最大かつ最も成功した集団といえる。とりわけ、小型化し、飛行能力を持つようになった鳥類は、脊椎動物全史における大きな成功例の1つとなっている。

獣脚類は、3つの大きなグループからなると考えられる。第1のグループは、獣脚類の進化の初期に出現したものたちからなる。これらの獣脚類は、後に出現するものに比べ、あまり鳥に似ていない。この第1グループの獣脚類を「原始的な獣脚類」と呼ぶことにしよう。第2のグループは、メガロサウルス科Megalosauridae、スピノサウルス科Spinosauridae、そしてアロサウルス上科Allosauroideaを含む、総じて大型の獣脚類の集団で、吻部が長い魚食種の他、深い頭蓋骨skullを持つ肉食の種も含まれる。最後に、第3のグループは、鳥類と、基本的に鳥に似た種を含み、コエルロサウルス類Coelurosauriaと呼ばれている。

「原始的な獣脚類」：ヘレラサウルス科、コエロフィシス上科、ネオケラトサウルス類

最古の獣脚類はアルゼンチンの三畳紀後期の地層で発見されており、約2億3000万年前のものと特定されている。エオドロマエウス*Eodromaeus*は、3つの主な恐竜グループすべての最古メンバーと同じく、小型（全長1.2m）で華奢な体をしている。また、アルゼンチンで発見された別の小型恐竜、エオラプトル*Eoraptor*と非常によく似ているため、エオラプトルも初期の獣脚類だとされることが多かった。エオラプトルは、歯の特徴からすると、むしろ竜脚形類である可能性があるが、その正確な位置を巡る議論は続いており、他の三畳紀の恐竜についても同様の状況だ。

それに関連して、三畳紀後期の獣脚類に似た肉食恐竜のグループ（ヘレラサウルス科Herrerasauridae）は、恐竜進化の研究が進むにつれ、系統学的な位置がたびたび変化している。ヘレラサウルス科の解剖学的特徴のいくつかによって、獣脚類よりも竜脚形類に近縁である可能性を示されているが、ヘレラサウルス科は恐竜ではないとする研究もいくつか存在する。全長2mほどのヘレラサウルス科も存在したが、最大のものであるヘレラサウルス*Herrerasaurus*は、6mに達した。それは、巨大な肉食恐竜で、鋸歯serrationがある歯と手に巨大な爪

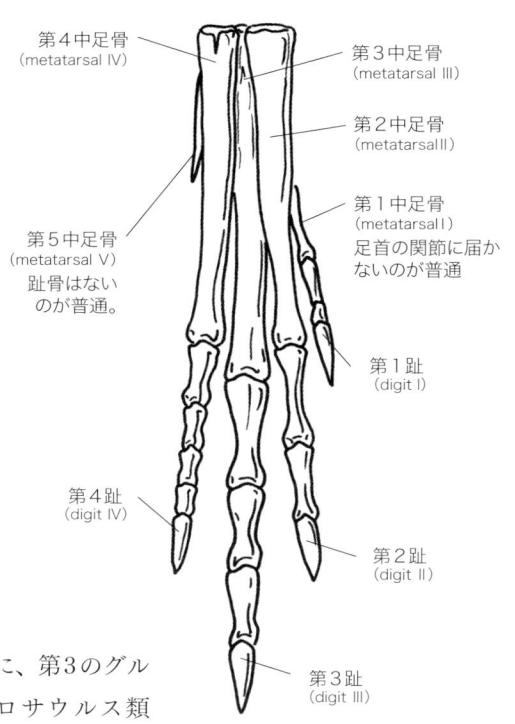

▲獣脚類は、鳥のものに似た幅が狭い足が特徴的で、足の第2、第3、第4趾で体重を支えていた。第1趾と第5趾は変形し、縮小し、完全に失われてしまっているグループもある。本図は右足で、足の内側の端が右側である。

▲エオドロマエウスは、アルゼンチンで発見された最初の獣脚類だ。小型で華奢な体型の肉食恐竜だったと推測され、湾曲した鉤爪、そして縁が鋸歯というギザギザになった歯を持つことから、トカゲほどの大きさの獲物を捕食していたと思われる。このような初期の恐竜が羽毛に覆われていたかどうかはまだはっきりしていない。保存状態が良好な化石が新たに発見されない限り、この議論が決着することはないだろう。

を持つ、三畳紀後期の陸上で、最強の肉食恐竜の1つだったことは間違いない。

獣脚類は、骨格にいくつか特徴がある。頭蓋骨と首の骨には、空気で満たされた小さな空洞があったが、これは他の恐竜グループの初期メンバーには見られない。また、初期獣脚類は第5趾が著しく短縮しており、さらに、骨盤内の坐骨の遠位端がブーツのような形をしている。やがて獣脚類は、より大きな体へと進化し、大型の獲物を襲う能力を持つようになる。

エオドロマエウスに似た恐竜から進化した子孫には、さらに大型化したものがいるが、それ以外は、細身で華奢な頭蓋骨を進化させた。その多くがコエロフィシス上科Coelophysoideaと呼ばれるグループに属する。どれも細身で軽量の恐竜で、大部分が全長2〜3mだった。上顎に、鼻孔下溝subnarial gapと呼ばれる、歯のない浅い溝があり、小型の獲物を捕らえてくわえておくのに適していたようだ。大型の昆虫、トカゲのような爬虫類、恐竜の子供などを捕食していたのだろう。また、コエロフィシス上科は浅瀬を渡り歩き、ときには魚その他の水棲動物を捕食した可能性もある。アメリカやアフリカ南部の化石産地からコエロフィシスCoelophysisの化石が数百点発掘されているが、最も有名な発掘場所は、ニューメキシコ州ゴーストランチの三畳紀後期の地層だ。これらの恐竜たちは、巨大な群れで、一度に死んだようだが、その理由はわかっていない。

コエロフィシスとその近縁には、より大型の恐竜たちがいた。最も有名なのは、ジュラ紀前期のアメリカの地層で発見された、全長7mのディロフォサウルスDilophosaurusだ。ディロフォサウルスは、鼻孔下溝を持ち、細身で華奢な体型だった点でコエロフィシスと似ている。しかし、ディロフォサウルスの一番の特徴は、鼻筋の上にある一対の板状の突起だ。最近までこの突起は、半円形の板が垂直に立ったものだと考えられていたが、2020年のある研究は、これらの突起はむしろ、空気で満たされた空洞を包む、最表面が角質で覆われたより大規模な構造の一部だったのではないかと主張している。

「原始的な獣脚類」の最後のグループが、ネオケラトサウルス類

第2章　恐竜の系統樹

Neoceratosauriaという、多数の種を含む大きなグループだ。がっしりした体型の巨大な肉食恐竜がこのグループに属し、その代表となるのがジュラ紀後期の地層から発見されたケラトサウルス *Ceratosaurus* と、白亜紀後期の地層で発見されたアベリサウルス科Abelisauridaeと呼ばれるグループだ。ケラトサウルスとは、「角のあるトカゲ」という意味で、鼻の上にある角にちなんで命名された。この他、両目の前にもこぶ状の突起があり、また、首、背中、尾の正中線に沿って骨板が並んでいる。アベリサウルス科には、アルゼンチンで発見されたカルノタウルス *Carnotaurus* と、マダガスカルで発見されたマジュンガサウルス *Majungasaurus* が含まれる。このほか、ノアサウルス科と呼ばれる華奢で小型の獣脚類もネオケラトサウルス類に属する。ノアサウルス科の多くは南アメリカに生息したとされるが、世界各地に広く分布していたことも知られている。21世紀に行われた数々の発見により、ノアサウルス科にはさまざまな異なる身体形状のものが存在していたことが知られている。歯がなくなって植物食性になったものもあれば、前肢が縮小してしまったものや、体重のほとんどが第3趾だけにかかるという特異な足をしていたものなどがあった。

　ケラトサウルスと同様、アベリサウルス科の恐竜にも角を持っていたものがいる。カルノタウルスには、両目の上に円錐型の角があり、マジュンガサウルスには、額の上に先端が丸まった角が1本生えていた。アベリサウルス科には、いくつか特異な特徴がある。頭蓋骨は、前後に短く横幅が広いことが多かった。種によっては、腕が縮小しており、手と前腕が短く、指はずんぐりして先端が丸く、鉤爪はなかった。また、脚が長く、他の多くの大型獣脚類と同じような外見をしていた種もあるが、たとえばマジュンガサウルス

▼コエロフィシスは最もよく知られている初期獣脚類の1つで、数百点の化石が発見され、完全な骨格として見つかったものもある。頭蓋骨が浅く狭いことから、小型で動きが素早い獲物を捕食していたと考えられている。

049

第 2 章　恐竜の系統樹

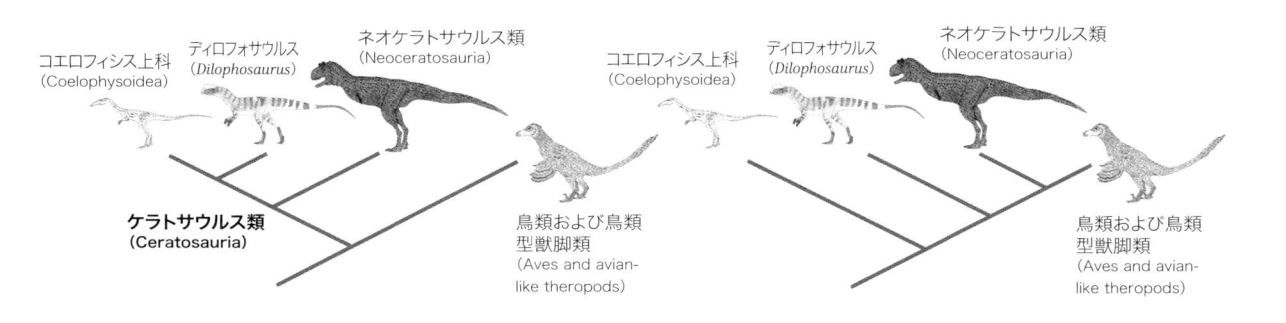

コエロフィシス上科
(Coelophysoidea)

ティロフォサウルス
(*Dilophosaurus*)

ネオケラトサウルス類
(Neoceratosauria)

ケラトサウルス類
(Ceratosauria)

鳥類および鳥類
型獣脚類
(Aves and avian-
like theropods)

コエロフィシス上科
(Coelophysoidea)

ティロフォサウルス
(*Dilophosaurus*)

ネオケラトサウルス類
(Neoceratosauria)

鳥類および鳥類
型獣脚類
(Aves and avian-
like theropods)

など、それ以外の恐竜は、太く短い脚をしていた。これらの特徴から、アベ
リサウルス科の恐竜は他の大型獣脚類とは異なる行動をしていたのではない
かと思われる。

　1980年代から1990年代の間、大部分の専門家たちは、コエロフィシス上科、
ディロフォサウルスの仲間、そしてネオケラトサウルス類は、1つのクレード
を形成していると考え、これをケラトサウルス類Ceratosauriaと名付けた。これ
らの恐竜はすべて、成長の過程で融合する脚の骨、融合した腰骨、その他多数
の特徴を共有していたため、1つのグループにまとめるべきだと考えられたの
だ。これらの獣脚類の多くは、角やとさかのような頭部に装飾を持ち、鳥類に
よりよく似た、獣脚類の「古めかしい」親戚のように見えるものが多く、さらに、
ほとんどのものがゴンドワナ大陸だけに存在した。これらの理由から、ケラト
サウルス類が獣脚類の1つのクレードなのは明らかだという説は有力だった。

　しかし、いくつもの研究の結果、ケラトサウルス類に特有と考えられてい
たさまざまな特徴は、獣脚類全体に広く見られることが明らかになった。現
在得られている証拠からは、ディロフォサウルスとネオケラトサウルス類は、
「原始的な獣脚類」であるコエロフィシス上科よりも、アロサウルス
Allosaurus、ティラノサウルス*Tyrannosaurus*、そして鳥類を含む、はるか
に大きなクレードのほうに近いことが明らかになっている。

メガロサウルス科、スピノサウルス科、そしてアロサウルス上科

　さて、ここから獣脚類の2つ目の大きいグループについて見てみよう。この
グループには、巨大で驚異的な肉食恐竜が多数含まれ、なかにはこれまでに
存在した最大の陸棲肉食動物もいる。系統樹のこの部分をなす2つの主なクレ
ードは、メガロサウルス上科Megalosauroideaとアロサウルス上科である。

　メガロサウルス上科の名称は、ジュラ紀中期のイギリスの地層で発見され
命名された最初の非鳥類型恐竜non-avian dinosaurs、メガロサウルス
*Megalosaurus*に由来する。今日なお、メガロサウルスは断片的な化石しか
発見されていない。しかし、メガロサウルスに近縁ないくつかの獣脚類（ジ

▲獣脚類の主要なグループどうしの関係について、専門家のあいだに異論がある。左に示した分岐図では、いくつかの初期獣脚類グループがケラトサウルス類という1つのクレードにまとめられている。最近の研究でこの説は否定され、右に示すような分岐図が提案されている。

前ページ　ケラトサウルス（左ページ右側）はジュラ紀後期のアメリカとポルトガルの地層で発見された大型獣脚類だ。特筆すべき特徴の1つが、非常に長いサーベル状の上顎歯である。図に示す巨大なブラキオサウルスなど、さまざまな植物食動物と共に生息していた。

051

▲上の写真のような、ゆるやかにカーブしたナイフのような歯は、メガロサウルス上科やアロサウルス科などの巨大獣脚類によく見られる。この歯は、歯冠の前縁と後縁に鋸歯状のギザギザがある。肉に食い込みサッと切るための歯だ。

次ページ上 北アフリカで発見された、背中に大きな帆がある獣脚類、スピノサウルスは、入り江や川の三角州を中心に生息し、魚食性だった。おそらく体長14メートル、体重10トンに及ぶ巨大な恐竜であった。解剖学的特徴と水泳能力の程度については専門家の意見が分かれている。

次ページ下 ヨーロッパのスピノサウルス科の恐竜、バリオニクスの化石として最初に発見されたのは、この巨大な親指の爪だった。上側のカーブに沿った長さは30cmである。このような湾曲した巨大な手の爪は、スピノサウルス科にはよく見られた。

ュラ紀後期のイギリスの地層で発見されたエウストレプトスポンディルス Eustreptospondylusと、ジュラ紀後期のアメリカとポルトガルの地層で見つかったトルヴォサウルス Torvosaurus）は、骨格のかなりの部分が発見されている。これらの恐竜は、メガロサウルス上科のクレードの1つ、メガロサウルス科としてまとめられている。彼らは、陸棲肉食恐竜で、鋸歯のある大きな歯で深く噛みついて傷を負わせたり、手の鉤爪で突き刺したり引っかいたりして傷つけて、他の恐竜たちを捕食していたようだ。

メガロサウルス上科のもう1つのグループは、まったく異なる方向へと進化した。細長いワニのような吻をしており、種によっては、鋸歯のない円錐型の歯と、筋肉が特に発達した前肢を持っていた。これが、白亜紀に存在した、水陸両棲で魚食性のスピノサウルス科である。

スピノサウルス科が初めて認知されたのは、1915年、背中に帆のような突起を持つ巨大なスピノサウルス Spinosaurusがエジプトで発見されたときのことだ。残念ながら、当時発見された化石からは、この恐竜がどのようなものだったのか推測は困難で、スピノサウルスは背中に帆があるものの、メガロサウルスに似た肉食恐竜だったのだろうと想像された。なお悪いことに、唯一の化石標本が第二次世界大戦中に空襲で破壊されてしまった。1970年代以降、北アフリカのモロッコ、リビア、その他の場所でわずかな部分化石が発見されており、これらを基にスピノサウルスがどんな恐竜だったのか推測されていた。2014年、ある科学者グループは、スピノサウルスは後肢が短く、足には水かきがあり、尾はしなやかで、緻密骨が厚いことを示し、これらの身体的特徴は、スピノサウルスは日常的に水中を泳いでいたという証拠だと示唆した。この提案は議論を呼び、これを検証する研究が行われた。現在、スピノサウルスがどのような外見でどのように行動していたかについて、専門家の意見は分かれている。水中生活を送る泳ぐ恐竜だったのかもしれない一方、水辺で浅瀬を歩いて食糧を収集していたのかもしれない。

スピノサウルス科に関する知識のほとんどが、スピノサウルスではなく、バリオニクス亜科Baryonychineというグループから得られたものだ。バリオニクス亜科という名称は、イギリスのサリー州で白亜紀初期の地層から発見されたバリオニクス Baryonyxという恐竜から名付けられた。バリオニクスは、ワニのような長い吻を持つスピノサウルス科の恐竜として最初に発見された。バリオニクスが1983年に発見されたときには一大センセーションを巻き起こした。アフリカでは、バリオニクス亜科に属する化石が数点発見されているが、そのうち最も保存が良いのはニジェールで発見され1998年に命名されたスコミムス Schomimusである。イギリスで発見されたケラトスコプス Ceratosuchopsもバリオニクス亜科に属する。ケラトスコプスは、バリオニク

第2章　恐竜の系統樹

スに近い時代や地域にすんでいたが、むしろ分類という意味ではスコミムス
に近縁である。バリオニクス亜科はラオスとニジェールにも生息していた。

　ジュラ紀と白亜紀、メガロサウルス科とスピノサウルス科の傍に生息し
ていたのが、もう1つの大型獣脚類のグループ、アロサウルス上科だ。この
グループのメンバーで最も馴染み深いのが、アメリカとポルトガルのジュ
ラ紀後期の地層から産出したアロサウルスだ。この巨大な肉食恐竜（大き
な個体は全長8.5m、体重1.5t以上だった）は、両目の前に三角形の角を持
っており、吻部は細く深かった。アロサウルスは、行動と生理学的な研究
をするために、コンピュータによる分析が使われた最初の恐竜の1つだ。こ
のテーマについては第4章で詳しく論じる。

　ジュラ紀の終盤、アロサウルス上科に含まれる、カルカロドントサウル
ス類Carcharodontosauriaというクレードにまとめられるグループが、
アロサウルスに似たある祖先から進化した。カルカロドントサウル
ス類という名称は、「カルカロドンのような歯をしたトカゲ」とい
う意味で、彼らの歯が、大型の白いサメ、カルカロドン（日本
語では「ホホジロザメ」）のものに少し似ていることによる。
カルカロドントサウルス Carcharodontosaurus（このクレー
ドで最初に命名されたもの）は最初、スピノサウルスの化石
が初めて発見されたエジプトの白亜紀後期の地層から発見され

053

た。その後モロッコで、より良い化石がいくつか発見されている。

　カルカロドントサウルス類の近縁の恐竜は、アルゼンチンとブラジルで発見されており、マプサウルス *Mapusaurus*、ギガノトサウルス *Giganotosaurus*、ティラノティタン *Tyrannotitan* などがある。どれも巨大で頑丈な体型の肉食恐竜で、全長13m、体重6〜7tに達したものもあった。つまり彼らは、大きさはティラノサウルスと同じくらい（あるいはそれ以上）だったのである。これらの巨大恐竜の、大きさ、頑丈な体型、そして刃物のような大きな歯は、彼らが竜脚類のような大型恐竜を攻撃し仕留めていたことを示す。一部の研究者は、メガラプトル類 Megaraptora というクレードでくくられる白亜紀のグループも、カルカロドントサウルス類に属すると考えている。メガラプトル類は小型で後肢が細く、長い腕を持ち、手には巨大な爪があり、他のカルカロドントサウルス類とはかなり異なっていた。だが、メガラプトル類は、アロサウルス上科ではなく、コエルロサウルス類内のティラノサウルス上科 Tyrannosauroidea に属する可能性もある。

コエルロサウルス類：暴君たちとダチョウに似たものたち

　それでは、獣脚類の第3にして最後のグループ、コエルロサウルス類というクレードについて見てみよう。鳥類はこれに属し、さらに、鳥類に近縁の、オヴィラプトロサウルス類 Oviraptorosauria、ドロマエオサウルス科 Dromaeosauridae（ヴェロキラプトル *Velociraptor* を含むグループ）、そしてダチョウに似たオルニトミモサウルス類 Ornithomimosauria もこのクレードに属する。これらの恐竜を結びつける共通の主要な特徴には、吻部の側面にある空気で満たされていた大きな穴、頭蓋骨後部の多数の空間（やはり空気で満たされていた）、そして、他の獣脚類グループよりも長い脚がある。ティラノサウルス上科（「暴君のトカゲ」を意味する呼称）もコエルロサウルス類のクレードに属し、アロサウルス上科などの初期の巨大な獣脚類よりもむしろ鳥類に近い。実際ティラノサウルス上科は、大きな脳、長く幅が狭い足、長い骨盤 pelvis、そして他の獣脚類より短く軽い尾を持つという点で他のコエルロサウルス類と同じだ。ティラノサウルス上科は体が大型化し、頑丈な頭蓋骨と体を持つようになった結果、メガロサウルス上科やアロサウルス上科に外見が似てきたのである。遠縁のグループのメンバーたちが同じ生活様式に適応するように特殊化した結果、似てくる進化プロセスを収斂進化 convergence と呼ぶ。収斂進化は恐竜たちの間では頻繁に起こったようだ。

　1990年代までは、部分的または完全な化石骨格が

▼数種の初期ティラノサウルス上科が、北米、ヨーロッパ、アジアのジュラ紀後期の地層で発見されている。エオティラヌスはイギリス南部のワイト島で発見された。細長い手を持ち、吻部と顎の特徴は、噛みつく力が強く、大きな破壊力があった可能性を示している。吻部の正中線をなしている細長い複数の骨は融合して、吻の上面の上に並んでY字型をなす一連の突起を形成していた。

発見されていたティラノサウルス上科はすべて、ティラノサウルス科Tyrannosauridaeと呼ばれる、腕が短い巨大な恐竜グループに属するものばかりだった。今日では、白亜紀初期やジュラ紀の、より古いティラノサウルス上科の保存状態の良い化石も発見されている。たとえば、中国で産出したグアンロング*Guanlong*、ディロング*Dilong*、ユウティラヌス*Yutyrannus*、そしてイギリスで産出したプロケラトサウルス*Proceratosaurus*、ジュラタイラント*Juratyrant*、そしてエオティラヌス*Eotyrannus*などだ。白亜紀のゴンドワナ大陸に生息した、前足の巨大な鉤爪と、長く高さの低い吻部を特徴とするグループ——メガラプトル類——も、ティラノサウルス上科の適応放散の1つのようだ。

初期のティラノサウルス上科の大半は、全長4mに満たず、近縁のコエルロサウルス類のグループと同じくらいの大きさだった。彼らはティラノサウルス科よりも腕と手が長く、3本の指を持ち、頭蓋骨は浅く軽量で、骨を噛み砕く目的に特化してはいなかった。少なくともそのうち2つの属の恐竜（ディロングとユウティラヌス）には、毛のような繊維filamentsでできた体毛で覆われていた痕跡がある。このような繊維は、コエルロサウルス類で広く見られる。ユウティラヌスは全長9mで、これまでに発見された体毛で覆われた獣脚類で最大である。

ダチョウに似たものたち、つまり、オルニトミモサウルス類もコエルロサウルス類で、最初期のティラノサウルス上科に極めて近縁の祖先から出現したと推測される。その名が示すとおり、オルニトミモサウルス類は全

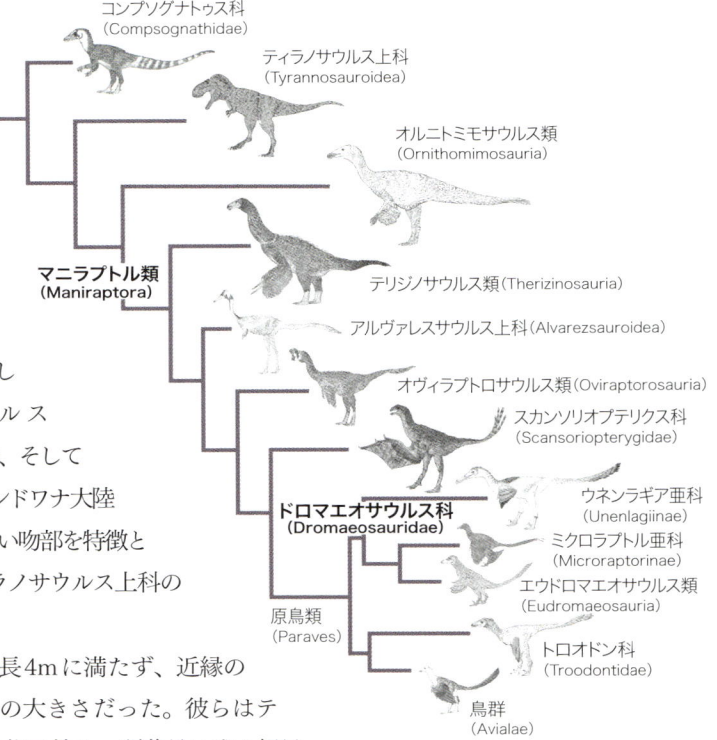

コンプソグナトゥス科
(Compsognathidae)

ティラノサウルス上科
(Tyrannosauroidea)

オルニトミモサウルス類
(Ornithomimosauria)

テリジノサウルス類 (Therizinosauria)

アルヴァレスサウルス上科 (Alvarezsauroidea)

オヴィラプトロサウルス類 (Oviraptorosauria)

スカンソリオプテリクス科
(Scansoriopterygidae)

ウネンラギア亜科
(Unenlagiinae)

ミクロラプトル亜科
(Microraptorinae)

エウドロマエオサウルス類
(Eudromaeosauria)

トロオドン科
(Troodontidae)

鳥群
(Avialae)

**マニラプトル類
(Maniraptora)**

**ドロマエオサウルス科
(Dromaeosauridae)**

原鳥類
(Paraves)

▲鳥類と、鳥によく似たグループのすべてを含む獣脚類のクレード、コエルロサウルス類のなかの、主な系統を示した簡略版系統樹。ティラノサウルス上科とオルニトミモサウルス類は、鳥によく似た系統を含む、マニラプトル類というクレードの外側に位置する。

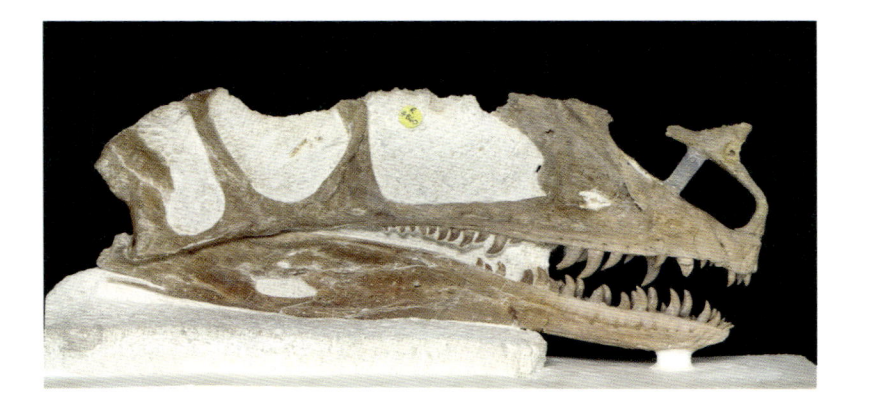

◀ジュラ紀中期のイギリスの地層で発見されたプロケラトサウルスは、これまでに発見された最古のティラノサウルス上科だ。頭蓋骨は長さ29cmしかなく、鼻にとさかもしくは角状のものの基部が残っている。

体的にダチョウのような体型をしている。そのなかでも最もよく知られている種は、歯のない顎と、強力な筋肉が付いた長い後肢を持っていることから、ダチョウのような生活をしていたのだろうと思われる。おそらく雑食性で、低木や木を食べ、小型動物、果物、そして種（たね）などを取り、高速走行できることを利用して危険から逃れていたのだろう。

　しかし、オルニトミモサウルス類がすべてこのような恐竜だったわけではない。初期の種では、顎の一部に歯列があった。歯が数本だけあった種もいくつかあるが、合計230本程度の歯を持っていた種が1つあった。その多歯恐竜が、スペインの白亜紀初期の地層から産出したペレカニミムス *Pelecanimimus* だ。その夥しい数の歯から特異な生活様式が想像されているが、実際の行動や生活様式について、それ以上の情報はまったくない。これより驚異的なのが、モンゴルの白亜紀後期の地層で発見されたデイノケイルス *Deinocheirus* だ。デイノケイルスは、長い間、前肢と肩の骨、そして数本の肋骨ribだけしか発見されていなかった。腕は左右とも長さ2.4mだが、他の部位がないため、この巨大恐竜の全体像については、専門家たちも推測するしかなかった。答えがはっきりしたのは2014年のことだ。新たに発見された化石から、デイノケイルスは背中に大きな帆があり、後肢は太く短く、アヒルのくちばしのような長い吻部をし、下顎は深かったことが明らかになった。全長11m、体重は6t以上で、デイノケイルスはすべての獣脚類で最大のものの1つだったが、他のオルニトミモサウルス類と同じく、主に植物食だったと推測される。

その他のコエルロサウルス類：マニラプトル類

　マニラプトル類Maniraptoraは、「手でつかむ捕食者」を意味し、これらの恐竜が持つ、指が長く巨大な鉤爪が付いた手を指している。大型の種もあるが、ニワトリやカラスと同じくらいの大きさの種もある。すべての種が、

▶小型で地上に生息する獣脚類は、中生代には多く見られた。この復元図は、マニラプトル類のトロオドン科というグループに属する初期の恐竜、メイ *Mei* だ。メイが命名されたのは2004年。「眠る」を意味する名前だが、最初に発見された化石が、鳥が眠るときと同じ姿勢のものだったことによる。

鳥と同様の羽毛で覆われていたと推測される。マニラプトル類には少なくとも6つの主要なクレードが含まれ、最もよく知られているのが、鳥類とその最近縁種を含む鳥群Avialaeだ。鳥群は、獣脚類としても、そして、すべての恐竜を合わせたグループのなかでも、最も成功したグループとみなすことができる。鳥類の歴史と進化については、第5章で論ずる。

▲デイノニクスなどの肉食性のマニラプトル類は、地上を走る鳥のような体型をしていた。骨盤内にある、後ろを向いた恥骨が典型的な特徴。また、強く湾曲した巨大な爪が付いた第2足指が地面から離れて上を向いていたことも、これらの恐竜に特有の性質だ。

　鳥群以外で、鳥類に最もよく似たマニラプトル類は、トロオドン科Troodontidaeとドロマエオサウルス科だ。それぞれ、北米で発見された白亜紀後期の恐竜、トロオドンTroodonとドロマエオサウルスDromaeosaurusにちなむ名称である。現在トロオドンと呼ばれているのは、1つひとつの鋸歯がやや大きめの歯を持つものだけだ。同様の歯は、ステノニコサウルスStenonychosaurusやラテニヴェナトリクスLatenivenatrixなど、より完全な状態で発見された化石によっても知られている。これらトロオドン科の恐竜は、大きな目と敏感な耳を持ち、歯の形状から、小動物の他に葉や果実を食べていたと考えられる。ラテニヴェナトリクスは、小柄な大人の人間と同等の体重だった。より小型の、カラス大のトロオドン科は、ジュラ紀後期と白亜紀の森林やその他の地域に生息していた。

　キツネ大のドロマエオサウルスは、ドロマエオサウルス科の名称の由来なのだが、このグループで最もよく知られているものではない。第1章で見たように、ドロマエオサウルス科に属するある恐竜が、私たちの恐竜観を変えるうえで大きな役割を果たした。それがアメリカの白亜紀初期の地層から発見されたデイノニクスDeinonychusだ。デイノニクスは全長約4m、体重は大型のオオカミ程度で、手に大きく湾曲した鉤爪がある他、左右の第2趾に巨大な鉤爪があった。趾骨phalanxの特異な形状から、デイノニクスが歩いたり走ったりする際、この巨大な鉤爪は、地面から離して上に上げられていたと考えられる。

　デイノニクスの生態がよくわかってくると、1920年代に発見されていた白亜紀後期の獣脚類がデイノニクスとごく近縁だったことが明らかになった。その恐竜は、モンゴルと中国で発見された、さらに小型で砂漠に生息していたヴェロキラプトルだ。映画『ジュラシック・パーク』と『ジュラシック・ワールド』で、うろこに覆われた恐竜たちがなぜヴェロキラプトルと呼ばれているか。その理由は、映画製作者たちが、デイノニクスとヴェロキラプトルはとてもよく似ているので、同じ名前を付けるべきだという（今ではもう使われていない）説に従うことにしたからである。

　1980年代以来、恐竜化石の発見数が急増したため、ドロマエオサウルス科

第2章 恐竜の系統樹

の多様性が明らかになってきた。1993年、
デイノニクスの5倍の体重があったのではな
いかと思われる巨大なドロマエオサウルス科がアメリ
カで発見された。ユタラプトル*Utahraptor*だ。ユタラ
プトルとそれに似た他の恐竜化石の研究から、ドロマエ
オサウルス科は数度の進化を経て大型化したことが明らか
になっている。逆に体が小さいほうでは、中国で発見されたカラス大
のミクロラプトル*Microraptor*が2000年に発表された。ミクロラプト
ルの保存状態の良い化石には、前肢、尾の先端、そして後肢にも、長
い羽が残っている。これらの羽はただ長いだけではなく、ミクロラプト
ルが滑空したり羽ばたいたりしていたのではないかと思わせるような形を
している。また、主にゴンドワナ大陸Gondwanaに生息していたウネンラギ
ア亜科Unenlagiinaeというグループと、小型で首が長く、水かきのような腕
を持っていた、アジアのドロマエオサウルス科、ハルシュカラプトル亜科
Halszkaraptorinaeも知られている。どちらのグループも、魚を捕獲していた
と推測できる特徴を備えている。特に、ハルシュカラプトル*Halszkaraptor*は
泳ぎが得意だったようだ。

　鳥群、ドロマエオサウルス科、そしてトロオドン科に近縁のもう1つのグル
ープが、中国のジュラ紀中期から後期の地層から発見された、スカンソリオプ
テリクス科Scansoriopterygidaeだ。スカンソリオプテリクス科は、奇妙な小
型の獣脚類で、全長が30㎝以下である。短い尾の先端から、吹き流しのよう
な尾羽が伸びており、化石として保存されている全長よりは長かった。その他、
短い吻部と、第3指が他の2本の指よりもはるかに長かったことも面白い特徴
だ。一般的な獣脚類では第2指が最も長く、スカンソリオプテリクス科の手の
形は極めて特異である。2015年に命名されたスカンソリオプテリクス科、イ
ー*Yi*の化石から、この長い第3指が、手から体の側面まで広がっていた皮膜
を支えていた構造が明らかになっている。手首から伸びる棒状の骨も、この皮
膜を支える役割を果たしていた。驚くべきことに、これらの指の長い小型のマ
ニラプトル類は、前肢に羽毛が生えているのが標準的なグループに属しなが
ら、皮膜状の翼で滑空していた（もしくは羽ばたいていた）らしいということだ。

　トロオドン科やドロマエオサウルス科のようなグループは、典型的なマニラ
プトル類の恐竜とみなすことができる。だがマニラプトル類には、典型からか
け離れた奇妙なものもいた。オヴィラプトロサウルス類は、全長が1m未満か
ら8mを超えるものまで体のサイズがさまざまである。頭蓋骨は短くオウムに
似ており、頭頂に中空のとさかがあるものもあった。大半のものは歯がなく、
尖ったくちばしを持ち、おそらく雑食性か植物食性だった。抱卵broodingする

▲アルヴァレスサウルス科は、
走るのが速い。短く筋肉質の前
肢は、非常に変わった特徴であ
る。モンゴルの白亜紀後期の
地層で発見され1993年に記載
されたモノニクス*Mononykus*
は、このグループで最初に有名
になった恐竜で、全長は約1m
だった。

前ページ　中国のジュラ紀後期
の地層で発見されたイー（隣ペー
ジの図）から、マニラプト
ル類の1つのグループであるス
カンソリオプテリクス科が皮膜
状の翼を持っていたことがわか
る。彼らは肉食性または雑食性
の小型の恐竜で、木に登り昆虫
や植物を食べていたと推測され
る。

059

▲モンゴルで発見された白亜紀後期のテリジノサウルス類のエルリコサウルス *Erlikosaurus* の、極めて保存状態の良い頭蓋骨。歯のないくちばし状の先端部、小型の歯、大きな鼻孔という、このグループの特徴がよく保存されている。

鳥によく似た姿勢で、卵が多数詰まった巣の上に座った状態で発見された化石が数点ある。アルヴァレスサウルス科Alvarezsauridaeは小型で軽量なマニラプトル類で、頑丈な作りの短い腕を持ち、親指と親指の爪は巨大で太い。親指以外の指は、種によって、小さく退化してしまっているか、完全に消失している。これらの特異な前肢は掘るための道具のようで、腐食した木を割って内部を露出させ、アリやシロアリなどの昆虫を捕食していたのではないかという説がある。

そして、テリジノサウルス *Therizinosaurus*（テリジノサウルス類 Therizinosauria）がいる。テリジノサウルスは、「大鎌トカゲ」を意味する。白亜紀後期のモンゴルの地層から発見された巨大な恐竜で、当初は巨大なカメのような爬虫類と考えられた。手の鉤爪は最大で長さ約70cmもある。1970年代以降に発見された同じグループの別の恐竜の化石から、テリジノサウルスはカメとはまったく似ていなかったことが明らかになった。この恐竜は実際には、尾が短く首が長いマニラプトル類だったのだ。くちばしのように尖った、歯のない顎の先端、葉っぱのような形をした歯、広い骨盤、太く短い後肢、そして短く幅広の足から、肉食ではなかったことがわかる。動きが遅い植物食恐竜で、手の巨大な鉤爪は、枝を折ったり裂いたりするのに使ったのだろう。あるいは、メガラプトル類やティラノサウルス上科など、付近に生息していた肉食性の獣脚類から身を守るために鉤爪は欠かせなかったのかもしれない。他のマニラプトル類と同様、テリジノサウルス類も羽毛に覆われていた。中国の白亜紀初期の地層から産出したベイピアオサウルス *Beipiaosaurus* は、体、四肢、尾に繊維状のものが生えており、体からは針状繊維とひも状繊維のような毛が生えていた。これらの毛は、捕食者から身を守る特別な手段であったか、あるいは、カモフラージュ camouflage に役立ったと推測される。

すでに述べたとおり、この数十年間で、中生代の恐竜として認知された種の数は爆発的に増加している。これら新種の恐竜は、世界各国で発見されているが、その多くが中国、とりわけ、東北部の遼寧省にあるジュラ紀と白亜紀の地層で産出している。中国で発見された新しい恐竜の多くがマニラプトル類で、これらの化石のおかげで、マニラプトル類の進化と生態に関する知識が大いに深まった。

この時期に新発見されたマニラプトル類に属する種の多くが、小型で、各グループの初期の種に当たる原始的なものだ。初期の種は、マニラプトル類のどのグループのものでも、外見も生活様式も似ていたということがわかる。もしも時間をさかのぼり、これらの恐竜に出会ったとしても、どの恐竜がど

第2章　恐竜の系統樹

のグループに属するか、当て
ることは難しいだろう。その
ころ鳥類の祖先も、小型のマ
ニラプトル類グループの1つに
すぎなかったのである。

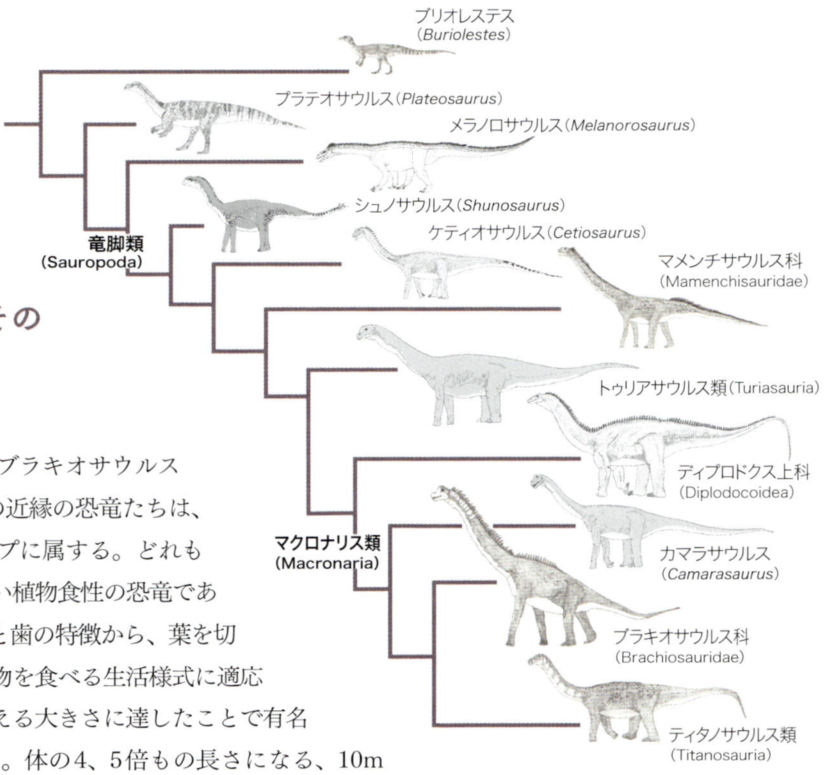

竜脚形類：竜脚類とその

近縁種

　ディプロドクス *Diplodocus*、ブラキオサウルス
Brachiosaurus、そしてそれらの近縁の恐竜たちは、
竜脚類という主要な恐竜グループに属する。どれも
大型、または超大型で、首の長い植物食性の恐竜であ
り、常に四足歩行していた。顎と歯の特徴から、葉を切
り取り、シダの葉やその他の植物を食べる生活様式に適応
していた。竜脚類は、想像を超える大きさに達したことで有名
だが、長い首でも知られている。体の4、5倍もの長さになる、10m
を超える首を持つ種では、15個もの椎骨vertebraが首を構成していた。長
い首の目的の1つは、食物を集めることであると考えられている。他の種よ
りも広い範囲の葉を食べられることで、競争で優位に立てたという。しかし、
首がどのような姿勢で保たれていたのか（垂直に立てていたのか、水平に
伸ばしていたのか）や、どの程度柔軟だったのか、さらに、具体的にどの
ように使われていたかについては、まだ議論が続いている。
　竜脚類は、首が非常に長い巨大な植物食恐竜というだけの存在ではない。
彼らは進化によって、途方もない体重を支える新しい方法を、いくつも確
立したのである。具体的には手、足、そして四肢の骨を、独特に変形させ

ブリオレステス
(*Buriolestes*)

プラテオサウルス(*Plateosaurus*)

メラノロサウルス(*Melanorosaurus*)

竜脚類
(Sauropoda)

シュノサウルス(*Shunosaurus*)

ケティオサウルス(*Cetiosaurus*)

マメンチサウルス科
(Mamenchisauridae)

トゥリアサウルス類(Turiasauria)

ディプロドクス上科
(Diplodocoidea)

マクロナリス類
(Macronaria)

カマラサウルス
(*Camarasaurus*)

ブラキオサウルス科
(Brachiosauridae)

ティタノサウルス類
(Titanosauria)

▲竜脚形類の分岐図を簡略化し
たもの。竜脚形類の初期の種は
二足歩行で、のちに出現した巨
大な竜脚類よりはるかに小型だ
ったことがわかる。竜脚類の種
の大部分は、ディプロドクス上
科とマクロナリス類という進化
した系統に含まれる。

▲ディプロドクスなどの進化した竜脚類は、柱
状の四肢と、非常に長い首と尾を持っている。
竜脚類の骨格には、たとえば頭蓋骨や柱状の手
など、他に多数の奇妙な特徴がある。

061

た他、骨格全体に、空気で満たされた袋（気嚢air-filled sac）、孔（含気孔pneumatic pocket）、そして空洞（側腹腔pleurocoel）などからなる精巧なシステムを張り巡らせたのだ（巨体を維持するために、骨格を軽量化すると同時に、多くの酸素を体内に取り込めるシステムを進化させた）。さらに、大量の低栄養価の植物からエネルギーを抽出できる消化器系digestive systemも進化させた。竜脚類を研究している者は、現生鳥類、ワニ、大型哺乳類を観察することによって、絶滅した巨大恐竜である竜脚類の生態や生体構造を解明しようと努力している。しかし残念ながら、竜脚類に似た現生動物は存在しないしないため困難を極めている。竜脚類の生態については、後ほど再び論じる（113、136、178ページ参照）。

　竜脚類の体型がどのように進化したかについては、長年謎に包まれたままだった。竜脚類ではないが、他の恐竜よりは竜脚類に近縁な恐竜がいた。それらは、首が長く大きい恐竜という点で竜脚類に似ているが、雑食性に適した歯と顎をしており、主に二足歩行で四肢が重い体重を支えるための構造にはなっていないことが竜脚類とは異なっている。このような竜脚類に近い竜盤類として知られているものには、ドイツ、スイス、その他のヨーロッパの地域の、三畳紀後期の地層で発見されたプラテオサウルス*Plateosaurus*と、南アフリカ、レソト、ジンバブエのジュラ紀初期の地層で発見されたマッソスポンディルス*Massospondylus*がある。これらの恐竜は、竜脚類と共に、竜脚形類というクレードに含まれる。竜脚形類は、三畳紀に出現した。20世紀の大半、プラテオサウルスやマッソスポンディルスなどの竜脚形類は、'古竜脚類Prosauropoda'と呼ばれていた。しかし、'古竜脚類'は1つのクレードではなく、竜脚類に極めて近縁なものもあれば、そうではないものも含まれることが明らかになるにつれ、この名称は使われなくなった。

　最も古い竜脚形類は、竜脚類とは大きく異なっていた。小型（全長1.5m以下）で、華奢な体型で二足歩行し、刃のような歯で、細長い指の先に大きく湾曲した巨大な鉤爪を持っていた。ブラジルの三畳紀後期の地層から発掘されたブリオレステス*Buriolestes*は、最近発見されたその一例だ。後に登場する竜脚形類ほど特殊化しておらず、恐竜の系統樹のどこに位置するかは完全には明らかになっていない。ブリオレステスと、それに似た恐竜（パンファギア*Panphagia*やパンパドロマエウス*Pampadromaeus*など）はおそらく、肉食ながら植物も食べる雑食だったのだろう。とはいえ、肉食と植物食の比率がどの程度だったのか（主に肉食だったのか、主に植物食だったのか）はまだわかっていない。胃stomachの内容物が残る化石などの直接的な証拠の発見が必要である。

　三畳紀を通して、より大型で、より長い首を持った竜脚形類が出現し、これらはますます植物食性の傾向を強めていった。ブラジルの三畳紀後期の地

第 2 章　恐竜の系統樹

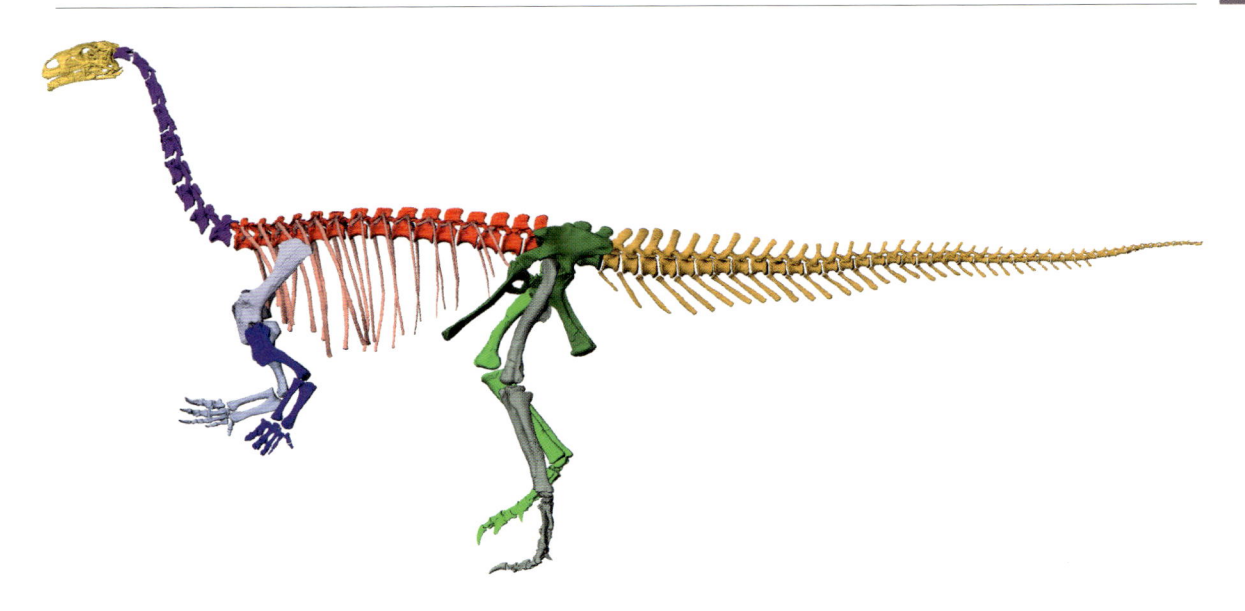

層で発見されたサトゥルナリア *Saturnalia* は、ブリオレステスを引き伸ば
して頭を小さくしたように見える。他の初期の恐竜たちより首と体が長く、
全長からすると頭部は小ぶりだ（サトゥルナリアは全長約2m）。首が長く
頭が小さい体型は餌を摂取するのに非常に効率的で、その後の三畳紀とジュ
ラ紀初期の大半にかけて、ほとんどの陸地で、二足歩行で主に植物食性の竜
脚形類が優勢となった。

　最近まで、プラテオサウルスやマッソスポンディルスといった初期の竜脚
形類は、手を地面の上に着けて、四肢すべてを使って走ることができたかの
ように描かれることが多かった。しかし、関節が動く三次元の骨格や、デジ
タルモデリングによる研究などから、このような姿勢は不可能だったことが
示されている。これらの恐竜の前肢は、「手のひらを内向きに」した姿勢で
固定され、手のひらが下を向くように腕や手首を回転させることはできない
のだ。つまり、手のひらを地面に乗せて体重を支えるのは不可能で、後肢の
みで歩いていた。手がこのように付いていたということは、獣脚類にも広く
見られ、今日の鳥類にも残っている。

　他のさまざまな証拠からも、プラテオサウルスとその近縁種の恐竜は四足
歩行ではなく二足歩行をしていたという説が裏付けられている。これらの恐
竜は、手を歩行の補助をするためではなく、餌をつかんだり武器として使っ
たりしていた。また、二足歩行の姿勢の方が体全体のバランスが取れている。
前肢が後肢に比べ極端に短く、一部の専門家が提案している四肢で走る姿勢
は、あまりにも不自然である。

　竜脚形類は、その歴史のどこかで、腕が短い二足歩行体型から、腕が長い
四足歩行体型へと進化した。巨大な四足歩行竜脚形類の化石が2億700万年

▲ヨーロッパの三畳紀後期の地
層で発見されたプラテオサウル
スは、多数の化石標本が知られ
ており、なかにはほぼ完全な化
石もある。専門家たちはコンピ
ュータモデルを使い、この恐竜
がどのように動き、どのような
姿勢を取っていたかを調べてい
る。

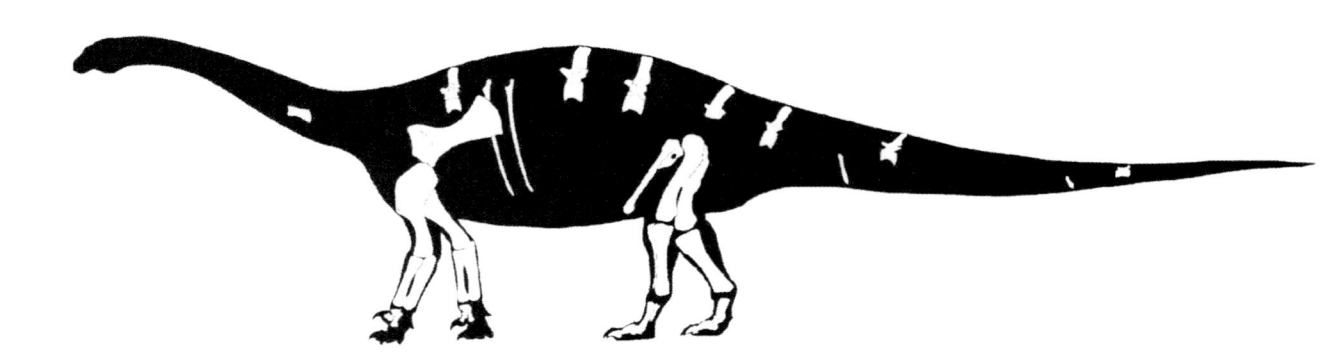

▲南アフリカで発見されたアンテトニトゥルスは、手と腕が体重を支えるのに適した形をしていた最古の竜脚形類の１つ。大きなずんぐりした体の、首が長い植物食性または雑食性の恐竜で、全長はおそらく10mに達したと思われる。この図は、これまでに発見された骨（または骨の部分）だけを示している。

前ごろの地層で発見されており、二足から四足への進化はこのころ、またはそれ以前に起こったことがわかっている。南アフリカで発見されたメラノロサウルス Melanorosaurus とアンテトニトゥルス Antetonitrus、アルゼンチンで発見されたレッセムサウルス Lessemsaurus などがその例だ。これらの巨大な竜脚類は、後に出現する竜脚類の種の多くと、同じくらいの大きさがある。

　アンテトニトゥルスの前肢は、プラテオサウルスに似た華奢なつくりだが、つかむのに適した腕や手と、竜脚類に見られる体重を支えるのに適した柱状の腕や手の、ちょうど中間のようだ。橈骨radius（手首の「親指側」からひじに向かって伸びている骨）の位置に注目すると、手の向きが「手のひらが内側を向いた」状態から、手のひらが後ろを向いた状態に変化している。そのため、手の指を真上から地面におろすことができるようになり、より体重を支えるのに適するようになったと思われる。

竜脚類の起源と生体構造

　ここまでを振り返ってみると、竜脚形類の化石から、このグループの初期の進化で起こった変化が読み取れる。三畳紀後期に、小型で二足歩行する華奢な体型の竜脚形類が出現し、これらは主に植物食性だったようだ。このような恐竜から、はるかに大型で、より頑丈な体型の種が進化し、長い首、小さな頭蓋骨、そして、より植物食に適した歯を持つようになった。ただし、顎の前側に鋭い歯があることから、依然として雑食性だったことがうかがえる。大型で首が長い竜脚形類のいくつかのグループが世界中に広がり、3000万年以上にわたって、さまざまな環境に進出し続けた。前後の肢の構造が変わり、体は一層大型化し、さらにいくつもの変化を経て、あるグループが竜脚類へと進化した。

　竜脚類の体型と四肢の形から、彼らが陸棲動物だったことは明らかだ。胴体は上下に長くて幅が比較的狭いことが多く、四肢は細長く、手と足は体の大きさに比べ小型と言える。歯の咬耗具合からは、針葉樹やシダなどの植物

を食べていたことがわかっている。また、竜脚類の化石の大部分は、季節によって乾燥した気候で、森林地帯の低木がまばらに生える草原のような場所の堆積物からできた岩から発見されている。そのような生息環境で、竜脚類の足跡や卵の化石も何千例と発見されている。

　意外なことに、これだけの証拠があるにもかかわらず、19世紀末期から20世紀初頭にかけて、竜脚類は水棲動物で、水に生える植物を食べ、湖などでのんびり泳ぎ回ったりプカプカ浮かんだりしていたと考えられていた。長い首は、湖の底に立ったままで水面に顔を出すためだろうと推測され、また、鼻孔nostrilが頭頂部にあるのは、息を吸うときに鼻孔を水面に出しやすいからだと考えられていた。竜脚類は水棲だという説がどこから来たのか、はっきりしたことはわからない。リチャード・オーウェン（Richard Owen）がイギリスで発見されたジュラ紀中期のケティオサウルスCetiosaurusを、クジラに似た海棲爬虫類と誤って特定したことが、後の研究者たちに影響を及ぼした可能性はある。また初期に、竜脚類の化石が発見される地層が、熱帯の大きな沼地に堆積したものだと誤解されたことが、竜脚類の行動に関する説に影響を及ぼしたのかもしれない。

　だが、当然のことながら、すべての研究者が終始同じことを考えていたわけではない。イギリスでは、1852年にギデオン・マンテル（Gideon Mantell）が、そして1870年にジョン・フィリップ（John Phillips）が、竜脚類は陸棲動物だとし、また、1800年代後半の偉大なアメリカの恐竜研究者だったオスニエル・マーシュ（Othniel Marsh）とエドワード・コープ（Edward Cope）も、1877年の出版物のなかで、竜脚類は陸棲で、キリンのように若芽を食べていたという説を述べた。その後発見された腕の長い竜脚類、ブラキオサウルスの記載者であるエルマー・リッグス（Elmer Riggs）も、1900年代前半の数件の出版物のなかで、竜脚類はもっぱら陸棲であったと論じた。ここで最後に確認しておくべきことが1つある。竜脚類は完全に陸棲だったという現在の見解は、種によっては、ときどき水中でのんびりしたり泳いだり、水棲植物を湖や川であさったりしたという可能性を完全に排除するものではない。しかし、概して竜脚類は、現在のゾウやキリンと同様、陸棲だったことは間違いない。

　竜脚類の四肢は、想像以上に変わっている。前肢の骨は、種によって細長かったり、太短かったりするが、必ず、体重を支えるのに理想的な柱状になっている。手はとりわけ興味深い。もともとはつかんだり戦ったりするために使われてきた手が、体重を支える柱状の構造に変化していった。竜脚

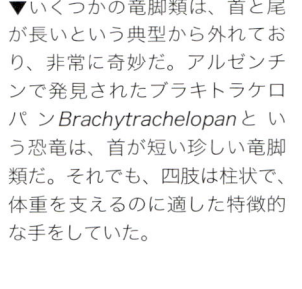

▼いくつかの竜脚類は、首と尾が長いという典型から外れており、非常に奇妙だ。アルゼンチンで発見されたブラキトラケロパン Brachytrachelopan という恐竜は、首が短い珍しい竜脚類だ。それでも、四肢は柱状で、体重を支えるのに適した特徴的な手をしていた。

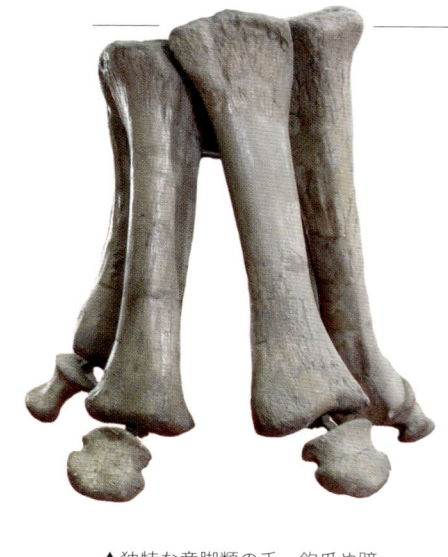

▲独特な竜脚類の手。鉤爪や蹄はないことが多く、手のひらを形作る中手骨という骨が、チューブもしくは柱のような形に配置されていた。これは、アフリカで発見された、ブラキオサウルス科Brachiosauridaeのギラファティタンの手だ。

▼プラテオサウルスとその近縁の種は、植物食に適応していたが、後に登場した竜脚類ほどではなかった。竜脚類は、プラテオサウルスなどに比べると口が広く、歯は植物を細切れや薄切りにするのに一層適していた。

類は、歩くときに指を広げたり、手のひらを地面に付けたりはしなかった。人間でいう手のひらを形作る、中手骨metacarpalという長い骨が数本、後ろが開いた半円状に配置され束ねられて、ブロックのようになっていたのだ。ほとんどの竜脚類のグループで、指の骨は短く、本数も減少しており、場合によっては完全になくなっていた。鉤爪にも同じことが言える。進化した竜脚類では、親指以外の鉤爪は完全に消失しており、親指のものまで失われてしまった種も非常に多かった。

一方、竜脚類の足は、手よりも幅が広くて長い構造で、5本の足指は、大きな楕円または円形の足底につながっている。足首の関節は地面に近い位置にあり、足跡化石と骨格から、足の下側に大きなクッション状の脂肪層があって、中足骨は地面に直接接触しなかったことが考えられている。大きな湾曲した鉤爪が、足の内側の指に3～4本生えていた。明らかに、体重を支えるための構造で、また、竜脚類の足はほぼ必ず手よりも大きかったという事実は、その他の証拠とともに、体重の大部分が体の後部、腰の付近に集中していたことを示している。

初期の竜脚類

三畳紀後期とジュラ紀前期に生息していた初期の竜脚類を見れば、メラノロサウルスのような恐竜たちが、重い体重を支えるために四肢をどのように進化させたかがわかる。また、頭蓋骨の変化を見ていくと、一口で食べられる食物の量が次第に増えていったことがわかる。竜脚類の吻部は、もっと古い竜脚形類に比べ、はるかに幅が広くなっており、下顎の形はV字型ではなくU字型で、歯の根元には骨質の板があり歯を支えていた。著しく膨らんだ鼻孔付近の骨も、初期竜脚類の最も目立つ特徴の1つだ。竜脚類がなぜこのような大きな鼻を持つようになったのかはよくわからない。体温の調整、大きく響く呼び声を出すこと、あるいは、嗅覚smellの向上に関係していたのだろう。これらの初期の竜脚類のなかには、ジュラ紀に入る前から、柱状の四肢を持ち巨大になっていたものもいた。たとえば、タイで発見された三畳紀後期の恐竜、イサノサウルスIsanosaurusは、全長15mに達していた可能性がある。その後登場する竜脚類の半分以下だが、それ以前の竜脚形類に比べれば巨大だった。

ジュラ紀中期の竜脚類は、後に登場する新世代の竜脚類のような特徴を持っていた。たとえば、ジンバブエで発見されたヴルカノドンVulcanodon

や中国で見つかったシュノサウル
ス*Shunosaurus*などだ。シュノサ
ウルスは、尾の先端に尖ったこん
棒のような骨の塊がある珍しい恐
竜だ。このようなこん棒やとげのよ
うな骨の塊が尾に付いている竜脚
類は数種が存在する。獣脚類から
身を守るため、あるいは、交尾
matingの相手や縄張りを巡る争い
で使われたのかもしれない。歯の
咬耗痕から、これらの初期の竜脚
類の歯は、先端どうしか噛みあって
いたことがわかる。恐竜としては珍
しいが、竜脚類にとっては重要な
特徴だ。このように歯の先端どうし
が噛み合うようになったのは、植物を素早く一口で大量に取り込むためだった
と推測される。

▲シュノサウルスは、最もよく
知られている初期の竜脚類の1
つだ。全長約10mと、それよ
り古い竜脚形類よりもはるかに
大きく、非常に重い体重をより
よく支えることができた。その
後、シュノサウルスよりも大き
な竜脚類が登場する。

トゥリアサウルス類、マメンチサウルス科、ケティオサウルス

　シュノサウルスのような初期の竜脚類が、ジュラ紀中期と後期に登場する、
非常に多様な新しい竜脚類グループをもたらした。それらは、体が大型化し、
骨格の全体にわたり複雑に配置された気嚢、孔、空洞のシステム、一段と長
い首などの特徴を獲得した。あらゆる大陸に広まり、ジュラ紀後期を通して、
世界中で圧倒的に優位な大型植物食動物グループになった。その中で、歴史
的観点から最も重要な恐竜と言えるのは、イギリスのジュラ紀中期の地層で
発見され、1841年にリチャード・オーウェンに命名されたケティオサウルス
だ。その後、より完全な骨格がアメリカから発見されており、竜脚類の進化
を解釈するために、今なお重要な恐竜である。頸椎は12または13個で、首
と体の形から、高い木、地面、そしてその間のどんな高さからでも餌を取る
ことができた、餌を選ぶ範囲が広い性質の植物食動物だったと考えられている。
　ケティオサウルスは、他のいくつかの竜脚類グループの祖先に近い恐竜で
ある。トゥリアサウルス類もそのような恐竜の1つだ。このグループは最初ヨー
ロッパのイベリア半島特有のものと考えられたが、現在ではイギリス、ス
イス、アメリカ合衆国、マダガスカル、タンザニアにも生息したことが知ら
れている。目立った特徴は、歯が大きなスプーン型で歯冠がハート型をして
いることだ。また、前肢が頑丈な造りをしている。一部のものは巨大で、竜

脚類で最大のものに数えられる。2006年に命名されたトゥリアサウルス *Turiasaurus* は、全長が25mを超え、体重は40t以上だったと推定されている。

　大部分の化石記録が東アジアで報告されている竜脚類のグループは、細長い椎骨vertebraからなる長い首を持っていた。これは、中国で発見されたジュラ紀後期の恐竜マメンチサウルス *Mamenchisaurus* に代表される、マメンチサウルス科Mamenchisauridaeと呼ばれるグループだ。マメンチサ

▲ケティオサウルスは、頭蓋骨の一部の化石が2点と、多数の断片化石とが発見されている。その後登場する竜脚類によく見られる、珍しい特徴は持っていない「平均的な」竜脚類だったようだ。

ウルス科の四肢は細長いことが多く、他の竜脚類より椎骨の数が多い（初期の竜脚類では12個程度のところ、15個以上）。これらの特徴から、マメンチサウルス科は高い位置の葉を食べる傾向があり、他の竜脚類やその他の植物食性恐竜が食べていたより高いところにある葉を食べていたと思われる。マメンチサウルス科のなかにも、全長30m以上、体重はおそらく75t以上の、巨大なものがいた。最大の種では、首だけで15mという驚異的な長さだった可能性がある。この属genusのもう1つの奇妙な特徴は、尾に小さなこん棒のような突起があったことだが、この突起の機能はわかっていない。

ディプロドクス上科とマクロナリス類

　竜脚類の種の大部分は、ジュラ紀中期に登場し、白亜紀の終わり（または終わり近く）まで存続した2つの主要グループ、ディプロドクス上科

Diplodocoideaとマクロナリス類Macronariaに属する。ディプロドクス上科は、いくつかのグループからなるが、どれも先端が四角張った長い吻部、杭のような歯、鞭のような長い尾を持っている。また、短く頑丈な造りの前肢も共通する特徴だ。ディプロドクス、アパトサウルス *Apatosaurus*、ブロントサウルス *Brontosaurus* は、すべてアメリカのジュラ紀後期の地層、モリソン層で発見され、ディプロドクス上科に属す恐竜である。

白亜紀の、比較的小型で首が短いディクラエオサウルス科Dicraeosauridaeと、風変りなレッバキサウルス科Rebbachisauridaeも、ディプロドクス上科に属する。どちらのグループにも、竜脚類のなかでも最も珍しい種が含まれている。アマルガサウルス *Amargasaurus*（アルゼンチンで発見された白亜紀初期のディクラエオサウルス科）は、首の椎骨に、ペアになった長い突起が後方上向きに生えて列をなしていた。ニジェールサウルス *Nigersaurus*（ニジェールで発見された白亜紀前期の小型のレッバキサウルス科）は、薄く割れやすい頭蓋骨を持っていたが、上下両方の顎に夥しい数の歯があり、顎の側面ではなく先端部に沿って何列も生えていた。最先端の歯が咬耗すると、その次に控えていた歯に置き替わっていった。

ディプロドクスやアパトサウルスなどのディプロドクス上科の恐竜は、長い首、珍しい形の吻部、そして杭のような歯を持っており、他の竜脚類グル

▲マメンチサウルスは竜脚類のなかで最も首が長い恐竜の1つだ。博物館によっては、マメンチサウルスの骨格標本に、長く浅いディプロドクス風の頭蓋骨を乗せているが、それは間違いだ。実際には短く深い吻部をしていた。

ープとは大きく違っていることから、独特の生活様式に特化していたのだろうと推測される。1つには、高い位置の葉を食べていた可能性がある。つまり、森林の最上部まで首を上げて、他の植物食動物たちには届かないところに生えている葉を食べており、おそらく、頻繁に後ろ足で立っていたのだろう、という説だ。一方で、彼らは首を下に伸ばし、地面に生えている植物を食べる生活に特化していたという説がある。ディプロドクス上科の食物獲得戦略については第4章でさらに詳しく論じる。

　ディプロドクス上科とは対照的に、マクロナリス類は、大きな骨張った鼻孔（ここから、「大きな鼻」を意味するマクロナリアという名称が付けられた）と、丸まった吻部が特徴だ。アメリカで発見されたカマラサウルス *Camarasaurus* とブラキオサウルス、タンザニアで発見されたギラファティタン *Giraffatitan* などのジュラ紀後期の竜脚類は、竜脚類としては最も多様性に富み、最も長く存続したクレードであるマクロナリス類に属する。かつてマクロナリス類は、祖先に当たる初期の竜脚類の種に比べると驚くほど奇妙な頭蓋骨を持つようになった、非常に特異な竜脚類と考えられていた。しかし今では、シュノサウルスなどの初期の竜脚類が、先端が丸まった吻部と大きな鼻孔を持っていたことが明らかになり、マクロナリス類の頭蓋骨は竜脚類に典型的で、逆に、ディプロドクス上科の、吻部が低く、鼻が小さい頭蓋骨のほうが例外的だと考えられるようになっている。

　南北アメリカ大陸、ヨーロッパ、アフリカ、マダガスカル、そしてアジアから相次いで新発見されたティタノサウルス類Titanosauriaの化石は、このグループがその歴史のなかで、進化によって大いに多様化していたことを示している。一部の種は巨大で、竜脚類中最大のものに数えられ、これまでに存在したことのある最大の陸棲動物でもある。アルゼンチンで発見された白亜紀後期のアルゼンチノサウルス *Argentinosaurus* は、全長30m以上、体重70t以上だった可能性がある。やはりアルゼンチンで発見された、白亜紀後期のパタゴティタン *Patagotitan* は、全長はアルゼンチノサウルスと同程度で、大きさはほぼ同じだったことはほとんど確実だ。他のティタノサウルス類の多くは、竜脚類としては中程度で、たとえば、全長14m以下、体重15t以下といったところだった。しかし、たとえばルーマニアで発見されたマジャーロサウルス *Magyarosaurus* など、竜脚類としては非常に小さい種もあり、全長はせいぜい8m、体重はたったの1tしかないものもあった。

　ティタノサウルス類は、体型や体の各部のバランスもじつにさまざまだった。アルゼンチンで発見された白亜紀後期のサル

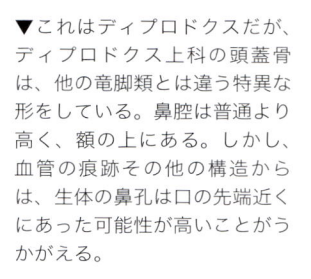

▼これはディプロドクスだが、ディプロドクス上科の頭蓋骨は、他の竜脚類とは違う特異な形をしている。鼻腔は普通より高く、額の上にある。しかし、血管の痕跡その他の構造からは、生体の鼻孔は口の先端近くにあった可能性が高いことがうかがえる。

タサウルス *Saltasaurus* など、ずんぐりとした短い四肢と、
ごく普通の首を持つものがいた一方で、マダガスカルで
発見された白亜紀後期のラペトサウルス *Rapetosaurus*
など、細身で、非常に首が長いものもいた。マクロ
ナリス類に属するグループとして、ティタノサウ
ルス類も初期には、幅が広く比較的短い吻部と歯
冠が広い歯を持っていた。少なくとも一部のメン
バーはそのような姿だった。一方、吻部が長く、
歯の歯冠が狭いものもいた。吻部が長いティタノサ
ウルス類の一部は、カモノハシのような広い口をして

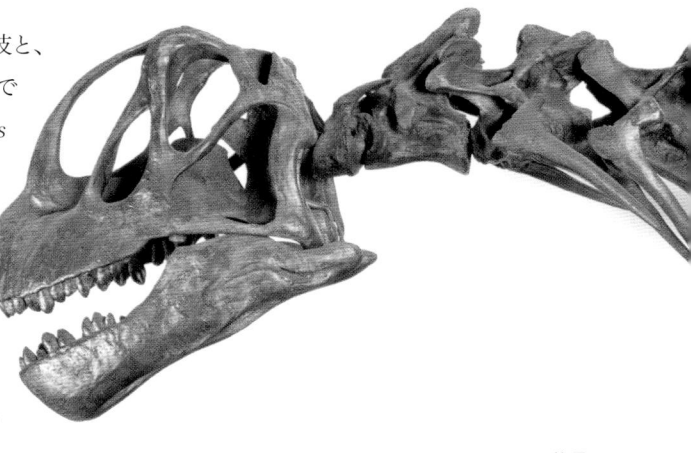

▲このカマラサウルスの頭蓋骨は、マクロナリス類の竜脚類に典型的な特徴を示している。顎が短く、頑丈な造りで、鼻孔（前方の大きな穴）の周りの骨は非常に大きい。

いた。これらの特徴は、ティタノサウルス類が白亜紀の間に摂食戦略に適応し、
中生代の前期から中期にはディプロドクス上科が果たしていた役割の一部を
担うようになったことを示している。これも収斂進化の一例と考えられる。

　つい1990年代まで、竜脚類は主にジュラ紀に存在したもので、白亜紀ま
でにはほとんど絶滅していたと考えられていた。今では、この考え方は完全
に間違っており、竜脚類は白亜紀の大部分を通して多くの大陸で支配的な存
在だったということがわかっている。さらに、進化できずに停滞していたど
ころか、新しい生体構造や新しい植物摂食法を常に進化させていたのである。

鳥盤類：装甲をまとった恐竜（装盾類）、カモノハシのようなくちばしを持った恐竜（鳥脚類）、角のある恐竜（ケラトプス類）とその近縁

　最後に、もう1つの主要恐竜グループ、鳥盤類に注目する。ほとんどが植
物食性で、体を装甲で包まれたアンキロサウルス類、背中に板が並んだス
テゴサウルス類Stegosauria、とさかを持つことが多くカモノハシのように
平たい口吻部を持つハドロサウルス科、そして角を持つトリケラトプスの
仲間などを含むクレードだ。鳥盤類は、大部分が現代のサイやゾウと同じ
くらいの大きさの四足歩行する大型種である。だが、二足歩行する軽量の
小型種も多数存在した。これらは、獣脚類と竜脚形類の最初期のメンバー
たちに似た、つかむのに適した手を持つ、小型二足歩行植物食動物だった。

　いくつか目立つ解剖学的特徴があるため、最初期の鳥盤類でさえ、他の主要
な恐竜グループから区別できる。最もわかりやすい特徴の1つが、下顎の先端に
ある、歯のない前歯骨predentaryだ。生きている状態では、この骨はケラチン
keratin質のくちばしによって覆われていた。これは、やはりケラチン質のくちば
しに覆われた上顎の先端と合わさることによって、物を切断する構造になってお
り、葉、枝、その他の木の部分を嚙み切るために使われた。鳥盤類の顎は間違

いなくケラチン質に覆われていたとわかるのは、そのようなくちばしが保存された化石がいくつか発見されているからだ。もちろん、鳥盤類はくちばし状の顎の先端部だけに頼ったわけではない。植物を薄切りにしたりすりつぶしたりするために、数百本の歯がくっつき合ったデンタル・バッテリー dental battery を持つようになった種もいくつか存在した（最も有名なのはハドロサウルス科とケラトプス類）。デンタル・バッテリーと、それがどのように機能したかについては第4章で詳しく論じる。

　鳥盤類のもう1つの重要な特徴は、腰帯 pelvic girdle に関するものだ。一般に爬虫類では、腰帯の一対の恥骨が前方下向きに突出しているが、鳥盤類では後方下向きに突出している。なぜこのような特異な形状になったのだろう？　これは、体腔にスペースができ、腸 intestine を大型化することができたという点では、植物食動物にとっては都合が良い変化だったからだと説明される。しかし、この説にはいくつか問題がある。1つは、（竜脚形類などの）他の植物食性恐竜グループでは、便利なはずの後ろ向きの恥骨が出現しなかったことだ。また、獣脚類に属するクレードのマニラプトル類という、初期の鳥盤類ほど植物食中心ではなかった恐竜グループでも後ろ向きの恥骨が出現している。現時点では、鳥盤類の進化で後ろ向きの恥骨が出現した理由は謎のままで、さらなる研究が待たれる。

最初期の鳥盤類

　最初期の鳥盤類には、ベネズエラで発見されたラキンタサウラ *Laquintasaura* や、南アフリカで発見された、エオクルソル *Eocursor*、ヘテロドントサウルス *Heterodontosaurus*、レソトサウルス *Lesothosaurus* などがある。これら初期の鳥盤類は主にジュラ紀初期の恐竜だ。どれも南半球で発見されており、初期の恐竜は主にゴンドワナ大陸で進化したという証拠の1つになっている。その後出現する鳥盤類ほど植物食に特化してはいなかったようで、おそらく雑食性で、植物の好きな部分や、昆虫その他の小動物を餌としていたのだろう。彼らの生活様式や行動について、これ以上のことはほとんどわかっていない。しかし、ラキンタサウラの多くの個体が1つの場所に集まって死んでいることは興味深い。より進化したジュラ紀後期や白亜紀の鳥盤類に見られるような、群れを作る社会的な生活様式だったことがうかがえる。鳥

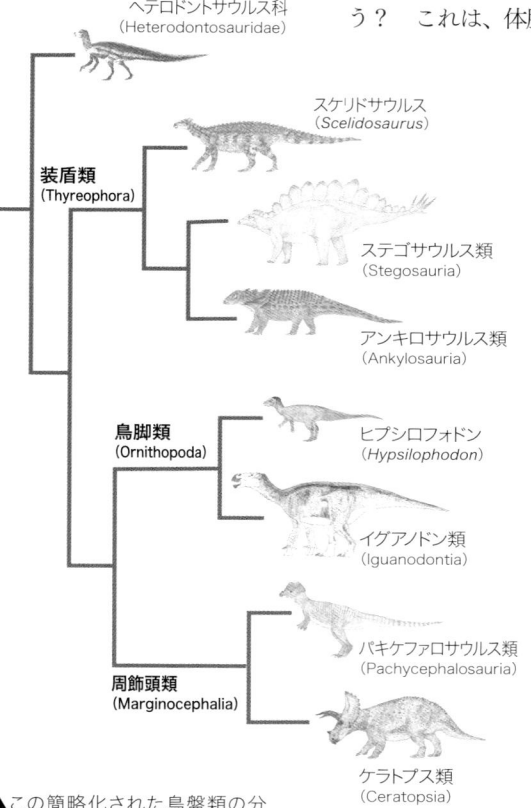

ヘテロドントサウルス科
(Heterodontosauridae)

スケリドサウルス
(*Scelidosaurus*)

装盾類
(Thyreophora)

ステゴサウルス類
(Stegosauria)

アンキロサウルス類
(Ankylosauria)

鳥脚類
(Ornithopoda)

ヒプシロフォドン
(*Hypsilophodon*)

イグアノドン類
(Iguanodontia)

パキケファロサウルス類
(Pachycephalosauria)

周飾頭類
(Marginocephalia)

ケラトプス類
(Ceratopsia)

▲この簡略化された鳥盤類の分岐図は、鳥盤類が3つの主なクレードからなることを示している。鎧を身にまとった装盾類、ごく一般的な鳥脚類、そして角を持ち、石のように硬い頭をした周飾頭類だ。

盤類は出現した当初から社会性の高い動物だったのかもしれない。

　ヘテロドントサウルス科Heterodontosauridaeと呼ばれる特異なグループは、一見獣脚類に似た、つかむのに適した長い手を持っており、いかにも最初期の鳥盤類の1つのように見える。

　ヘテロドントサウルスという名称は、「異なる歯を持つトカゲ」を意味し、このグループの恐竜の顎に、切歯のような歯、犬歯のような歯、臼歯のような歯という、3種類の歯が生えていたことにちなむ。臼歯のような歯は、他の鳥盤類で植物食に適した典型的な歯と似ているが、犬歯のような歯と物をつかみやすい手があることから、このグループの恐竜は小動物も捕食していたのではないかと提言する研究者もいる。ヘテロドントサウルス科の化石は、最初はジュラ紀前期の地層で発見されていたが、現在の化石記録によると、その後も長く存続し少なくとも白亜紀初期まで生息していたことがわかっている。中国で発見されたヘテロドントサウルス科のティアンユロンは、体と尾に、長い毛のような繊維が残っているため羽毛の進化という観点でも重要である。ヘテロドントサウルス科は、ほとんどのものが小型だという点でも興味深い。アメリカのコロラド州で発見されたジュラ紀後期のフルイタデンス*Fruitadens*は、成体でも全長はせいぜい75cmで、これまでに発見された最小の鳥盤類となっている。

　先に述べたように、恐竜研究者らはおおむねヘテロドントサウルス科は「原始的な」鳥盤類だと考えている。しかし、ヘテロドントサウルス科は牙のよ

▼ベネズエラで発見されたラキンタサウラは、現在知られている最古の鳥盤類の1つだ。あらゆる恐竜グループの初期のメンバーに広く見られるように、この恐竜も小型（全長1m未満）で、歯と体型から、雑食性だったと推測される。

うな歯など、周飾頭類に見られる特徴を備えている。そのため、ヘテロドントサウルス科は周飾頭類に属しており、「原始的」ではないという可能性もある。

鳥盤類の種の大部分が、3つから4つのクレードのいずれかに属しており、どのクレードも独特の体型と生活様式を進化させた。まず、装盾類Thyreophora。これは装甲を身にまとい、背中に骨質の板が並んでいる鳥盤類のグループで、ステゴサウルス類とアンキロサウルス類が含まれる。どちらのグループも、首の上部、背中、そして尾に骨板（皮骨osteodermと呼ばれる）の列がある。初期の装盾類で最も有名なのは、アメリカで発見されたジュラ紀初期の恐竜、スクテロサウルス *Scutellosaurus* だ。全長は1mをわずかに上回る程度で、生体構造と、腕と脚の長さの比率から、二足歩行だったことがわかる。上面の中央部が盛り上がった、丸まった骨の板という単純な形状の皮骨が、平行に数列で並んでいた。

これよりも有名な装盾類が、イギリスのジュラ紀前期の地層から発見された、がっしりした体格のスケリドサウルスだ。四肢のバランスから、主に四足歩行をしていたと推測されているが、2020年の論文では、二足歩行の姿勢も取れた可能性が示唆されている。その装甲はスクテロサウルスのものよりも発達していた。スケリドサウルスの標本は数点が知られており、それぞれ形態と装甲の発達程度が異なっている。後頭部付近に角、四肢に付いているとげのようなスパイク、体に沿う数列の骨板を備えたものもあれば、これらがまったくないものもある。この差異は、装甲は——おそらく装盾類の大半あるいは全体で——捕食者からの防御としてよりも種内での意味のほうが大きかったことを物語っている。装甲はおそらく性別や年齢によって異なったのであろう。

2022年、新たな装盾類——ジャカピル *Jakapil*——がアルゼンチンの白亜紀後期の地層から発見されたことが報告された。この恐竜はスケリドサウルスとの共通点がいくつか見られるが、完全に二足歩行したことと、皮骨がはるかに大きいという点で異なっている。これが正しければ、この類の恐竜はこれまで考えられていたよりもかなり長い期間存続したことになる。

▼1960年代前半に南アフリカで発見されたヘテロドントサウルスの頭蓋骨はセンセーションを起こした。とげのような形の骨が眼窩orbitに突き刺さっているように見えたからだ。生きている状態では、このとげは眼窩の上部を覆うシート状の構造を支えていた。

アンキロサウルス類：歩く要塞

スケリドサウルスに似た装盾類のあるグループが進化して、大型化し、四肢が頑丈な造りになり、装甲もより大型で精巧なものになっていった。そしてついにアンキロサウルス類が出現し、ジュラ紀中期から白亜紀末期まで

第 2 章　恐竜の系統樹

存続した。アン
キロサウルス類の進化史を論じる
際には、その驚くほど多様性に富む発達し
た装甲が注目されることが多い。アンキロサウルス類
の恐竜の多くは、長方形または卵型の皮骨が、首、背中、
尾の大部分を覆っていた。種によっては、体と尾の側面から三角形の板が
突き出していた。また、大きなとげや円錐が背中に生えていた種もあった。
さらに、首を襟のような装甲が覆っている種や、巨大なハンマーのような
塊が尾の先端にあるものや、四肢にとげが並んでいた種もあった。

　アンキロサウルス類は、骨の構造に関して最も特異な恐竜として知られてい
る。恐竜では通常はっきり見られる頭蓋骨の大きな穴は、新たに形成された骨
によって閉じられてしまい、頭蓋骨の上面のほぼ全体を、多数のごつごつした
分厚い骨の塊が覆っている。鼻腔は奇妙な位置にあり（横ではなく前を向いて
いることもある）、鼻の内部構造は驚くほど複雑だ。アンキロサウルス類の腰
も珍しい形状だ。非常に幅が広く、主に、腸骨iliumと呼ばれる、上面が平ら
な棚のような大きな骨で形成されている。通常、恐竜の寛骨臼は完全な孔に
なっているが、アンキロサウルス類では寛骨臼がコップのような窪みになって
おり、内側は完全な骨の壁であることが多い。また、アンキロサウルス類では、
背骨の一部で隣接する椎骨が融合していることも珍しくない。これは、体を堅
牢にし、装甲の重さを支えるのを助けるためだと推測される。さらに、アンキ
ロサウルス類の四肢骨は、短く頑丈な造りであることが多い。

　アンキロサウルス類に属するグループがいくつか存在する。よく知られ
ているアンキロサウルス類の多くは、アンキロサウルス科Ankylosauridae
に属する。このグループのメンバーの多くが、幅の広い頭蓋骨を持ち、そ
の頭蓋骨後部の外側の角に三角形の角が生えている。尾にこん棒があるア
ンキロサウルス類（北米で発見された白亜紀後期のアンキロサウルス
AnkylosaurusとエウオプロケファルスEuoplocephalusなど）は、これに属
する。2つ目の、ノドサウルス科Nodosauridaeと呼ばれるグループのメン
バーは、頭蓋骨がより長く、かつ狭く、外観もより単純な傾向があるが、
やはり、左右の目それぞれの上と後ろに、大きなこぶknobがあることが多
い。ノドサウルス科の恐竜のなかには、首から肩にかけて、長く大きなと

▲イギリスで発見されたジュラ
紀初期の装盾類スケリドサウル
スは、保存状態が良好な化石数
点によって知られている。上の
写真は、1858年、世界で最初
に発見されたスケリドサウル
ス。ほぼ完全な骨がつながった
状態の骨格だ。その一部は複数
の泥岩の塊のなかに埋もれてい
た。最近になって、これらの塊
が酸で処理されて骨格が抽出さ
れた。

075

▲いくつかのアンキロサウルス科には、尾の先端の骨が癒合して、複数の大きなこぶになっている。写真のハンマーのような形の尾は幅60cm以上あり、北米で発見されたアンキロサウルス科の巨大恐竜、アノドントサウルス *Anodontosaurus* のもの。

▼北米で発見されたアンキロサウルス科の恐竜、スコロサウルス *Scolosaurus* の化石。体の側面を下にした状態で発見されたもので、手前の面が、装甲が施された背中。体は幅広く、背中はほぼ平らだ。

げが生えているものもいる。いくつかの種では、とげが後ろに向かって突き出しているが、とげが前向きに突き出している種もあり、その一部では先端がいくつかに分かれている。

カナダで発見されたノドサウルス科の恐竜ボレアロペルタ *Borealopelta* は皮骨が生きていた当時の位置にある状態で保存されており、一部の皮骨板ではケラチンの被覆も残っている。注目すべきは、そのなかには生息時の色素が含まれていることだ。色素の分布から、体の上面は赤褐色、下腹部は白っぽい色だったことがわかった。肩の長いとげには色素がなく白っぽかったため、体の上面において、このとげが非常に目立ったと考えられる。

一部の専門家は、白亜紀初期の西ヨーロッパとアメリカに生息していたアンキロサウルス類のグループとして、ポラカントゥス科Polacanthidaeというクレードが、先の2つのグループとは別のものとして存在すると考えている。ポラカントゥス科の最も有名なものは、イギリスとスペインで発見されたポラカントゥス *Polacanthus* だ。これらの恐竜には、腰のあたりを覆う盾のような板状の装甲があり、頭蓋骨はアンキロサウルス科とノドサウルス科両方の特徴を備えている。パラアンキロサウルス類と呼ばれる、アンキロサウルス科のもう1つの分類群はゴンドワナ大陸に特有のグループである。その一部の種は、マクアフィトルmacuahuitlと呼ばれる鋸刃状の扁平な尾部構造を持っていた。

第 2 章　恐竜の系統樹

◀アンキロサウルス類を覆っていた装甲は数種類ある。左の写真に示すさまざまな構造はすべて、ヨーロッパで発見された白亜紀のポラカントゥスのもの。小さなうろこが集まったような構造は、背中の一部を覆っていた。一方、それより大きな、板状のものは、体と尾から上向きや横向きに付いていた。

ステゴサウルス類：板ととげ

　ステゴサウルス類では、グループ名の元になったステゴサウルスStegosaurus（アメリカとポルトガルから発見されたジュラ紀後期の恐竜）が有名だ。この象徴的なステゴサウルスは、背中に並んだダイヤモンド型の板で非常によく知られている。ステゴサウルスの骨格標本を見ると、これらの板は非対称的に、互い違いに並んでいることがわかる。他のステゴサウルス類や装盾類の恐竜で一般的に見られる、より対称的な、左右に均等に並んだペアをなす配置とは対照的な奇妙な配置だ。この非対称的な骨板配置が、なぜ、いかにして出現したかについては、これまでのところ研究されていないし、何か特別な遺伝的事象が関わっていたと推測されることから、どのような方法で研究すれば良いかを正しく判別するのも難しい。

　ステゴサウルスは、くちばしのような細い口が付いた、長く浅い頭蓋骨も持っている。四肢は頑丈な造りで、前肢は筋肉質、後肢は長かった。尾は先端に2対の長い円錐形のスパイクが生えていた。ステゴサウルスの尾の柔軟性と筋肉の強度についてのさまざまな研究から、尾のとげは実際に使われていた可能性があることがわかっている。これについては、第3章で再び論じる。

　ステゴサウルスは、ステゴサウルス類としては一風変わっている。全長9mで、大半が全長4〜7mと他のステゴサウルス類より大きい。骨板が巨大でその配置が非対称的で、他の種ではより小さな骨板やとげが対称的に配置されるのとは異なっている。ステゴサウルス類はとげの形状や配置に関して

077

▲ステゴサウルスの頭蓋骨は、細長く、まるで筒のような形をしている。前眼窩窓antorbital fenestra（36ページ参照）が著しく縮小し、ほとんど閉じている。2016年のある論文によればステゴサウルス類は噛む力が強かったという。葉ばかりを食べていたのではなく、小枝や比較的太い枝も食べたのであろう。

は種間でかなりの相違がある。ステゴサウルスとその近縁種ではとげは尾の先端にのみ存在するが、タンザニアのジュラ紀後期の地層から発見されたケントロサウルスKentrosaurusなどでは、とげは尾の全長に沿って生えているほか、背中の一部にも存在した。ケントロサウルスが持つ、一対の付け根が太く円形のとげは、当初腰に生えていたと考えられたが、中国で行われたいくつかの発見を受け、肩に生えていたと解釈が改められた。中国で発見され1973年に命名されたウエルホサウルスにより、ステゴサウルス類の一部は肩に巨大なとげが生えていたことを実証された。最近の研究では、ケントロサウルスのとげはやはり腰に生えていたことが示されたため、今のところ、ステゴサウルス類では肩のとげと腰のとげの両方が存在したと見られている。ステゴサウルスのように、このような体にとげを持たないステゴサウルス類はやはり珍しかったようだ。

鳥脚類：イグアノドン、ハドロサウルス上科（カモノハシのようなくちばしを持つ恐竜）とその近縁の恐竜たち

　鳥盤類の第三の主要グループ、鳥脚類Ornithopodaは、装盾類のように壮観でもなければ、珍しい姿をしているわけでもない。鳥脚類は、ジュラ紀中期から白亜紀後期までの間、世界中で生息し、生物生息環境の多くで、小型〜中型植物食動物の役割を果たしていた。最大の鳥脚類（中国で発見された白亜紀後期の恐竜シャントゥンゴサウルスShantungosaurusなどのハドロサウルス上科Hadrosauroideaの恐竜）は、体の大きさは竜脚類と同じくらいで、全長は15mに達し、おそらく体重は13tに届いていただろう。鳥脚類は、顎関節と顎の先端が他の鳥盤類とは異なっている。歳月が経過するにしたがい、歯の数が増加し（常に1000本以上の歯を持っていたメンバーもいた）、歯そのものの内部構造も複雑化していった。

　鳥脚類の中核メンバーが、イギリスで発見された白亜紀初期の小型二足歩行恐竜ヒプシロフォドンHypsilophodon、ヨーロッパで発見された白亜紀初期の大型で頑丈な体型のイグアノドンIguanodon、そして、とさかのあるもの、ないもの両方を含む多数のハドロサウルス上科である。ハドロサウルス上科は、白亜紀初期におそらくアジアで、イグアノドンに似た恐竜から進化し、アフリカとオーストララシアAustralasiaを除くすべての大陸に広がった。イグアノドン、ハドロサウルス上科、そしてそれらに近縁の多数のグループは、小型のヒプシロフォドン（前歯骨がV字型）と違い、前歯骨がU字型で、下顎もより深い。これらの「イグアノドンに似た」鳥脚類は、イグアノドン類Iguanodontiaというクレードに属する。

第2章　恐竜の系統樹

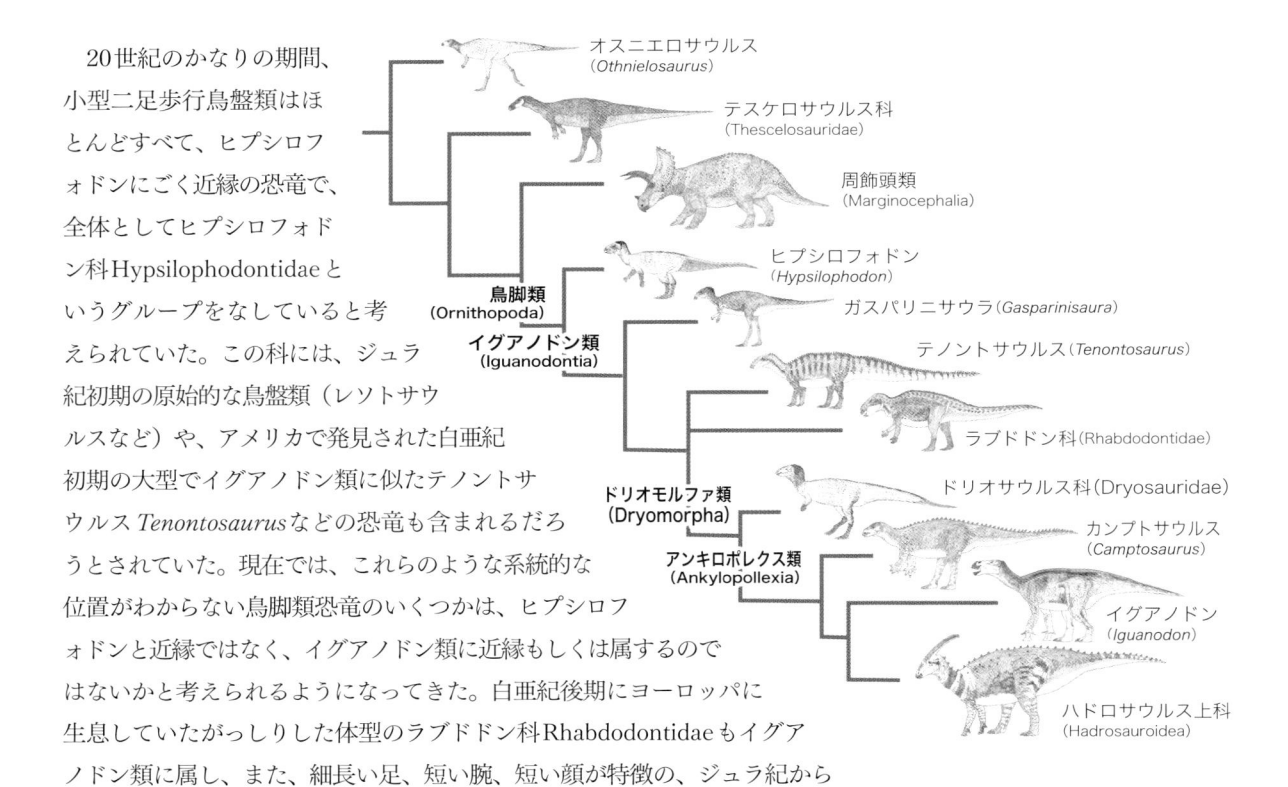

オスニエロサウルス
（*Othnielosaurus*）

テスケロサウルス科
（Thescelosauridae）

周飾頭類
（Marginocephalia）

ヒプシロフォドン
（*Hypsilophodon*）

ガスパリニサウラ（*Gasparinisaura*）

テノントサウルス（*Tenontosaurus*）

ラブドドン科（Rhabdodontidae）

ドリオサウルス科（Dryosauridae）

カンプトサウルス
（*Camptosaurus*）

イグアノドン
（*Iguanodon*）

ハドロサウルス上科
（Hadrosauroidea）

鳥脚類
（Ornithopoda）

イグアノドン類
（Iguanodontia）

ドリオモルファ類
（Dryomorpha）

アンキロポレクス類
（Ankylopollexia）

　20世紀のかなりの期間、小型二足歩行鳥盤類はほとんどすべて、ヒプシロフォドンにごく近縁の恐竜で、全体としてヒプシロフォドン科Hypsilophodontidaeというグループをなしていると考えられていた。この科には、ジュラ紀初期の原始的な鳥盤類（レソトサウルスなど）や、アメリカで発見された白亜紀初期の大型でイグアノドン類に似たテノントサウルス *Tenontosaurus* などの恐竜も含まれるだろうとされていた。現在では、これらのような系統的な位置がわからない鳥脚類恐竜のいくつかは、ヒプシロフォドンと近縁ではなく、イグアノドン類に近縁もしくは属するのではないかと考えられるようになってきた。白亜紀後期にヨーロッパに生息していたがっしりした体型のラブドドン科Rhabdodontidaeもイグアノドン類に属し、また、細長い足、短い腕、短い顔が特徴の、ジュラ紀から白亜紀初期にかけて存続したクレードであるドリオサウルス科Dryosauridaeもやはりそうだ。ドリオサウルス科はイギリス、タンザニア、ニジェール、アメリカその他で発見されている。かつてヒプシロフォドン科に含まれていたいくつかの鳥盤類は、ヒプシロフォドンやイグアノドン類を含むクレードには属していないと考えられており、鳥脚類ではない可能性もある。北米に生息していたゼフィロサウルス *Zephyrosaurus*、テスケロサウルス *Thescelosaurus*、オロドロメウス *Orodromeus*、そして中国で発見されたジェホロサウルス *Jeholosaurus* などがこれに該当する。とはいえ、これらのグループの基本的な体の形は似ている。どれも小型二足歩行植物食恐竜なのだ。ラブドドン科はこの一般論にはあてはまらないかもしれない。というのも、四肢と腰の大きさの奇妙なバランスが、四足歩行していた可能性を示唆しているからだ。

　ドリオサウルス科のような恐竜から、イグアノドンやハドロサウルス科といった大型の恐竜の祖先は、そこそこ走るのが得意で、前肢が比較的短く手が小さめの中型二足歩行植物食であったことがわかっている。大型のイグアノドン類の恐竜たちは、白亜紀初期に数が増加し、多様化して、白亜紀の間に、ヨーロッパ、アジア、北米全域の動物生息環境において、重要な植物食要素の1つ、おそらく、最も重要な植物食の動物になったのである。

　ハドロサウルス科は、このうち、最大かつ最も重要なグループだ。デンタル・

▲鳥脚類の大部分は、全長3m未満の小型で敏捷な二足歩行恐竜だった。しかし、ジュラ紀に、イグアノドン類と名付けられたクレードが出現した。このクレードからやがてイグアノドンやハドロサウルス上科などの巨大な四足歩行恐竜が出現した。最近の研究では、テスケロサウルス科など、いくつかの鳥盤類グループは、実際には周飾頭類や鳥脚類を含むグループには属していないことが示されている。

079

▲イグアノドン類の頭蓋骨（写真のものは、西ヨーロッパ型のマンテリサウルスMantellisaurusのもの）は、吻部が長く、前の部分は幅が広く、歯はない。大型であることがこのグループの特徴だ。この頭蓋骨は長さ45cm。

▲イグアノドン、マンテリサウルス、そして類似のイグアノドン類の歯は、歯冠が大きなダイヤモンド型で（上図中央）、目立った縦筋があり、縁は粗い鋸歯がある。これらの歯冠は上写真右に見るように、使用していくと先端が摩耗していった。

バッテリーと、幅の広いくちばしを持ち、四足でも二足でも歩行できた彼らは、体の大きさも頭蓋骨の形もさまざまに進化した。ハドロサウルス科は、体のつくりが本質的に同じで、頭の形が違うだけだと言われることが多い。私たちが知っているハドロサウルス科というと、吻部が長く、広がったアヒルのようなくちばしのあるもの（エドモントサウルスEdmontosaurusなど）、下向きに湾曲した吻部と、大きな鼻腔を持ったもの（マイアサウラMaiasauraなど）、中空ではないとげのようなとさかのあるもの（サウロロフスSaurolophusなど）、中空の板のようなとさかのあるもの（コリトサウルスCorythosaurusなど）、そして、中空の管状のとさかのあるもの（パラサウロロフスParasaurolophusなど）などである。これらの恐竜がなぜこれほど多様なとさかを進化させたのかは興味深い問題で、第4章でさらに詳しく論じる。

ハドロサウルス科の体のつくりが、本質的に同じだと一括りにしてしまうのは間違いだ。このグループには、体型が大いに異なる系統が多数含まれるからだ。ブラキロフォサウルスBrachylophosaurusとグリポサウルスGryposaurusは前肢が細長く、パラサウロロフスの四肢は太短い。ランベオサウルス亜科Lambeosaurinaeの背中の最上部には骨張った突起が高く突き出ており、背にヒレまたはこぶがあったと推定される。これらの差異は生活様式と摂食行動に関係しているのであろう。

頭にこぶや飾りがある恐竜：パキケファロサウルス類とケラトプス類

▶中国で発見された白亜紀初期の恐竜ジェホロサウルスは、ごく典型的な小型二足歩行鳥脚類だ。上顎の前部に6本の歯があるのは、原始的な鳥脚類の特徴。のちに出現する大型鳥脚類では、頭蓋骨のこの部分には歯はない。

第2章　恐竜の系統樹

　鳥脚類と骨の特徴を共有するグループがあと2つ存在する。パキケファロサウルス類Pachycephalosauriaという、頭が堅いドーム状になった恐竜のグループと、ケラトプス類という、角のある恐竜のグループだ。ケラトプス類は、トリケラトプスTriceratopsなど、白亜紀後期の角を持つ巨大な恐竜たちでよく知られている。ケラトプス類の多くは、鼻と目の上に角があり、また、頭蓋骨から後方上向きにフリルが突き出している。パキケファロサウルス類は、これとはまったく違っている。すべてが二足歩行で、多くのもので頭蓋骨の上部が分厚く、なかにはそれがドーム状になっているものもいる。

　パキケファロサウルス類とケラトプス類の最も有名なメンバーどうしを比べれば、まったく違っているが、それぞれのグループの最初期のメンバーを見ると、似た部分も見られる。この2つのグループは、他の鳥脚類には見られない特徴をいくつか共有している。なかでも最も目立つのが頭蓋骨の後部から後ろ向きに突き出した骨の棚だ。このため、この2つのグループは周飾頭類というクレードとして1つにまとめられている。「頭の周りに飾りが付いたものたち」を意味する名称だ。先に触れたように、ヘテロドントサウルス科はこのグループに近縁である可能性がある。

　パキケファロサウルス類は、最も謎めいた恐竜グループの1つである。大部分の種が、部分的な化石でしか知られておらず、状態の良い化石は、1、2点しか発見されていないからだ。これらの化石からは、周飾頭が、幅の広い体と腰をしており、前肢は短く、尾は細長かったことがわかる。パキケファロサウルス類の尾は極めて特殊である。通常の椎骨に加え、湾曲した骨が多数存在する。普通なら尾に沿って付く筋肉の端から柔らかい腱が伸びるが、パキケファロサウルス類の尾は、腱の代わりに堅い骨が伸びているのである。これは、一部の魚類（たとえば、ナマズ、サケ、タラなどを含む硬骨魚と呼ばれる大きなグループなど）ではよく知られた特徴だが、陸棲脊椎動物では他に知られてない。パキケファロサウルス類がなぜこのような構造を持つようになったかはまったくの謎である。

　パキケファロサウルス類の特徴として、さらによく知られているのが、頭蓋骨の構造だ。上部が平らなものやドーム状のものがいた。また、側面や縁が骨質のこぶや小さな角状突起で縁取られていた。最もよく知られている種（最たる例はアメリカで発見された白亜紀後期のパキケファロサウルスPachycephalosaurus）では、ドーム型の頭蓋骨上部の厚さは

▼カナダで発見された白亜紀後期のステゴケラスStegocerasの頭蓋骨。パキケファロサウルス類に典型的な、頭蓋骨後部の棚構造がはっきりしている。葉の形をした小さな歯は、葉をすり切るのに適しているようだ。

▼アメリカで発見された白亜紀後期のパキケファロサウルス。見事な分厚い半球状のドーム型の頭蓋骨は、多数の大小のこぶと小さな角状突起が何個も付いた構造をしている。全長は約4.5mだった。

081

▲パキケファロサウルス類の体
については、ほとんどわかって
いない。わかっているのは、こ
のグループのすべてのメンバー
が短く細い前肢を持つ俊足の二
足歩行恐竜だったということだ
けだ。この図は、モンゴルとア
メリカで産出したプレノケファ
レ *Prenocephale*。

40cmにもなる。その他、モンゴルで発見された白亜紀後期のホマロケファレ
Homalocephale などのように、頭蓋骨上部が平らなものもある。

　パキケファロサウルス類に属するさまざまな種がどのような関係にあるか
については、現在まだ議論が続いている。1970年代以来、頭蓋骨が平らな
種とドーム型の種は、共通の祖先から出現したあと別々の道を進んだ、異な
るグループだと考えられてきた。しかし、今日に至るまで、頭蓋骨が平らな
数種は、むしろドーム型の種により近縁なのではないかという議論が続いて
いる。もしもそうなら、「頭蓋骨が平らなパキケファロサウルス類」を1つ
のクレードとしてくくることはできない。最近では、一部の専門家が、頭蓋
骨が平らなものは頭蓋骨がドーム型の種の幼体juvenileにすぎないと主張し
ている。この説については第4章でさらに議論する。

　ケラトプス類は主に白亜紀の地層から発見されるものとして知られている
が、数点の化石が、彼らはジュラ紀後期にも生息していたことを示している。
このグループの最古のメンバーには、中国で発見されたインロン *Yinlong* と
フアリアンケラトプス *Hualianceratops* があるが、どちらも全長2m未満の
小型二足歩行恐竜だ。他の初期のケラトプス類と同様、インロンには角も大
きなフリルもない。インロンの頭蓋骨の後部は深くかつ幅広く、閉口筋のた
めの大きな開口部がある。また、頬の上と目の後ろには、骨が激しい凹凸を
示す部分がある。ケラトプス類すべてで見られるように（だが、それ以外の
鳥盤類では見られない）、インロンの上顎の先端には、吻骨rostralと呼ばれ

第2章　恐竜の系統樹

る特殊な骨がある。吻骨は鉤型に湾曲しており、ケラトプス類の頭蓋骨で目立つ、重要な部分である鉤型のくちばしを、強化もしくは大型化する役目を担っていた可能性がある。

　初期のケラトプス類のほぼすべてが、ネコからヒツジ程度の大きさの小型恐竜だった。初期のケラトプス類の可能性があると特定された数種類の二足歩行鳥盤類（日本で発見された白亜紀初期の恐竜アルバロフォサウルス *Albalophosaurus* など）は、外見は二足歩行鳥脚類とそれほど変わらない。明確に同定された初期のケラトプス類は、幅が狭いくちばし、頬の上の骨のこぶや角、そして短い棚のようなフリルを持っていることが多く、二足歩行のものもいる。典型的な例は中国、モンゴル、シベリアで発見された白亜紀初期のプシッタコサウルス *Psittacosaurus* だ。その他、中国とモンゴルで発見されたプロトケラトプス *Protoceratops* のように、四足歩行のものもいる。ほぼすべてが東アジアで発見されており、彼らはそこで白亜紀を通して、群集のなかに常に存在していた。彼らは北米やヨーロッパの一部でも、白亜紀の終わりまで存続した。

　約9000万年前、プロトケラトプスに似たアジアもしくは北米に生息していたケラトプス類から、より大型の恐竜の系統が出現した。これらは、眉の位置に生えた長い角、大型化したフリル、そして本数が大幅に増えた歯を持っていた。このグループの種の多くは、ケラトプス科 Ceratopsidae というクレードに属する。このクレードには、トリケラトプス、フリルに長大な角が何本もあるスティラコサウルス *Styracosaurus*、角の代わりに吻部に分厚く凹凸の激しい塊があることで有名なパキリノサウルス *Pachyrhinosaurus* が含まれる。ケラトプス科はすべて大型（サイの大きさのものからゾウの大きさのものまで）で、どれも四足歩行の生活様式に特化した体と四肢を持っていた。ケラトプス科は、白亜紀後期、北米西部の多くの恐竜共同体で数多く見られた。その時期、その地域では30以上の異なる種が生息していた。

　ケラトプス科の素晴らしい角、フリル、とげ、そして骨の突起は、何らかの飾りとして、また、武器として機能したことはほぼ間違いない。どのように使われたのか、そして、そもそもどんな進化圧 evolutionary pressure が働いてそのようなものが出現したかについては、今なお議論が続いている。このテーマは恐竜の行動を理解するうえでも極めて重要であり、第4章で再び取り上げる。

▼ケラトプス科の恐竜がほぼすべてそうであるように、カスモサウルス *Chasmosaurus* は、巨大な骨質のフリル、尖ったくちばし、そして鼻の上の大きな角を持っていた。フリルの左右の先端には、小さな角が2本ずつあった。ケラトプス科の種は多く、フリルの大きさと形、角やとげの配置や数が、それぞれ大幅に違っていた。

第3章

恐竜の解剖学

ANATOMY

普通、恐竜の化石といえば、世界各地の博物館で展示されているような、完全な骨格を思い浮かべるだろう。このような化石標本は古生物学者にとって、膨大な量の情報を与えてくれる宝の山だ。それは、これらの完全な骨格が、さまざまな恐竜の分類関係を推定するために必要な解剖学的特徴を持っており、恐竜の進化パターンを再現するための鍵となるからだ（第2章参照）。また、いろいろな骨の大きさ、形、その他の特徴（筋肉の付着痕や、血管、神経の通っていた穴など）から、その恐竜の体がどのように機能していたか（どのように視覚や嗅覚smellなどの五感を使い、どのように餌を食べ、動き回り、成長したかなど）を明らかにすることができる。しかし、完全な骨格だけではなく、骨格の一部や、一個の骨、あるいは、断片的な骨ですら、恐竜をより深く知るための貴重な情報を与えてくれる。

本章では、私たちが理解している恐竜の解剖学的特徴（解剖学とは、骨格、臓器、筋肉について研究する科学分野）と、それらの特徴が、非鳥類型恐竜non-avian dinosaursの生きているときの姿について何を教えてくれるのかを見ていこう。最初に、恐竜の骨格について、次に、恐竜の筋肉、呼吸器系、消化器系digestive systemについて、そして最後に外皮（皮膚と体の外側を覆っているその他の構造）について、解剖学的に何が知られているかを押さえていくことにしよう。

恐竜の骨格

恐竜は脊椎動物なので、骨格の基本構造は、他の爬虫類はもちろん、魚類、両生類、哺乳類とも共通している。もう少し厳密に言うと、恐竜は四肢動物（魚類とは異なり、肩帯shoulder girdleと腰帯pelvic girdleにつながる四肢

と指を持つ脊椎動物の一群）だ。四肢動物の基本体制を持っている恐竜の骨格は、基本的に私たちのものと似ている。つまり、もし人間の骨格について何か知っているならば、恐竜の骨格についてもいろいろ知っているということだ。

　脊椎動物の骨格に欠かせない特徴の1つに、脊柱vertebral columnがある。脊柱は、椎骨vertebraと呼ばれる骨が多数つながったもので、その前端は頭蓋骨skullにつながっている。頭蓋骨は、脳と主要な感覚器官（目、耳、鼻、舌）を収めている。また脳からは多くの神経が、頭蓋骨に開いた孔を通って伸びており、体の各部と脳を結びつけている。脊髄spinal cordと呼ばれる、太いケーブルのような神経組織は、前端部で脳とつながり、脊柱に沿って伸びながら、多くの神経に枝分かれしていく。

　頭蓋骨はさまざまな骨が組み合わさった複雑な構造をしている。歯は、顎を形成する骨から生えており、象牙質dentineとエナメル質enamelという、非常に硬い物質でできている。恐竜の歯も、人間の歯と同じように、顎の骨にある窪みの中に収まっている。大部分の恐竜では、一生を通じて新しい歯が生え続け、それぞれの歯は1ヵ月ほど使っただけで新しいものに生え替わってしまう。人間の場合、一生の間に歯は2回しか生えないのだから、このような歯の生え替わりは不思議に思えるかもしれないが、実際には、これが脊椎動物に一般的に見られる仕組みなのだ。恐竜の歯はグループごとに異なる特徴を持っているが、それについては第4章で紹介する。

　頭蓋骨の中で動くのは、顎の関節だけだと思われがちだ。たしかに、私たちが下顎を動かして物を噛んだり話したりできるのは顎関節のおかげだ。だが、私た

◀すべての脊椎動物は、基本的な骨格構造を共有している。恐竜の骨格を正しく組み立てるには、脊椎動物の体の構造を熟知していなければならない。写真は、イギリスで発見された獣脚類恐竜バリオニクス*Baryonyx*の複製。

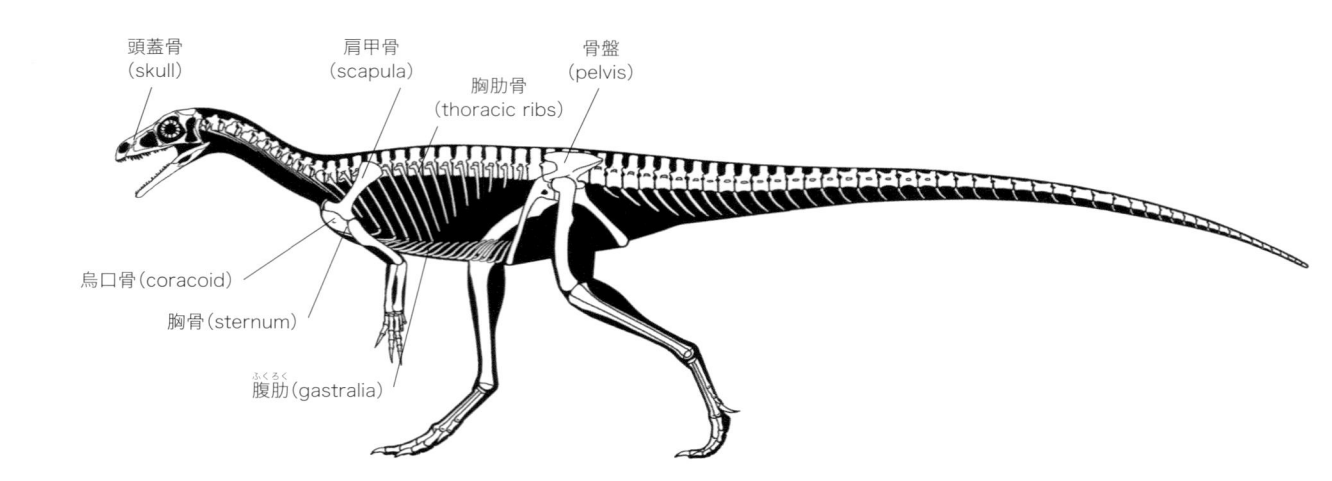

頭蓋骨
(skull)

肩甲骨
(scapula)

胸肋骨
(thoracic ribs)

骨盤
(pelvis)

烏口骨 (coracoid)

胸骨 (sternum)

腹肋 (gastralia)

▲骨が関節した状態で見つかっ
た化石骨格と、現在の動物に関
する知識を手掛かりに、この
図のエオラプトル *Eoraptor* な
ど、非鳥類型恐竜の姿を、ある
程度正確に復元することができ
る。恐竜の骨格について論じる
際には、基本的な解剖学の知識
が重要であることは言うまでも
ない。

ち哺乳類だけが耳のなかに持つ小さな骨にも可動性があり、鼓膜を介して届い
た音の振動に応じて動く。しかしやはり、人間や他の哺乳類の頭蓋を形成する
骨のほとんどはしっかりとつながっており、動くことはない。一部の恐竜は、こ
の点に関して哺乳類とはまったく違っていた可能性がある。顔面、下顎、口蓋、
口吻部の骨どうしの関節は柔軟性があり、餌を食べるのに都合の良い動きがで
きたのかもしれない。このような、頭蓋を構成する骨どうしの間の動きを頭蓋キ
ネシスcranial kinesisと呼ぶ。非鳥類型恐竜たちにどのくらい頭蓋キネシスが見
られたかについては未だに議論が続いており、それに関しては、このあと紹介する。

　恐竜と人間の頭蓋骨にはもう1つ大きな違いがある。ほとんどの恐竜が、
眼窩orbitと外鼻孔external narisに加えて、口吻部と頭蓋の後部に、大きな
窓のような開口部を持つことだ。なかでも一番目につくのが、口吻部の側面、
外鼻孔と眼窩の間にある前眼窩窓antorbital fenestraと呼ばれる開口部だ。
そして、目の後ろ側にさらに2つ、側頭窓temporal fenestraと呼ばれる開口
部が存在する。それぞれ、側面にある縦長の開口部を外側側頭窓
laterotemporal fenestra、そして、頭蓋骨上部の円形開口部を上側頭窓
supratemporal fenestraと呼ぶ。側頭窓は恐竜だけが持つものではなく、恐
竜を含む爬虫類の1グループ、双弓類Diapsida（「2個の開口部」を意味する）
全般にわたって見られる。このグループには、ワニ、トカゲ、ヘビなども含
まれる。第1章で見たとおり、前眼窩窓は恐竜だけが持つものではなく、双
弓類の下位分類群である主竜類Archosauria（恐竜やワニ類Crocodylia、い
くつかの絶滅動物が含まれる）に一般的に見られる特徴である。

　では、なぜこのような開口部を持つようになったのだろうか？　側頭窓の内
側は、部分的に顎の開閉に使う筋肉が収められていたことから、顎の筋肉の

第 3 章　恐竜の解剖学

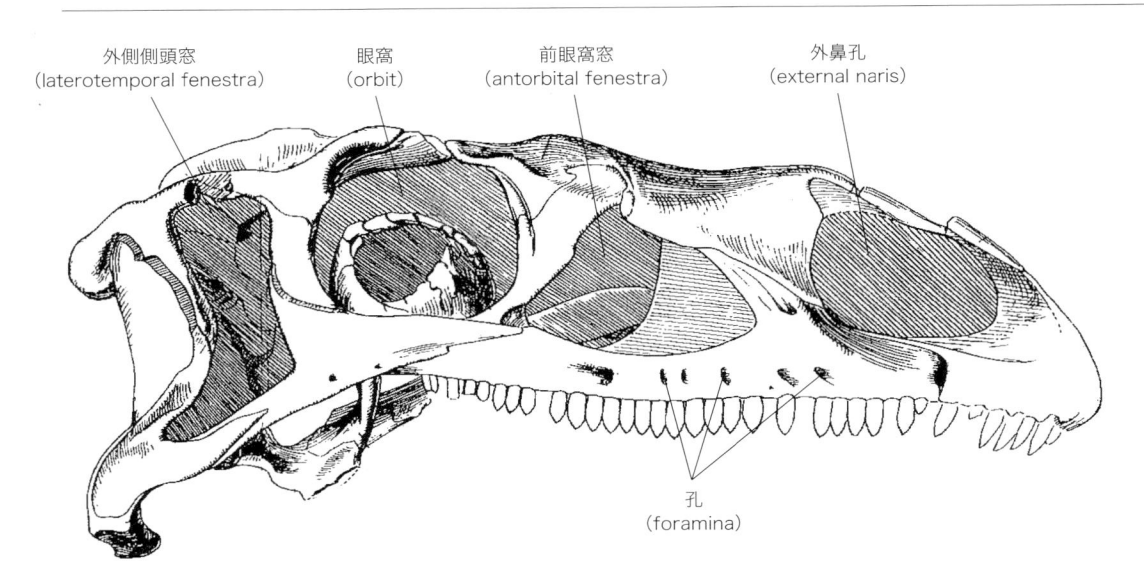

外側側頭窓
(laterotemporal fenestra)

眼窩
(orbit)

前眼窩窓
(antorbital fenestra)

外鼻孔
(external naris)

孔
(foramina)

付着部として存在していたのだと説明されることが多い。その他、頭蓋を強化し、物を噛む際に骨にかかる応力に対する耐久性を高めるのに役立ったとも主張されている。このような説明は、部分的には正しいだろう。しかし最近の研究によると、巨大な前眼窩窓の内側には、筋肉ではなく、空気が入った大きな袋が収まっていたと示唆されているので、顎の筋肉を支えることは、前眼窩窓の重要な役割ではなかったようだ。この袋は、恐竜の解剖学的特徴の1つである、気嚢（きのう）システムと呼ばれるものの一部だったのである。気嚢システムについては、あとで詳細に論じる。多くの恐竜の頭蓋の内部には、驚くほど多くの気嚢 air-filled sac が複雑に配置されていたのだ。

　恐竜のなかには、アンキロサウルス類 Ankylosauria など、頭蓋の開口部を覆うように新しい骨を形成したグループもいる。一方で、レッバキサウルス科 Rebbachisauridae の竜脚類 Sauropoda など、開口部を大きくし、一段と軽い、すかすかの頭蓋を持つようになったグループもいる。このような頭蓋形状の進化は、摂餌様式と関連しており、またその他にも、闘争や、求愛や威嚇のために大きな音を立てるのにも関係しているかもしれない。

　研究者たちは、恐竜の頭蓋骨と歯に特に注目して研究を行うことが多い。その一番の理由は、頭蓋骨と歯が、食性、行動、生活様式について、非常に多くの情報を提供してくれるからだ。もちろん、頭蓋骨は骨格全体の一部、それも小さな一部分でしかない。骨格の大部分は、まとめて「頭蓋より後方の骨格 postcranial skeleton」（通常、体骨格と訳される）と呼ばれる。つまり、頭蓋骨以外のすべての骨である。四肢動物全般がそうであるように、恐竜も体の前と後ろに、左右一対の肢と肢帯がある。前方の肢帯は肩甲烏口骨（けんこううこうこつ）scapulocoracoid または肩帯と呼ばれ、肩甲骨 scapula と烏口骨 coracoid と

▲一般的に恐竜の頭蓋には、人間にはない開口部がいくつかある。前眼窩窓は口吻の側面にあり、外側側頭窓は縦に長く、眼窩の後ろにある。図の頭骨は、三畳紀後期の竜脚形類のプラテオサウルスのもの。

087

いう板状の骨でできている。

　左右の烏口骨は、胸の中央部で胸骨sternumにつながっている。棒状の鎖骨clavicleなど、その他の骨が、肩帯の先端部に関節している恐竜もいる。獣脚類Theropodaは、叉骨furculaと呼ばれるV字型の骨を持っている。この骨は、鳥類Avesにもある。かつて叉骨は鳥類だけが持つと考えられていたが、実際には、獣脚類全般が持っており、最初期の種類でもその存在が確認されている。鳥類にそれほど近縁ではない竜脚形類SauropodomorphaのマッソスポンディルスMassospondylusでも、鎖骨がV字型に癒合している。

　恐竜の胸郭ribcageは、約13対の湾曲した大きな胸肋骨thoracic ribで形成されている。四肢動物の多くで見られるように、恐竜の肋骨ribも、上端にある2つの突起があることによって、筋肉で動かすことができる。竜盤類Saurischiaには、胸郭に、哺乳類では見られない、腹部を囲むような一連の骨があり、この構造は、柔軟性のある棒状とV字型の骨が、胸部と腹部の下部にかけて、カゴのような形に並んでできている。この腹部の骨格構造を腹郭gastral basket、それを形成する個々の骨を腹肋gastraliaと呼ぶ。胸肋骨と同様、腹肋も筋肉によって互いにつながっており、呼吸時に腹部と胸部を拡張するのに使われたようだ。現在の動物だと、腹肋はワニ類に広く見られるが、鳥類には見られない。ジュラ紀や白亜紀の古代鳥類の化石の多くでは、よく腹肋が保存されているが、その後の鳥類では、腹肋は失われてしまった。

恐竜の腕、手、指

　恐竜の前肢を形成する骨は、構造も形状も恐竜の種類によってじつにさまざまだ。前肢は主に、上腕骨humerus、さらに橈骨radius、尺骨ulnaで構成されている（後者2つは前腕骨）。その先に、手根骨carpalと呼ばれる手首の骨が関節しており、腕と手の間の複雑な動きを可能にしている。手そのものは、3種類の骨でできている。中手骨metacarpalは、細長いことが多く、手のひらを形成している。指骨phalanxは、指を形成する円筒状の骨であり、末節骨ungualは指の先端を形成する骨で、普通は鉤爪状や蹄状の角質に覆われている。

　四足歩行の恐竜では、通常、四肢骨が長い柱状をしており（筋肉が付着する場所とし

▼恐竜の胸郭には、長い肋骨が並んでいるが、それらの肋骨はすべて、可動性の関節を介して椎骨につながっている。胸郭の最前部と最後部の短い肋骨は、他の肋骨に比べ、あまり可動性がないことが多い。写真は装盾類のステゴサウルスのもの。

第 3 章　恐竜の解剖学

て、大きな骨稜［骨の高まり］が形成されていることも珍しくない）、手も体重を支えやすいよう特殊化していた。先述のように、竜脚類は、中手骨が半円状に並び、指骨が短縮したり完全に消失したりして、柱状の特異な手を進化させていた。ステゴサウルス類Stegosauria、アンキロサウルス類、ケラトプス類Ceratopsia、そしてイグアノドン類Iguanodontiaの一部も、体重を支えるに適した手を持つように進化したが、その方法はグループによって異なっていた。

　骨が生きていたときとほぼ同じように並んだ状態で発見された完全な骨格を見ると、ステゴサウルス類やアンキロサウルス類は、竜脚類と同様、中手骨が垂直な柱のように並んだ、柱状の手をしていたと考えられる。この復元は、個々の手の骨がどのように組み合わさっていたかを検討した研究や、足跡化石の証拠からも支持されている。しかし、この復元は普通、図鑑で見る恐竜の復元図や博物館の組み上げ骨格などには反映されておらず、ステゴサウルス類もアンキロサウルス類も、広げた指の下面が地面に接触している状態で復元されていることが多い。

　ケラトプス類では、内側の指が太く大きくなり半円状に並んで、体重の大部分を支えるように進化していた。これら内側の指は、先端が丸まった蹄のような爪で覆われていた一方で、外側にある2本の短い指には、蹄状の爪はなかったようだ。

　最後に、イグアノドン類の手は、内側の長い3本の指が合わさり、1つの分厚い蹄のような構造に発達していた。親指は、スパイク状の武器となって

▲この写真のティラノサウルスの骨格では、胸郭の下に、カゴのような形の腹肋が配置されているのがはっきりわかる。隣に並んでいる鳥盤類の骨格には、腹肋が存在しないことにも注目してほしい。

089

▶四足歩行した鳥盤類のうち、いくつかのグループで、頑丈な柱のような中手骨と、蹄のような末節骨が発達した。イグアノドン（左）とステゴサウルス（右）の手には、これらの特徴がはっきりと現れている。恐竜の手の注目すべき特徴は、四足歩行するものであっても、ひづめのような爪は非常に稀だったことだ。ここに示した恐竜はどちらも、ひづめのような爪は片方の手に2つしかなかった。

いた。この武器は、イグアノドン *Iguanodon* で特によく知られており、巨大化した親指は、ときに長さ30cmにもおよび、危険な武器だったと想像できる。一方、ハドロサウルス科Hadrosauridaeにつながるイグアノドン類の系統では、何らかの理由で、この親指が完全に失われてしまった。だが、第5指は柔軟性を保っており、物をつかむ機能を担っていた可能性がある。

　メガロサウルス上科Megalosauroideaやアロサウルス上科Allosauroideaなどの一部の獣脚類は一般的に、腕の骨が短く、手は獲物をつかむために特殊化していた。細長い指骨や、湾曲して先端が尖っている末節骨は獣脚類の前肢によく見られる特徴だ。獣脚類のなかには、非常に長い指を持つように進化したグループ（特にマニラプトル類Maniraptora）もいれば、逆に極めて短い指を持つようになったグループもある（アベリサウルス科Abelisauridaeなど）。すべての恐竜がそうであるように、獣脚類も最初期の種speciesでは5本指だったが、やがて外側の2本が矮小化し、多くのグループで失われてしまった。ティラノサウルス科Tyrannosauridaeはさらに第3指も失い、結果的に、手は2本指となった。また、アルヴァレスサウルス科Alvarezsauridaeと一部の鳥類でも同じことが起こった。中国で発見されたジュラ紀後期の恐竜リムサウルス *Limusaurus* は、歯がない奇妙なネオケラトサウルス類Neoceratosauriaで、やはり手が矮小化しており、第2、第3指しか残っていない。一部のアルヴァレスサウルス科と鳥類では、手が最終的に1本指になったが、鳥類では手もしくは腕そのものがなくなったものもいる（かつてニュージーランドに生息していた、巨大な飛べない絶滅鳥類のモアなど）。

　最近まで、博物館の組み上げ骨格や、恐竜の復元図などでは、獣脚類の手のひらは地面を向くように復元されていた。しかしこの復元は、すべての骨が本来の位置に保存されている骨格（「交連骨格articulated skeleton」とも呼ばれる）から考えられる手の向きとは矛盾することが分かってきた。これら

第 3 章　恐竜の解剖学

交連骨格では、手のひらは下向きではなく、内側を向いているだ。さらに、一部の古生物学者たちは恐竜の手のモデル（実物模型とコンピュータモデルの両方）を構築し、手の向きの研究を行っている。古生物学者のフィル・センター（Phil Senter）は、関節部が現実的な可動範囲で動くように復元した獣脚類前肢骨の三次元モデルを用いて研究を行った。その結果、獣脚類の手は「手のひらが内向き」になるように復元した場合にのみ、しっかりと機能することが示された。つまり、獣脚類は、両手を胸の前で合わせる「拍手」のような動きによって獲物を捕らえたのであり、手の主な用途は物をつかみ取ることだったと考えられる。多くの獣脚類、とりわけ小型のものは、小動物をつかんで直接口に運んだのだろう。一方、大型の種は、手で獲物をつかんで押さえつけながら、噛みついて動けなくしたり、殺したりした可能性が高い。

「手のひらが内向き」だったという説を裏付けるもう 1 つの証拠が、ジュラ紀前期から見つかった、しゃがんだ獣脚類が地面につけた跡が化石化したものだ。この生痕化石 trace fossil を見ると、獣脚類は手のひらや指の下側

◀この写真のアルバートサウルス *Albertosaurus* などティラノサウルス科の前肢は、恐竜としては非常に独特なものに進化した。腕の骨は小さくて細く、手の指は 2 本しかない。博物館の展示骨格でよく見られるのだが、この写真の復元骨格でも、肩帯の骨がかなり離れて配置されてしまっている。左右の肩帯の骨が、胸の正中線に沿ってほとんど接触しているのが正しい復元だろう。

091

▶恐竜の前肢の関節は、手首が回転させられる構造にはなっていないため、二足歩行の種類では、常に手のひらが内向きに固定されていた。この写真の巨大な3本指の前肢は、モンゴルのオルニトミモサウルス類デイノケイルスDeinocheirusのもの。

ではなく、指の上側を地面につけていたことがわかる。また、鳥類の手（ほぼ完全に羽毛で覆われていることが多い）も同様に「手のひらが内向き」であり、獣脚類は、この解剖学的特徴を、その進化史のなかで一貫して維持してきたことがうかがえる。

　獣脚類以外の恐竜の手の向きについても触れておこう。第2章で見たように、恐竜の主要3グループで、初期の種はみな二足歩行で、つかむことに特化した手を持っており、似たような形態をしていた。そこで1つの疑問が浮かんでくる。この「手のひらが内向き」という特徴は、はたして二足歩行の竜脚形類や鳥盤類Ornithischiaでも見られたのだろうか。その答えは「イエス」のようである。二足歩行の竜脚類や鳥盤類の交連骨格化石は、手のひらが内向きの状態で保存されており、実物標本やコンピュータモデルを用いた研究でも、やはり手のひらが内向きでなければ手が機能しないことが示されている。

▼マニラプトル類の獣脚類の大部分がそうであるように、写真のドロマエオサウルスDromaeosaurusの手も細長く、三本の指の先端には大きく湾曲した鉤爪が付いている。写真の手は、誤って「手のひらが下向き」に復元されている。

腰と後肢

　さて、恐竜の体の後方に話を移していこう。恐竜の骨盤pelvisの主な特徴と、さまざまな恐竜グループの間にある主な違いについては、第2章で論じた。恐竜の腰で最も興味深い特徴の1つが、腸骨ilium（腰帯の最上部にある、幅広い板状の骨）の大きさだ。腸骨は、大腿筋が付着する部分で、その面積が広いのは、ほぼすべての恐竜が巨大な脚の筋肉を持っていた証拠である。恐竜は、種類によってかなり腰の広さに違いがあった。獣脚類の一部は腰が狭く、左右の骨盤の骨が背中の最上部でほとんど接触していた。しかし他の獣脚類（テリジノサウルス類Therizinosauria）や、一部の竜脚類、そして装盾類Thyreophoraは、腰がたいへん広く、左右の骨盤の骨はかなり離れていた。

　恐竜の後脚の最上部には大腿骨femurがある。これは普通、恐竜の骨格のなかで最も大きく、最も頑丈な骨で、その形状と、後脚の他の部分に対する長さの比を見れば、

第３章　恐竜の解剖学

その恐竜が走るのに適していたのか、それとも主に歩いていたのかを知る手がかりとなる。現生の足の速い動物では、大腿骨が相対的に短い傾向があるが、これは絶滅した恐竜にもあてはまるようだ。恐竜の大腿骨の後側には、第４転子fourth trochanterと呼ばれる、大きな筋肉付着部がある。あるグループの恐竜では、この第４転子は、骨の表面が盛り上がり、凸凹になっているだけだが、大きな指型の突起になっているグループもある。第４転子は、恐竜の体で最大の筋肉の１つが付着する部分であり、その形状の変化や存在自体が、恐竜が脚の筋肉をどのように使っていたかに関して貴重な手がかりとなるので重要だ。この点については、このあとさらに議論する。

　知られている限り、非鳥類型恐竜には、ひざの皿、膝蓋骨kneecapは存在しなかったが、鳥類のなかでは膝蓋骨が数度、独立に進化している。ヘスペロルニスHesperornisをはじめとする、白亜紀に生息した、歯を持ち潜水していた鳥類がその一例だ。鳥類と哺乳類において、膝蓋骨は、脚の筋肉が後肢の骨を引く力を強めるのに役立っている。これほど重要な役割がある骨が、非鳥類型恐竜では出現しなかった理由については、まだ分かっていない。

　後肢の膝より下の部分は、大きな脛骨tibia（脚の内側）と細い腓骨fibula（外側）の、２つの下腿骨からなる。素早い動きに適応した恐竜の下腿骨は細長く、軽量な体のつくりの獣脚類や鳥脚類Ornithopodaのものがこれにあたる。恐竜の下腿骨の下部は、足首の大きな骨、距骨astragalus（脚の内側）と踵骨calcaneum（外側）にしっかりと関節している。恐竜の距骨は非常に特徴的で、縁が上向きに伸びて長い三角形の突起となり、脛骨の前面にしっかり付着していることが多い。一方、距骨の下側は円筒形になっており、足首の関節が丈夫な蝶番のような構造になっている。この足首の構造は、複雑で柔軟性のある他の爬虫類や哺乳類の足首とはまったく違う。この蝶番状の強化された足首は、恐竜とその近縁の動物に顕著に見られ、恐竜が大繁栄した理由の１つかもしれない。おそらくこの足首構造には、ねじれを軽減し、足を安定させる効果があり、その結果、長い歩幅で速く歩けたのかもしれない。

　足首より先は、中足骨metatarsalとつま先の骨で構成されている。つま先は、趾骨で形作られている。人間は四足動物では珍しく、足が平らで、かかとを地面につけ、中足骨で地面を踏んで歩く、いわゆる蹠行性plantigradeの動物である。四足動物の大部分は趾行性digitigradeで、かかとを地面からかなり高く上げて、中足骨の先端だけを地面につけ、ほとんどつま先だけで歩く。恐

▲恐竜で典型的な腰帯の特徴は、非常に大きい板状の腸骨（腰の最上部の、平たい骨）だ。側面に見られる、くぼみや骨稜部分は、巨大な後脚と尾の筋肉が付着していた位置を教えてくれる。本図は、竜脚類ディプロドクスの腰帯。

093

膝蓋骨（膝頭）
（patella〈or kneecap〉）

腓骨
（tibia）

大腿骨
（femur）

▶理由はまだわかっていないが、非鳥類型恐竜には膝蓋骨（膝頭）がなかった。一方、鳥類では膝蓋骨が出現した。写真は、白亜紀に北米に生息していたヘスペロルニスという海鳥の脚だが、ほとんど大腿骨と同じくらい長い、スパイク状の非常に大きな膝蓋骨がある。

▼写真のエドモントサウルス *Edmontosaurus* に見られるような、太く短い中足骨と、ブロック状の趾骨は、あきらかに、体重を支えるための適応をしている。多くの動物と同様、非鳥類型恐竜はつま先だけで歩き、中足骨は普通ほぼ垂直に保たれていた。

竜もすべての種類で趾行性だ。中足骨の形態もまた、恐竜の生活様式を知る手掛かりとなる。動きが敏捷な動物の中足骨は細長いことが多いが、非常に多くの獣脚類や鳥脚類がそのような中足骨を持っている。いくつかの獣脚類グループ（オルニトミモサウルス類 Ornithomimosauria やティラノサウルス上科 Tyrannosauroidea など）では中足骨同士が、きつく固定され、足は幅が特に狭く、丈夫になっている。

装盾類、ケラトプス類、そして竜脚類は、太く短い中足骨を持っていた。このような中足骨は、重い体重を支え、ゆっくり歩行する生活様式に適応している。竜脚類の中足骨は非常に短いので、他の多くの恐竜とは対照的に、足首が地面のごく近くに位置していた。しかし、竜脚類の足の裏には、ゾウの足に見られるような、分厚い脂肪のクッションが付いていたと考えられ、竜脚類もやはり趾行性だったことになる。

最後に足の指を見ておこう。恐竜には最初、足の指が5本あった。しかし、進化の過程で、最も内側と外側の指が小さくなっていった。最も外側の第5趾は、ほとんどの恐竜のグループで失われており（多くの場合、短い中足骨だけが残っている）、最も内側の第1趾 hallux も、獣脚類や鳥脚類では矮小化、もしくは、なくなってしまっている。大半の獣脚類と鳥脚類は、足の中央の3本の指だけで歩いたのだ。ドロマエオサウルス科 Dromaeosauridae などのマニラプトル類の一部では、第2趾が高く持ち上げられ、巨大な鉤爪が付いた武器に変化しており、歩行には使われなくなった。その結果、これらの恐竜は2本の指だけで歩いていた。

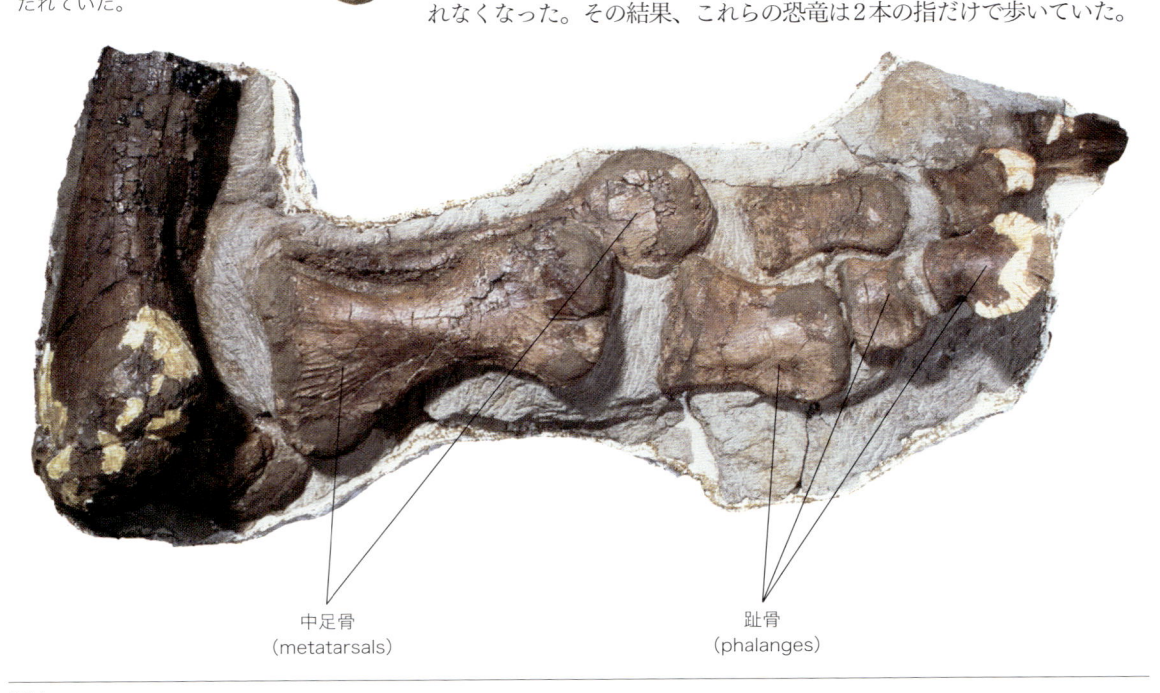

中足骨
（metatarsals）

趾骨
（phalanges）

第3章　恐竜の解剖学

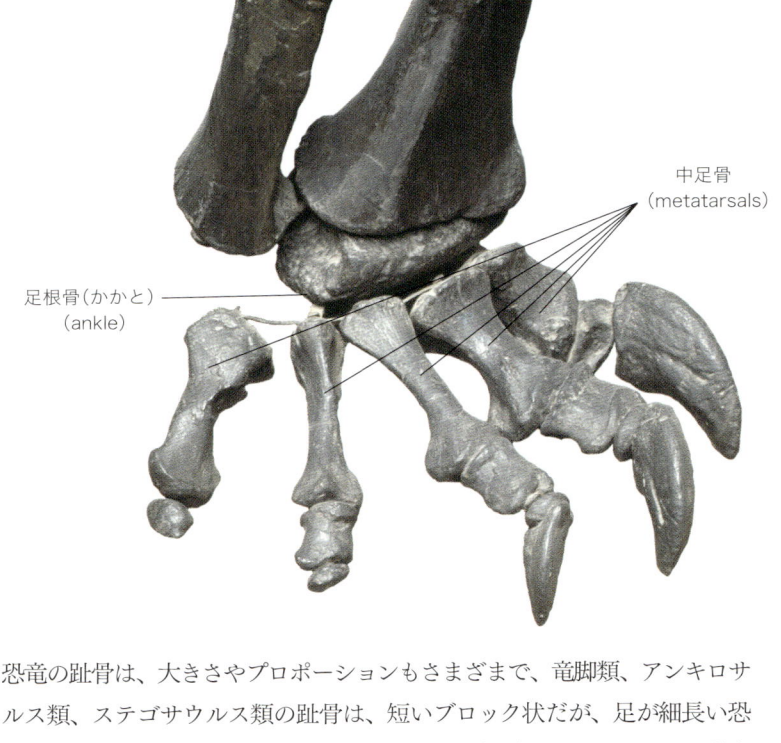

足根骨（かかと）
（ankle）

中足骨
（metatarsals）

◀竜脚類の後足（この写真はディプロドクスのもの）は、体重を支える目的にたいへんよく適応していた。足の裏には分厚い大きな脂肪層が形成され、柱状の中足骨が直接地面に接触することはなかった。足根骨（かかと）は短く、あまり柔軟ではなかったに違いない。

▼写真のアルバートサウルスのように細長いティラノサウルス科の足では、中足骨どうしが、上端にある特殊な関節によって、しっかりと固定されていた。その結果、力の伝達と体重支持に適した軽量な造りの足となり、素早い動きを可能とした。

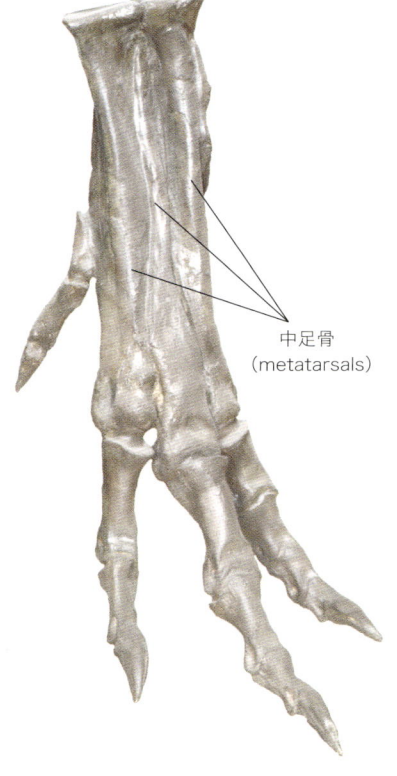

中足骨
（metatarsals）

　恐竜の趾骨は、大きさやプロポーションもさまざまで、竜脚類、アンキロサウルス類、ステゴサウルス類の趾骨は、短いブロック状だが、足が細長い恐竜（多くの獣脚類や小型の鳥盤類など）は趾骨が細長い。したがって、恐竜には、短く小さな足のものと、長く広がった足のものがいることになる。趾骨のプロポーションと、足の指の先端についている鉤爪の湾曲度は、鳥類や鳥類に近縁な獣脚類の生活様式についてある程度の情報を与えてくれる。趾骨のプロポーションから、非鳥類型獣脚類の多くが、地上で走ったり歩いたりする生活をしていたことがわかる。これらの恐竜のなかには、ときおり木に登る能力があったと思われる特徴を持つものもいる。一部の専門家は、デイノニクス *Deinonychus* とミクロラプトル *Microraptor* は木に登っていた可能性があると考えているが、アーケオプテリクス *Archaeopteryx*、コンフキウソルニス *Confuciusornis*、その他の鳥類と、鳥類に近縁なマニラプトル類に、木に登ったり止まったりする能力があったかどうかについては、議論が続いている。

恐竜の骨格はどのように機能したのか

　骨は、その動物の体がどのように機能したか、そして、その動物がどのように生活し、どのように動いたのか、さらに、どのような行動が可能だったのかについて膨大な情報を与えてくれる。全身が関節した状態で見つかった骨格は、生きていたときに骨どうしがどのようにつながっていたかのみならず、骨関節の可動域や、どのような姿勢をしていたかについても教えてくれる。骨格

▲キジ大のドロマエオサウルス科の恐竜、シノルニトサウルスなどの、鳥類に似た小型マニラプトル類は、後肢が細長く、腕と手も細長かった。ドロマエオサウルス科の足は、常時第2趾が他の足指よりも高い位置に持ち上げられており、歩行には第3、第4趾のみが使われた。

の観察から、動物の体がどのように機能していたかを明らかにする生物学の分野を、機能形態学functional morphologyと呼ぶことは、先に紹介したとおりだ。

恐竜の解剖学を考えるときに、骨の他にもさまざまな要素があることは忘れてはならない。骨と骨の間にある軟骨cartilage、筋肉、そして、骨どうしをつなぐ縄のような靭帯など、これらの構造すべてが、骨の動き方に影響を及ぼしているが、これらはほとんど化石として残らないため、古生物学者にとっては悩みの種となっている。これらの構造は、骨や歯などの「硬組織hard tissue」と違い、化石化する前に腐敗してしまう物質で構成されており「軟組織soft tissue」と呼ばれる。私たちは少なくとも、化石動物の骨格を現生動物のものと比較することにより、太古の動物が生きていたときに何ができたかについて、ある程度見当を付けることはできる。これまで、失われた軟組織が実際にどのようなもので、過去の動物の動きや柔軟性にどのような影響を及ぼしたのかを推定するための研究手法が多数提案されてきている。

絶滅した動物の機能形態を研究する最も単純な、かつ、「伝統的」な方法は、骨を実際に関節部で動かしたり、紙に書いて動きを再現してみたり、数学的に計算を行ったりするというものだ。これらの方法は、あまり厳密とは言えず、先に述べた軟組織の影響を考慮しないことも多い。また、脆く、すでに壊れてしまっている実物化石を直接取り扱う必要も出てくる。これに対し、技術革新によって、古生物学者が機能形態学的研究を行う方法は著しく進歩した。カメラやスキャナーを用いた、骨格のデジタルモデルの作成は、今では日常的に行われている。骨をどのように動かすことができたかを検討するには、実物の骨やそのレプリカを使うよりも、コンピュータモデルを使ったほうがはるかに容易だ。デジタルモデリングを用いた研究の中には、非常に興味深いものもあるし、恐竜の行動に関して長く続いてきた論争に決着をつけたものもある。ではここで、伝統的な手法と新しい手法、それぞれを使って行われた、恐竜の解剖学的研究の例をいくつか見てみよう。

恐竜の専門家たちは、数十年にわたり、ハドロサウルス科やその他のイグアノドン類の顎を調べ、これらの恐竜がどのように咀嚼していたかを明らかにしようとしていた。多くの説が提唱されたが、ほとんどの説は、それらの恐竜の歯に残された特徴的な咬耗痕がいかにして生じたかを説明することができなかった。1980年代になって、ディヴィッド・ノーマン（David Norman）とディヴィッド・ワイシャンペル（David Weishampel）という

第3章 恐竜の解剖学

2人の古生物学者が、新しい説を提唱した。2人は、イグアノドン、マンテリサウルス Mantellisaurus、そしてハドロサウルス科の顔側面に、柔軟性を持っている部分が存在する可能性に気づいた。そして、この周辺で骨同士がどのように関節しているかに基づいて、上顎骨maxilla（顔側面の大部分を成し、上顎歯が含まれる大きな骨）は内側、外側の両方向に回転することができ、これが歯の表面で、食物を横方向にすりつぶすような動きを可能にしていたと主張したのである。頭蓋骨にあるその他の柔軟性のある部位の存在も、この特殊な上顎骨の動きを可能にしていたようだ。この説に従えば、イグアノドン類は頭蓋キネシス（少し前に登場した用語だ）を持っていたことになる。このように独特な上下の歯のすり合わせ方は、現生、絶滅動物も含めて、他の動物が持っている咀嚼様式とはまったく異なる。

　この鳥脚類恐竜に頭蓋キネシスが存在したという説に触発され、他の古生物学者たちも、他の多くの非鳥類型恐竜の頭蓋骨にも柔軟性があったと主張するようになった。アロサウルス上科、ティラノサウルス科、アルヴァレスサウルス科、そしてその他の恐竜グループの頭蓋骨にも、柔軟な部分が存在したとその後、示唆されるようになった。これらの説をめぐっては今なお論議が続いている。2008年、解剖学者のケーシー・ホリディ（Casey Holliday）とラリー・ウィトマー（Larry Witmer）は、すべての非鳥類型恐竜の頭蓋には、頭蓋キネシスを妨げるような骨同士を結合し合う突起があり、鳥類やトカゲ類などの頭蓋に見られる、液体で満たされた可動性の関節も見られないと主張した。この説が正しいとすると、イグアノドンなどの恐竜に、少なくともある程度の頭蓋キネシスがあったことを思わせる特徴があるのはなぜだろう？　ホリディとウィトマーは、そのような部分は柔軟性があったのではなく、新しい骨の成長が起こっていた場所ではないかと提案している。

　古生物学者たちはまた、竜脚類その他の四足歩行恐竜（ケラトプス類など）の肩帯が、胸郭の左右にどのように配置されていたかについても、論議を続けている。さらに、恐竜たちが生きていたとき前肢はどのような姿勢だったのか、トカゲやカメのように体の横に張り出していたのか、それとも、サイなどの大型動物のように、体の真下に柱のように伸びていたのかに関しても、やはり議論が続いている。肩帯の位置と、前肢の姿勢の問題はつながってい

▲現在、機能形態学研究ではコンピュータモデルが頻繁に使われている。しかし、化石そのものやレプリカを実際に動かし、どのように骨がつながっていたかを確認することも今なお重要である。この写真では、専門家が竜脚類のギラファティタン Giraffatitan の椎骨を手で動かして、生きていたときにはどのようにつながっていたのか調べている。

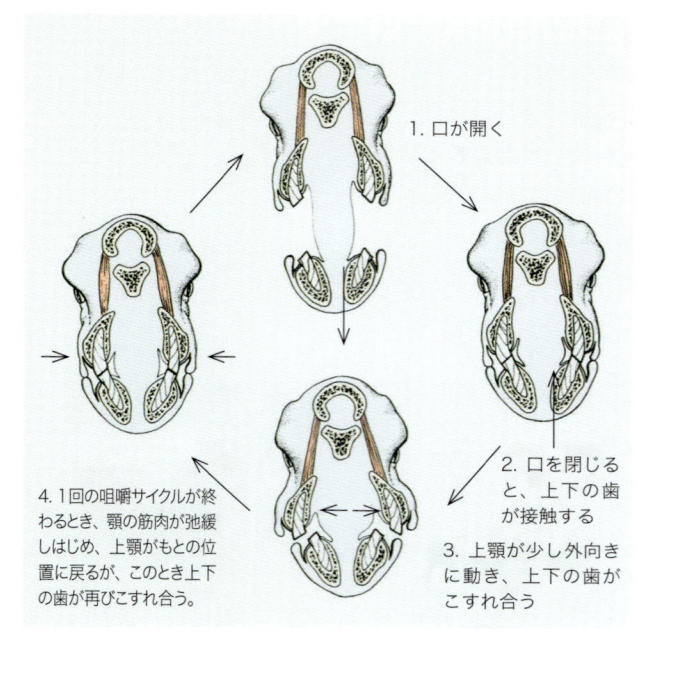

1. 口が開く

2. 口を閉じると、上下の歯が接触する

3. 上顎が少し外向きに動き、上下の歯がこすれ合う

4. 1回の咀嚼サイクルが終わるとき、顎の筋肉が弛緩しはじめ、上顎がもとの位置に戻るが、このとき上下の歯が再びこすれ合う。

▲古生物学者ディヴィッド・ノーマンとディヴィッド・ワイシャンペルが提唱した、プレウロキネシス pleurokinesis のモデルによれば、エドモントサウルスなどの鳥脚類は、咀嚼時に、特殊な方法で上顎の骨を下顎の骨に対してこすり合わせるように進化した。本図は、エドモントサウルスの頭部の断面図を使って、その一連の動きを示している。

る。というのも、肩帯の位置によって、肩関節の位置が決まるからだ。さらに、肩関節の位置によって、前肢の姿勢も決まってくる。

これらの点について、専門家ごとに意見は違うが、交連骨格からは、四足歩行恐竜の肩帯は骨格の下側の低い位置にあったことがわかる。肩帯が低い位置にあったため、左右の烏口骨が胸の部分でほぼ接触していたようだ。もし実際に、肩帯がそのような位置だったとすると、竜脚類の前肢は、垂直な柱のような向きだったが、ケラトプス類やその他の鳥盤類では、肩関節面は後ろを向いており、やや外向き、かつ、やや下向きになっていたということが言える。だとすると、鳥盤類の前肢は、トカゲのように横に突き出しているのでもなければ、体の真下に垂直に伸びていたわけでもなかったことになる。前肢がこのような姿勢をしていた場合に想定される両手の位置や間隔は、足跡化石から得られたデータと一致しており、この姿勢復元を支持している。

恐竜の体の構造の中で、もう1つ論争が絶えないのが、竜脚類の首だ。伝統的な方法と、コンピュータを使った方法の両方で、研究が続けられているが、長年にわたって、竜脚類の首が、どのように使われていたのか、どのような角度に保たれていたのか、そして、どの程度柔軟だったかについて、古生物学者たちの意見は分かれたままだ。首が途方もなく長いことから考えると、それを使って木の高いところまで口を運び、他の植物食恐竜には届かない植物を食べることができたと考えるのが妥当だろう。しかし、そのような見方は、これまでにわかっている竜脚類の解剖学的知見と、本当に矛盾しないのだろうか?

古生物学者のジョン・マーティン（John Martin）は、イギリスで発見された竜脚類、ケティオサウルス Cetiosaurus の首の骨を関節させてみたところ、竜脚類の首は、体の前に水平にまっすぐ突き出し、梁のように機能していた可能性が最も高く、背中の高さ以上に上げることはできなかっただろうと主張した。一部の専門家はこの説を、特に首が長い竜脚類である、ブラキオサウルス Brachiosaurus やマメンチサウルス Mamenchisaurus も含め、ほぼすべての竜脚類に当てはまると考えている。彼らはまた、竜脚類の頸椎関節面では、比較的小さな動きしか起こらないため、竜脚類の摂餌の大半は、地面から肩の高さの間で行われていたとも主張している。

竜脚類の首の柔軟性について、より徹底的に調べるため、コンピュータ科

第 3 章　恐竜の解剖学

学者のケント・スティーブンス（Kent Stevens）と、古生物学者のマイク・パリッシュ（Mike Parrish）は、アパトサウルス*Apatosaurus*とディプロドクス*Diplodocus*のデジタルモデルを作成した。彼らは、デジタルモデルの恐竜の首で動きを復元できれば、生きていたときの首の可動域を推定できるだろうと考えた。この研究で彼らは、竜脚類の首は水平な梁として機能し、首の付け根はあまり動かず、上方向よりも横や下方向に動かしやすかったと結論し、これは、マーティンの見解と大方一致していた。

　これは、コンピュータモデルによる研究が、実際に骨を使った伝統的な研究の結果を裏付けた例である。竜脚類の首はまっすぐ前に伸びていたという見方は、頸椎cervical vertebraの関節面では、ごく小さな動きしかできなかったという考えに基づいている。しかし、現生動物で軟骨が首の動きに与える影響を考慮すると、竜脚類の頸椎関節面でも、幅広い動き（横、上、下方向に大きく曲げるのに十分な動き）が可能だったと仮定するべきだ。ここで気をつけなければならないのは、コンピュータモデルによる研究でも、実際に骨を使った研究でも、化石では失われていることの多い軟組織の影響を考慮しなければ正確な復元ができないという点だ。つまり、生きた動物には、軟組織があるおかげで、骨による証拠からだけでは不可能に思える動きを可能にしてしまうことも十分あり得るのだ。

　恐竜の骨格のデジタル研究は、他の専門家たちも取り組んでいる。ドイツの古生物学者、ハインリヒ・マリゾン（Heinrich Mallison）は、竜脚形類の前肢、ステゴサウルス類の尾、その他の恐竜のさまざまな体の部位のデジタルモデルを作成し、研究を行っている。彼は、竜脚形類プラテオサウルス*Plateosaurus*の腕と手について研究を行い、前肢の可動範囲を復元した。それによると、プラテオサウルスは、指をしっかり曲げることができ、手のひらが内向きになるように手を固定していた。また、手首の部分で手を内側に曲げることができたが、回転することはできなかったということがわかった。このような解剖学的特徴は、先述の獣脚類のものと同じである。

▼研究者たちは、四足歩行性鳥盤類の肩甲烏口骨と前肢が、生きていたときにどのように配置されていたかについて、いくつかの説を提唱している。極端な説では、本図にあるような、前肢が体の横から完全に外に広がっていたというものや、体の下へ垂直に伸びていたという考え方があるが、実際の姿勢はそのあいだのどこかにあるのだろう。

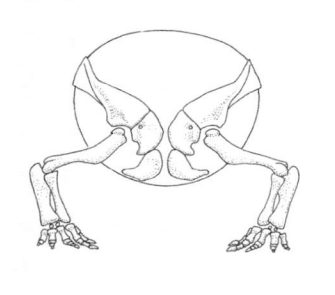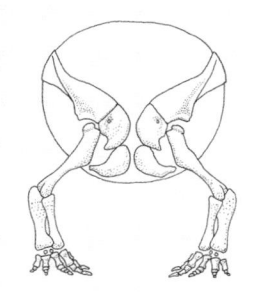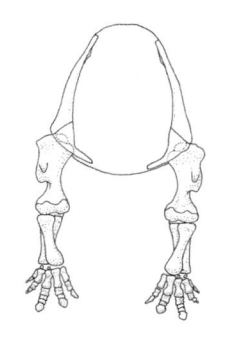

099

マリゾンが作成した、とげを持つアフリカのステゴサウルス類、ケントロサウルス *Kentrosaurus* のデジタルモデルによると、尾が十分柔軟で、体の真横や、その上方に高く届くほど大きく振り回せたことがわかる。尾にこれほどの可動域があったということは、ステゴサウルス類の尾の先端のとげは武器として使用されており、巨大な獣脚類から身を守るのに十分尾を大きく動かせたと言える。このように、椎骨関節部の軟組織を適切に考慮したデジタル研究では、非鳥類型恐竜の首と尾は非常に柔軟だったとされることが多い。

恐竜の機能形態学的研究はまだまだ発展途上にあり、今後取り組まねばならない課題は山積している。特に興味深いと思われるのは、非鳥類型恐竜の機能形態学への関心が高まるにつれ、それに刺激されて、現生動物の解剖学や機能形態学的研究に取り組む科学者が増えているという事実だ。皆さんは驚かれるかもしれないが、現生動物のかなり多くの種では、解剖学的研究が詳細に行われていないのだ。一方、ここで紹介した頭蓋キネシス、竜脚類の首の柔軟性などの議論から明らかなように、新たな技術や今もなお開発が続いている技術を用いることで、古生物学者は、恐竜の解剖学や機能形態をさまざまな領域で、かつてよりもはるかに深く、詳細に行えるようになってきたのである。

▲頸椎の間にあった軟骨円板を考慮に入れると、竜脚類恐竜の首は柔軟性が極めて高く、上向き、下向き両方に、容易に曲げられたことができたと考えられる。上図はアパトサウルス、下図はディプロドクスのものである。

顕微鏡で見る恐竜の骨

私たちは、骨と聞くと、動物の体を内側で支える構造と安易に捉えがちだ。それは間違いではないのだが、骨はそれよりはるかに多くの顔を持っている。骨は、常に変化し成長する生きた組織である。骨は、負荷や圧力に応じて、厚

▶研究者たちは、尾と椎骨のあいだでどれだけの動きが可能だったかを調べることで、アフリカで発見されたステゴサウルス類のケントロサウルスは、尾を大きく曲げて、体の横にまで持ってくることができたことを示した。

さ、大きさ、形状を変化させる。言い換えれば、骨は、その個体の必要に応じて形を変え、成長する。そして、その個体の成長、年齢、さらに、健康状態や生活史までも記録する。骨を薄く切った標本を顕微鏡で観察することにより、古生物学者たちは恐竜の生物学的側面について非常に多くのことを学んできた。

顕微鏡でしか見えない微細な生体構造の研究分野は、組織学 histology と呼ばれている。このような研究に取り組む古生物学者に必要な主な道具は、岩石切断機やドリル（骨の分析したい部分を切断したり、切り出したりするのに使う）と、顕微鏡だ。

非鳥類型恐竜の骨は主に、線維層板骨 fibrolamellar bone と呼ばれる種類の骨で形成されている。この種類の骨は、無秩序にもつれあった骨線維 bone fiber と、多数の血管を含む構造をしている。現生動物での観察から、線維層板骨が継続的に形成されているということは、骨の成長が速く、ひいては、その動物自体の成長が速いということがわかっている。

非鳥類型恐竜の骨の断面を観察したとき、最も外側の骨組織を見てみると、線維層板骨に通っている血管の数が内側と比較して少なくなっていることが多い。また、多数の成長線 growth line が見られることもある。木の年輪のようにも見える骨の成長線は、専門用語では成長停止線 Line of Arrested Growth（略して LAG）と呼ばれている。この線は、現生動物の骨に現れる成長線の観察から、1年毎の成長を示す線だと考えられている。そのため、成長停止線を数えれば、その動物が死んだときに最低でも何歳だったか、大まかに見積もることができる。そこからどんなことがわかるだろうか？　非鳥類型恐竜（とりわけ、大型種）は、何十年間も生き続ける長寿な動物だったのだろうか？　これまでに得られた結果はかなり意外なものだ。すべての恐竜が比較的寿命が短く、巨大な恐竜でさえ、40年、あるいは50年を超えて生きる個体はほとんどいなかったようだ。

骨の断面の最外縁には、EFS（External Fundamental System）と呼ばれる、特徴的な帯状構造が発達していることがある。この構造が見られるのは、成熟した大人の恐竜のみで、EFS では、何本もの LAG が密集しているのが特徴だ。非鳥類型恐竜が EFS を持っているということは、彼らが生涯成長し続けたのではなく、成熟すると、成長が止まってしまったり、あるいは、ごくゆっくりとしか成長しなかったことを示している。もし骨に EFS がまったくなければ、その恐竜は死んだときにまだ急速に成長しており、成体の大きさには

▼この写真は、ティラノサウルスの肋骨の断面。骨を切断することによって、骨の内部構造を詳細に見ることができる。成長線、血管が通る穴、骨組織の種類など、すべてこのような試料から調べることができる。

達していなかったので、若い成体か未成熟の個体だったということがわかる。

　恐竜の骨組織学的研究の多くが、非鳥類型恐竜は、カメやトカゲなどの爬虫類よりも、はるかに速く成長したことを示している。比較的最近、1980年代まで、竜脚類のような巨大な恐竜は成体の大きさに達するのに100年以上を要したと考えられていた。しかし、より最近の研究では、最大の竜脚類恐竜でも、40年かそれ以下の年数で成体の大きさに達したことが示されている。このように成長が速かったことは、恐竜の生物学的側面全体を考える上で重要な意味を持つ。これについては第4章で再び取り上げる。

　成長速度のことはしばらく脇に置いておいて、恐竜の骨の構造から、非鳥類型恐竜の生態について、他に何がわかるかを見てみよう。これまで、骨折が治癒した恐竜の標本や、異常なこぶ、表面が荒れたり、異常な質感が見られる化石がいくつも見つかっている。骨折痕や治癒跡がある骨は、その恐竜が闘争や、転倒、その他の事故で負傷したことを示している。角の一部が失われていたり、顔の骨に削れた跡があったりするケラトプス類の化石や、肋骨が折れ、腕にケガをし、脛骨に感染症の跡があるティラノサウルスTyrannosaurus、そして、ステゴサウルス類の尾のとげでつけられたと思われる穴があるアロサウルスAllosaurusの腰や尾の骨も存在する。

　現生動物がその生涯で何を経験するかを考えると、非鳥類型恐竜も、ときには病気に苛まれ、骨が異常に成長してしまうこともあったと仮定できる。骨の構造を研究する専門家のなかには、このような病気による骨の異常の医学的原因を特定することができると考え、実際に、がんや関節炎、その他の病気により異常をきたした恐竜化石を報告した例がある。しかし、大多数の専門家は、このような考え方に否定的である。骨に見られる異常の原因についてある程度推論はできるだろうが、残念ながら、特定の病気と診断するのに必要な検査を、恐竜の骨に対して行うことはできないのだ。

　恐竜の骨の構造を顕微鏡で観察することによって、その恐竜の性別や性成熟sexually matureに関する情報を得ることができると言えば驚かれるかもしれない。鳥類のメスは、体内で卵を作りはじめると同時に、骨髄骨medullary boneという特殊な骨を作るということは、数十年前から知られていた。骨髄骨は、脚の骨の内部の空洞（髄腔medulla）のなかで形成され、まるでスポンジの塊のように見える。そして、骨髄骨は、鳥が卵の殻を形成するのに使われる元素、カルシウムを貯蔵することにのみ使われる。考古遺跡の発掘現場で発見される動物の遺骸を研究する科学者たちは、1980年代前半から、骨髄骨の有無を用いて、遺跡から見つかる鳥類の性別を判定しているが、1990年代に一部の古生物学者らが、非鳥類型恐竜、もしくすると、巣の上に座った状態で発見されている獣脚類化石などでも、いずれ骨髄骨が

第３章　恐竜の解剖学

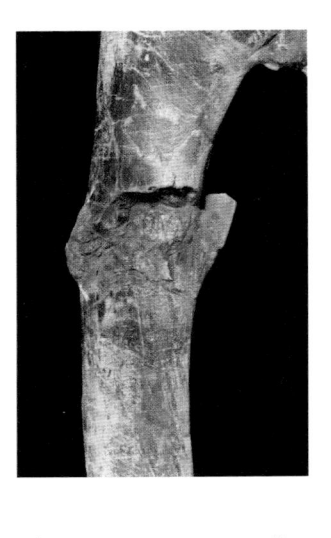

発見されるだろうと予測した。2005年、あるティラノサウルスの脚の骨の内部に骨髄骨が発見され、この予測が正しかったことが証明された。またしても、鳥類特有と考えられていた生物学的特徴が、鳥類に限ったものではないことが判明したわけだ。骨髄骨は、獣脚類の進化過程で、今まで考えられていたよりも早い段階で獲得された特徴だったということになる。

　2005年以降、骨髄骨は、他の非鳥類型獣脚類（アロサウルス）と、鳥盤類（イグアノドン類テノントサウルス *Tenontosaurus*）でも発見されている。また、骨髄骨に似た構造が、竜脚形類のムスサウルス *Mussaurus* で発見されている。このようにさまざまな分類群に広く見られることから、すべての系統の恐竜で骨髄骨は存在し、すべての恐竜の共通祖先から受け継がれたものではないかと考えられる。ここで覚えておかなければならないのは、化石に骨髄骨が観察されれば、その個体が、産卵できるメスの恐竜であると特定できるが、それが観察されないからといって、必ずしもオスとは限らないということだ。骨髄骨がない場合、その個体はオスだったかもしれないが、卵を産む状況にはなかったメスだった可能性もある。骨髄骨は、恐竜の性別判定に役立つ特徴ではあるが、絶対確実というわけではない。このテーマについて、さらに、このことが恐竜の巣作り行動にとって何を意味するかについては、第４章で再び取り上げる。

　少なくとも中生代の恐竜標本の一部については、骨髄骨を使って性別を特定sex identificationできるのだから、骨髄骨のその存在そのものが、非常に興味深い。そして、とりわけ興奮させられるのは、骨髄骨が恐竜の生態について教えてくれることだ。骨髄骨を形成している個体は、明らかに性成熟を迎えている。言い換えれば、その個体は卵を形成し、交尾matingができる年齢に達していたということだ。だとすると、骨髄骨は、成体の大きさに達した恐竜だけに見られるものだと考えてしまうかもしれない。だが、実際にはそうで

左上　イグアノドンの足の指の骨（４つの趾骨の中の３番目の骨）に形成された、盛り上がって、粗面となった輪状の異常な部分は、骨が何らかの異常な成長をしたことを示している。足の指に関節炎を患っていたのかもしれない。

上　この骨盤の骨（これもイグアノドンのもの）に生じた骨折は、折れた部分がずれたまま治癒してしまっている。この恐竜がどうしてこの骨を折ったかはまだわかっていないが、死ぬ前に治癒したのは明らかだ。

103

はなかったのだ。骨髄骨が観察されたアロサウルスとテノントサウルスの個体は、若く、成体の半分の大きさしかなかった。つまり、非鳥類型恐竜の一部の種（おそらく多くの種）は、成体の大きさに達するかなり前、つまり、成長が停止するかなり前から繁殖reproductionを行っていたということだ。彼らは未成年で親になっていたようなものだ。おそらく多くの非鳥類型恐竜が、完全な成体の大きさに達するずっと前から、求愛し、交尾し、子育てparental careをしていたのだろう。このようなことを考えると、恐竜の営巣地や、繁殖期の恐竜どうしの行動など、私たちが想像する恐竜の姿も変わってくるだろう。

非鳥類型恐竜の体重はどれくらいだったのか

　非鳥類型恐竜の大きさ、とりわけ体重は、研究者でもそうでない人にとっても、興味深いトピックだ。なにしろ、その多くが、現在のサイ、カバ、ゾウよりもはるかに大きい。最大の竜脚類はクジラと同じくらいの大きさだったらしく、だとすると、彼らはこれまでに出現した最大の陸生動物だったことになる。

　化石動物の大きさを調べるのは、単なる楽しい知恵遊びには留まらない。体の大きさは生物学的に非常に重要な情報であり、大きさがわかれば、その種が生態系のなかで担っていた役割、必要とした食物量、運動能力、そしてその他の生物学的側面を推定する手掛かりとなる。ある動物の体重を明らかにし、全長や体型について確実性の高い推測をするには、理想的には全身骨格が必要となる。しかし、骨格の一部が失われていても、近縁種を調べることによって、欠けている部分について合理的な推測をすることができる。

　完全もしくはほぼ完全な骨格がある場合は、ある昔ながらの手法で、体重を推定できる。それは、その恐竜が生きていたときの軟組織（筋肉、皮膚、そして臓器）をすべて再現した縮尺モデルを作成する方法だ。この方法では、できたモデルを、水に浸けて（または砂に埋めて）、どれだけの水（砂）がモデルによって押しのけられたかを測定し、押しのけられた水（砂）の重さを、本来の恐竜の大きさに戻したときの値に換算することで、実際の恐竜の体重が得られる。昔ながらと述べたが、この手法は正確に行えばかなり信頼性がある手法だ。しかし、体重推定に使用したモデルが十分に正確だったかどうか、自信を持って言い切るのは難しい。たとえば、モデル制作者が付けた筋肉の量は正しかったのか、あるいは、生きていたときに体内に含んでいた大量の空気を考慮に入れたのかどうかなど、不確定要因が多々ある。このあと議論するように、獣脚類と竜脚類の体には、肺lungや消化器に加えて、空気で満たされた袋が多数存在したのである。

　今説明した手法は、その動物の全身の情報が必要となる。現生動物の体重

第 3 章　恐竜の解剖学

推定の研究では、たった1本の骨の1つの計測値から、その動物の体重を推定
できることも多い。鳥類では、「体全体の重さ」と大腿骨の周囲長との間に、
信頼性の高い相関関係が成り立っているようだ。おかげで、化石鳥類の体重（骨
が数個しか発見されていない化石鳥類でも）を推定することは可能である。し
かし、この手法が使えるのは、鳥類学者たちが長年にわたり、膨大な種数の
大量の個体の体重を正確に測定することで、データを収集してきたからである。

　デジタルモデリング手法を使うことでも、古生物学者は恐竜の体の大きさ
や体重を推定することができる。組み上げられた骨格をさまざまな角度から
写真撮影し、コンピュータ上でこれらの写真を組み合わせることで正確な三
次元モデルが作成できる。この他に、レーザーを使った手法もある。レーザ
ースキャナーで、恐竜の骨格などの表面をスキャンすることにより、デジタ
ルモデルを構築することができる。このデータをコンピュータでまとめるこ
とで、その物体の三次元モデルができる。このようなデジタルデータとなっ
た標本のコピーは、実際の標本を扱うよりもはるかに簡単だ（とりわけ、骨
格全体を相手にしなければならない場合）。デジタルモデルは三次元なので、
恐竜の大きさ、さらには体重を明らかにすることができる。

　もう1つ、凸包法convex hullingと呼ばれるデジタル手法がある。スキャ
ンした骨格を包むような多数の多角形を作成し、その動物が生きていたとき
に持っていた軟組織の量を近似的に求めようとするものだ。この手法の問題
の1つは、骨の外側に大きくついていた筋肉など（一部の恐竜ではそのよう

▼ステゴサウルスなどの絶滅
した恐竜の体重の推定値は、研
究ごとに大きく異なる。その理
由の1つは、体重を推定するの
に使われた手法の信頼性が、手
法ごとにばらついているから
だが、同じ種でも個体ごとに、
栄養状態や筋肉の付き方によ
って、体重が大幅に異なること
も原因かもしれない。

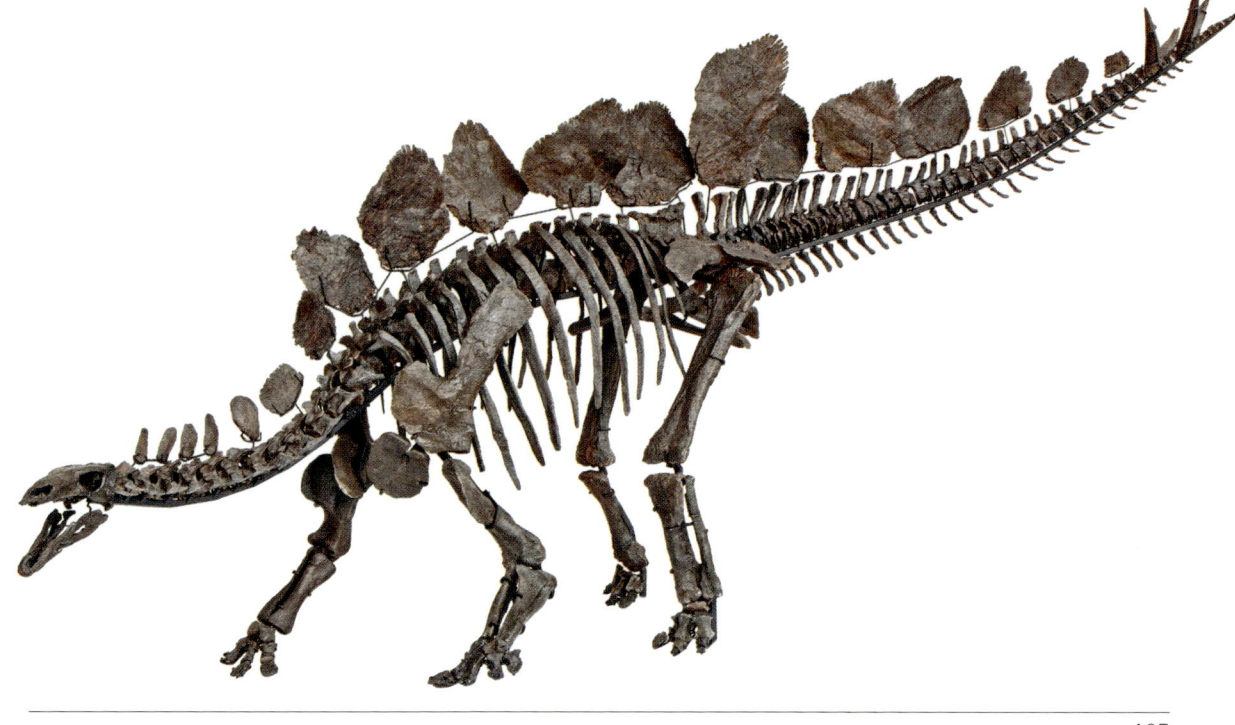

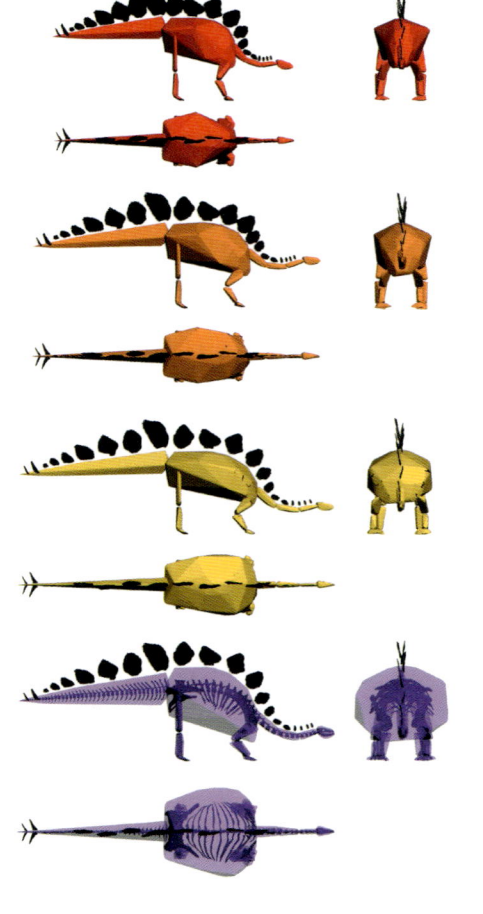

▲凸包法というデジタルモデリング手法では、体重推定をするために、ある動物の骨格をくるんでいた軟組織の総量を推測する。ここで問題になるのは、その動物が生きていたときに実際にどれだけ軟組織を持っていたかを正確に知るのは不可能な場合が多いということだ。本図は、ステゴサウルスの凸包法モデル。それぞれ、軟組織の量が少なかった場合、中程度だった場合、そして多かった場合を示している。

な筋肉をもっていた）は考慮に入れないので、存在したはずの軟組織の量を常に過小評価してしまうことだ。ただ、現生動物に凸包法を適用してみると、この手法で推定された体重が、実際の体重と非常に近くなることが分かっている。つまり、凸包法は正しく適用すればかなり正確に体重を推定できるということだ。凸包法は、ロンドンの自然史博物館所蔵のステゴサウルス *Stegosaurus* などいくつかの恐竜骨格にすでに適用されている。このステゴサウルスは、関節がすべてつながった状態の完全な骨格であるため、この手法の適用には理想的な標本である。

　ここで見てきたように、体重を推定する方法がいくつか存在するわけだが、ある手法が他よりも良い手法ということはあるのだろうか？　違う手法で体重を推定すると、異なる結果が出ることがよくある。大型のティラノサウルスの標本に基づいた体重推定値は、4tから、やや信じがたい18tとばらついている。また、南米で発見された巨大な竜脚類、ドレッドノータス *Dreadnoughtus* の推定値は、約40tから60tという範囲だ。どちらも、手法によって、体重推定にかなりの違いがあることがわかるだろう。このようにばらつきがあることから考えると、推定法のなかに他より信頼性が高いものがあるということが言えるかもしれない。

　2015年、シャーロット・ブラッシー（Charlotte Brassey）とその共同研究者は、異なる2つの体重推定法を比較した。まず凸包法を使い、自然史博物館のステゴサウルスの体重を1.5tと推定した。この数値は、他の複数のステゴサウルスの四肢骨標本の周囲長データに基づいて得られた推定値（最大3.7t）に比べ、小さかった。この違いはどこから来たのだろう？　このような差が生じた理由は、どちらかの方法に欠陥があったからではない。自然史博物館の標本が、成長途中で死んだために、成体の大きさに達していなかったのに対し、体重推定値が大きく出た推定に使われたそれ以外の標本は、成長しきった成体だったからだ。四肢骨の測定値に基づいた体重推定法は成体の恐竜に対して最も正確なのに対し、凸包法はどんな大きさの恐竜にも使うことができる。

　絶滅した恐竜の体重を推定する方法がたくさんあればあるほど、それぞれの結果を比較して、より正確な推定が可能になり、より現実に近い結果を得ることができるようになるだろう。だが、恐竜の体重推定値のばらつきが、恐竜の個体群のなかに実際に存在した体重のばらつきを反映している場合も

第 3 章　恐竜の解剖学

あるだろう。たとえば、ティラノサウルスの標本のなかには、他の個体より
もはるかに筋肉が発達しており、したがって体重もはるかに重かった個体も
いたかもしれない。この点については、このあと続けて議論する。

筋肉とその機能

　あらゆる脊椎動物がそうであるように、非鳥類型恐竜も複雑な筋肉系を持
っていた。多くの筋肉は、骨に付着している。脳と脊髄から送られてきた神
経インパルスnerve impulseを受けて筋肉が活性化すると、骨に対して引っ
張る力が働き、その結果、動物は骨をさまざまな関節で動かすことができる。
骨格の内側にある臓器には、これとは別の種類の筋肉が付いている。たとえ
ば、腸intestineを収縮させ食物を運ぶ筋肉、心臓heartを形成し血液を送り
出す筋肉、そして、まぶたや鼻孔nostrilを動かす筋肉などだ。

　非鳥類型恐竜の筋肉に関する解剖学的な理解はほぼすべて、23ページで紹
介したブラケッティング法bracketingから推測されたものだ。つまり、系統樹
phylogenetic tree上で非鳥類型恐竜をはさんでいる現生ワニ類や鳥類の筋肉を
観察し、そこから得られた知見に基づき、非鳥類型恐竜の筋肉を復元している。
また、骨表面の隆起や粗面、さらに、翼や指のような形の突起も、恐竜が生き
ていたとき、筋肉がどのように付いていたかを教えてくれるのだが、この観察
結果と、ブラケッティング法による恐竜の筋復元をあわせることで、より深く
恐竜の筋肉を理解することができる。骨の上に存在する、筋間線intermuscular
lineと呼ばれる明瞭な隆線も、筋肉の付着位置を特定するうえで役に立つ。

　一方で、現生動物の筋肉が、恐竜の骨格に見られる、骨表面の粗面、骨の
隆起、その他の構造から得られる筋復元と、必ずしも一致しない場合がある
ことも知っておく必要があるだろう。つまり、非鳥類型恐竜の筋肉解剖学に
関する見解の少なくとも一部には、まだ議論の余地があるということだ。多
くの筋肉には、そのような問題はない。なぜなら、ブラケッティング法に基
づいた、それらの筋肉の位置の復元については、精度が高いと言えるからだ。
恐竜の顎、胸、腕の筋肉、そして、首、背中、尾に沿う筋肉と、肋骨に付着
している筋肉の位置の復元には確信が持てる。

　非鳥類型恐竜の下腿の筋肉は、現代の鳥類のものと似ている。というのも、
脛骨の大きな突起、とりわけ、脛骨の前面の最上部にある、前方に突き出た
脛骨稜cnemial crestを見れば、盛り上がり発達した筋肉がそこにあったこ
とがわかるからだ。脛骨の後面にも同様の盛り上がった筋肉が存在した。中
生代のほぼすべての恐竜が、今日の鳥類と同じような棍棒のような形をした
脛だったに違いない。

▼現生動物から得られる情報
と、化石骨の表面の粗面や隆起
をあわせて考えることで、古生
物学者は、非鳥類型恐竜の筋肉
の配置や大きさを復元できる。
本図は、鳥脚類恐竜ヒプシロフ
ォドンHypsilophodonの後肢
の筋肉を復元したもの。

107

脛骨稜
(cnemial crest)

▲ほぼすべての恐竜の脛骨には、脛骨稜と呼ばれる目立った三角形の突起がある。これは、すねの前面を覆っていたであろう、大きく盛り上がった筋肉が主に付着する部分であった。写真左側は、鳥脚類のマンテリサウルス、右は獣脚類メガロサウルス *Megalosaurus* の脛骨。

非鳥類型恐竜の体のなかで、最大であると同時に最も興味深い筋肉の1つが長尾大腿筋m.caudofemoralis longusだ。この、長く分厚い筋肉は、片方が、第4転子fourth trochanter（大腿骨の後ろ側にある、隆起部または指状の突起）に、もう一方の端が、尾椎caudal vertebraから横向きに伸びる突起に、それぞれ付着している。この筋肉は、現在のトカゲやワニ類にも見られ、歩行において最も重要な筋肉の1つである。歩行または走行している際に、大腿骨を後ろ向きに引っ張り、体を前方に進める働きを持っている。

この長尾大腿筋は、大腿骨の中でも特に目立つ構造である第4転子に付着しているため、この転子の大きさ、形状、位置の変化から、恐竜の筋学的特徴の変化について、興味深いことがいろいろとわかる。鳥盤類の恐竜たちは、さまざまな形状の転子を持っている。単純な隆起だけの第4転子をしているものもいれば、大腿骨の後端から下向きに突き出して、スパイク状、もしくは指状の突起になった第4転子を持つものもいる。これらの形状の違いは、それぞれの鳥盤類グループで使われていた、異なる歩行、走行様式を反映している。単純な隆起の第4転子は、四足歩行恐竜に多く見られ、スパイク状の第4転子は二足歩行恐竜によく見られる。筋肉をどう使うかが転子の形状に大きな影響を及ぼすことは、現在の動物から知られており、これらの違いは、四足歩行鳥盤類の尾大腿筋の解剖学的特徴が、二足歩行鳥盤類のものとは大きく異なっていたことを示している。

もう1つの重要な第4転子の進化が、コエルロサウルス類Coelurosauriaに見られる。このグループの恐竜の第4転子は、進化に伴い、明瞭な分厚い盛り上がりだったものが、低い粗面だけになり、やがて完全になくなってしまった（現在の鳥類の大部分も完全になくなっている）。この変化が起きた原因は、恐竜が歩行に使う筋肉を、尾大腿筋から、臀部に付着している筋肉へと切り替えたことだと推測される。尾大腿筋が小さく、弱くなるにつれ、第4転子も小さくなっていった。尾大腿筋がそれほど重要ではなくなると、尾も小型化し、細く短くなった。他のほぼすべての恐竜グループとは対照的に、マニラプトル類は、尾をかなり小さく、短くし、テリジノサウルス類、オヴィラプトロサウルス類Oviraptorosauria、そして鳥類のように、極端に尾が短いグループが誕生したのである。

多くの竜脚類、アンキロサウルス類やその他の恐竜では、尾の付け根あたりの椎骨vertebraから、がっしりした翼のような構造が横向きに突き出しており、ここには巨大な筋肉が付いていたことを物語っている。この筋肉がいかに巨大であったかを正確に推定するのは難しく、その大きさや、どのように機能していたかについての研究は、これまでほとんど行われていない。初期の研究では、鞭のような尾をしたディプロドクス上科Diplodocoidea、尾の先端がこん棒のようになったアンキロサウルス類、尾にとげのような突起があったステ

第 3 章　恐竜の解剖学

ゴサウルス類の尾の付け根に付いていた筋肉は、巨大で幅もあり、尾を強い力で体の横まで引いて、尾の先端を、鞭、こん棒、鎚矛（突起が多数付いたこん棒）などの武器として使えるのに十分な力を生み出せたことが示されている。アンキロサウルス類の専門家ヴィクトリア・アーバー（Victoria Arbour）が、コンピュータを使って行った研究では、尾は十分な力を作り出すことができ、また、尾の先のこん棒も骨を砕くだけの強度があったことを示している。

　いくつかの非鳥類型恐竜の筋肉量を、先行研究では過小評価してしまっていた可能性がある。たとえば、古生物学者も恐竜復元画家も、尾椎を前や後ろから見たとき、椎骨の上や横から伸びているさまざまな突起をかろうじて超える程度の薄い筋肉層しか復元しないことがよくある。しかし、生きているトカゲ類やワニ類の尾、あるいは鳥類の尾ですら、観察してみれば、尾椎は軟組織の奥深くに埋もれており、どの方向から見ても、骨の輪郭を分厚く覆うたっぷりした筋肉にくるまれている。

　その点を考慮して復元してみると、ハドロサウルス科やティラノサウルス科の尾は、たいていの復元よりも、幅広く、肉厚で、大きかっただろう。このように、恐竜の尾がもっと重かったと想定すると、恐竜の運動能力や、重心の位置についての考え方が変わるかもしれない。

　非鳥類型恐竜の筋肉がどこにどのようにあったかは、ある程度確信が持てる一方で、筋肉の大きさについては、正確にはわからないことが多い。現生動物

▼北米で発見された竜脚類ディプロドクスの尾椎は、上面から神経棘 neural spine と呼ばれる長い突起が出ており、下面からは血道弓 chevron と呼ばれる棒状の突起が出ている。さらに、横突起 transverse process と呼ばれる、翼のような形をした長い構造が左右から横に突き出している。この写真では、恐竜の胴体は右側にある。

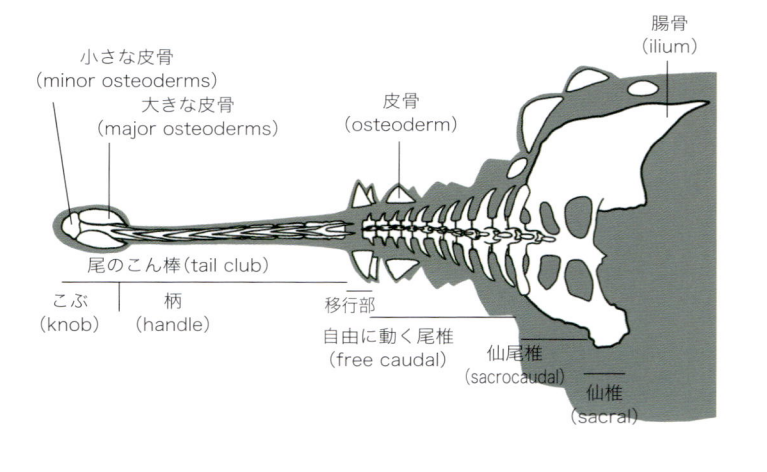

小さな皮骨
(minor osteoderms)

大きな皮骨
(major osteoderms)

皮骨
(osteoderm)

腸骨
(ilium)

尾のこん棒(tail club)

こぶ　　柄
(knob)　(handle)

移行部
自由に動く尾椎
(free caudal)

仙尾椎
(sacrocaudal)

仙椎
(sacral)

▲北米で発見されたアンキロサウルス科Ankylosauridaeのなかには、堅く、ハンドル状になった尾の先に、こん棒のような骨の塊が付いていたものがいた。尾の付け根は柔軟で、そこには骨でできたとげが何本も横に突き出していた。これらの恐竜の骨盤は、非常に広く、体全体も幅が広かった。

▼アンキロサウルス科の骨盤の後部には、大きな筋肉の付着部位があった。これらの筋肉は、尾にも付着していて、尾を強力な器官にしていたかもしれない。本図では、恐竜が右斜め前を向いている角度で骨盤が示されている。

を見ても、同じ種の個体間で筋肉の大きさはかなり異なる。このばらつきの原因は遺伝的な違いもあるが、個体がどのように成長してきたか、健康状態や、摂取した食料の質などにもよる。この筋肉量のばらつきは、ある個体が生きていたときにどのような姿だったかや、絶滅した動物の運動能力の推定にも大きな違いをもたらすかもしれない。また、たとえば、後肢の筋肉が大きな個体は、筋肉が小さいものよりも、かなり速く走れただろう。

このテーマは、ジョン・ハッチンソン（John Hutchinson）とその同僚らが発表した、デジタル・モデリング・プロジェクトで詳しく研究された。ハッチンソンは、ティラノサウルスのデジタルモデルを作成し、健康状態、食事、そして生活様式によって、細く軽い筋肉を持つ場合、大きく、厚みもあって重い筋肉を持つ場合、そしてその間の状態である場合を復元した。彼が作り出したモデルは、そのどれもが等しく正しい可能性があり、1頭の恐竜でさえも、体重や生きていたときの姿に大きなバリエーションがありうるということを如実に表している。

呼吸と気嚢システム

非鳥類型恐竜の骨が、哺乳類やトカゲなどの爬虫類のものに比べると、奇妙であるという考え方は、1850年代から出始めていた。19世紀にイギリスで発見されていた断片的な恐竜の骨からでさえも、非鳥類型恐竜の一部は、骨格が含気性（骨の内部に空気が満たされた袋、気嚢があり、その袋が憩室diverticulaと呼ばれる管で肺につながっているという構造を持つ）であったことは明らかであった。骨格が含気性であったかどうかは、骨の外側にある大きな孔（含気孔pneumatic pocket）で判断できる。含気孔は、体内にあ

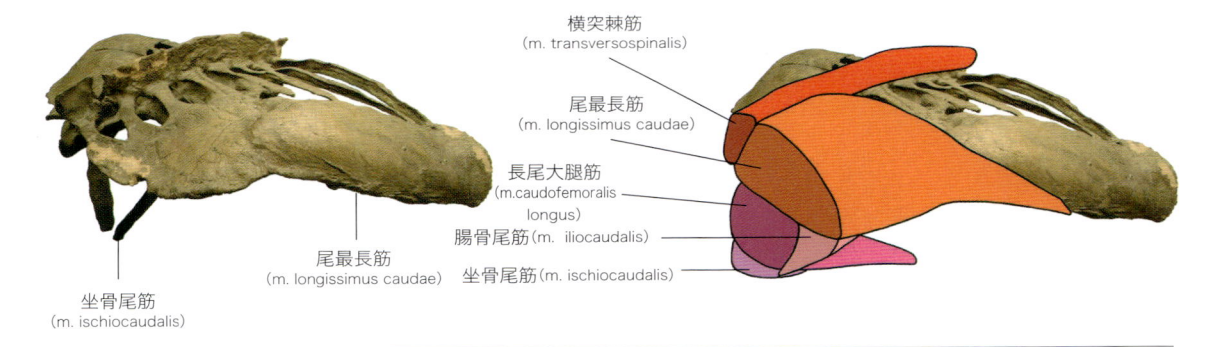

横突棘筋
(m. transversospinalis)

尾最長筋
(m. longissimus caudae)

長尾大腿筋
(m.caudofemoralis longus)

腸骨尾筋(m. iliocaudalis)

坐骨尾筋(m. ischiocaudalis)

尾最長筋
(m. longissimus caudae)

坐骨尾筋
(m. ischiocaudalis)

第３章　恐竜の解剖学

る大きな袋につながっている。このような気嚢システムは、鳥類の骨格にはごく普通に見られるもので、今では、非鳥類型恐竜でも広く見られたことが知られている。絶滅した獣脚類のほぼすべてがこのシステムを持っており、多くの竜脚形類もこのような気嚢を持っていた。

　恐竜の他の系統で見てみると、鳥盤類は、含気性骨格を持っていなかったことが分かっている。さらに、最初期の竜脚形類と獣脚類では、かなり貧弱な気嚢システムしか発達していなかった。これらの種では、2、3個の椎骨のみ含気性であり、また、含気骨pneumaticityをまったく持っていない種も含まれていた。だが、翼竜類Pterosauria（鳥類を含む鳥頸類という主竜類の系統のなかには含まれるものの、恐竜からは遠い親戚）が含気性の骨を持っており、気嚢の進化の全体像はさらに複雑なものになっている。

　初期の恐竜やその近縁種の間で、気嚢システムがどのように進化したのか、私たちはまだ完全には理解していない。初期の恐竜が、進化上、別々のタイミングで複数回、気嚢システムを獲得した可能性もあるが、恐竜の共通祖先は気嚢システムを持っており、その後、いくつかの系統で、独立して気嚢システムが失われてしまった可能性もある。この問題も、より多くの化石が発見されることで明らかになってくるだろう。

▼本図の簡略化された主竜類分岐図cladogram（この図では、獣脚類が竜脚形類に近縁な「伝統的」な系統樹となっている）が示すように、含気性骨格は翼竜類と竜盤類が共有する特徴だが、鳥盤類および、マラスクスMarasuchusのような初期恐竜形類では、まだ含気性骨格の存在は確認されていない。気嚢は、数回、独立に進化したのかもしれない。

　鳥類の気嚢は、骨の内部にあるだけではない。体腔の大部分にも、大きな気嚢が配置されており、首の両側の1対、叉骨の近くの大きな1個、胸部と腹部にある3対の気嚢がある。どの気嚢からも、憩室と呼ばれる管が出ており、この管が近くの骨に接することで、骨が含気性になっている。頸椎内部の気嚢は、首の両側の気嚢につながっているし、それより後方の椎骨やその他の骨には、胸と下腹部の気嚢から伸びた憩室が入り込むことで、内部が空気で満たされている。

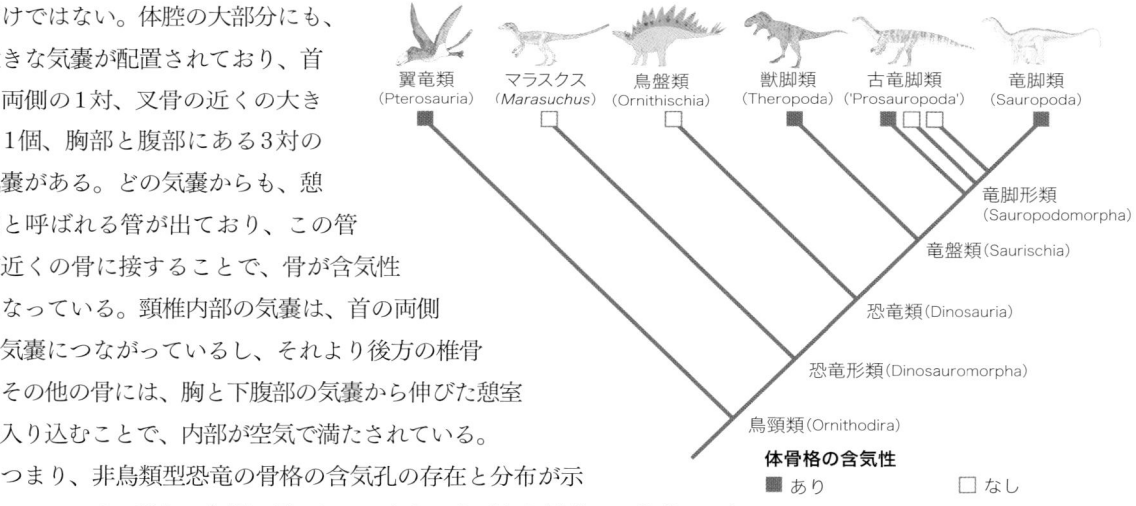

　つまり、非鳥類型恐竜の骨格の含気孔の存在と分布が示しているのは、現在の鳥類に見られるようなさまざまな気嚢が、恐竜にも存在していたということだ。首の両側にある気嚢は、獣脚類と竜脚形類の進化のかなり初期に出現したということができる。というのも、これらの恐竜の大部分が、頸椎骨に含気孔を持っており、その含気孔は気嚢につながっていたと推測されるからだ。また、獣脚類と竜脚類は多くの種類で、骨格の首以外の部分に、胸と腹の気嚢につながっているとおぼしき孔を持っているため、

111

これらの恐竜は、進化史上のほとんどの期間、胸気嚢thoracic air sacと腹気嚢abdominal air sacを持っていただろう。さらに、数種の獣脚類、ディプロドクス上科、ティタノサウルス類Titanosauriaには含気性の叉骨と肩帯が見られるため、鎖骨気嚢clavicular air sacも一部の非鳥類型恐竜には存在していたと考えられる。これらの証拠から、恐竜の多くのグループが、現在の鳥類のものとよく似た気嚢システムを持っていたことが、はっきりとわかる。

このような複雑な気嚢システムが存在したことは、恐竜の生物学的側面に関していくつかの意味を持っている。1つには、これらの恐竜は、これまで考えられていたよりも軽かったはずだということがある。体内のかなりの部分を、組織や体液ではなく、空気が占めていたなら、気嚢を持たないものに比べ、体の密度が低かったことになる。気嚢システムに特に関心を抱いている竜脚類の専門家、マシュー・ウェデル（Mathew Wedel）は、ディプロドクスは、気嚢システムがある場合、約10%体が軽くなると推定した。

▶生きている鳥は、一連の大きな気嚢システムを体全体にわたって持っているが、それらの気嚢はすべて、肺につながっている。このような気嚢は、いくつかの非鳥類型恐竜のグループにも存在したという明確な証拠がある。

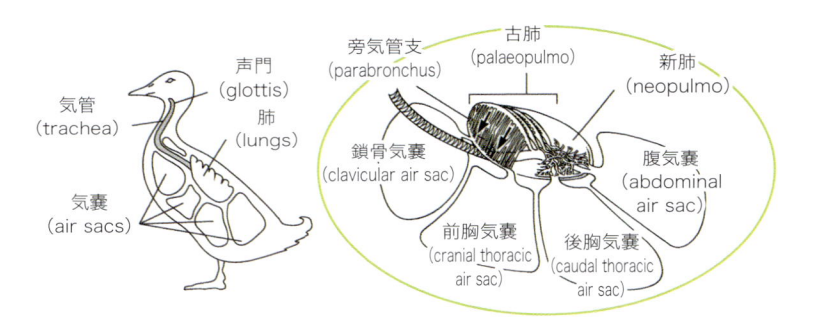

骨格に気嚢システムができたことは、少なくとも一部の恐竜たちの体型を変えた。たとえば竜脚類では、椎骨の全身に対する大きさが、他の大型動物に比べて大きい。その理由は、より大きく複雑な気嚢が進化していく過程で、椎骨が外に向かって広がったことにあるようだ。竜脚類がなぜこのような方法で椎骨を大きくしたかはまだわかっていない。それによって、椎骨にある筋肉付着部が大きくなり、より大きく強力な筋肉が付着できるようになったからか、あるいは、これらの大型化した椎骨には、脊柱の弱い部分を保護する機能があったからかもしれない。

この傾向が何によって起きていたかはともかく、椎骨に多くの空気が含まれていたという事実は、これらの椎骨は、その大きさの割に非常に軽かったということを意味する。ウェデルの計算では、巨大な竜脚類恐竜の頸椎の総重量は、その恐竜の腕の骨1本と同じ重さだった。竜脚類（および獣脚類）がそのような軽い首を持つことができたという事実は、非常に長い首を進化

第 3 章　恐竜の解剖学

させられた理由を説明する手掛かりになるだろう。含気性ではない骨を持つ動物（哺乳類など）の首の骨が、仮に竜脚類のものと同じ大きさだったとすると、それは相当重かったはずだ。

　骨格ならびに体腔の大部分を、常に大量の空気が流れていたのなら、これらの恐竜は、この体内気嚢システムを使って、不要な熱を外に排出することもできたはずだ。大型竜脚類の巨大な筋肉や内臓（たいてい、あるいは常に発酵中の植物に満たされていた）が、大量の熱を発していたことはほぼ間違いない。一部の専門家たちは、その温度は危険なほど高かった可能性があり、特別な放熱機構や、熱を逃がすための行動が必要だったのではないかと、以前から主張していた。気嚢システムは、放熱問題解決の決め手だったのかもしれない。

　このような気嚢や、含気性の骨を持っていたということは、竜脚類は、泳ごうと思えば水に浮かんだということだ。この点を検証するため、古生物学者のドナルド・ヘンダーソン（Donald Henderson）が、体内の空気も考慮して構築した竜脚類のデジタルモデルを使ってシミュレーションしたところ、竜脚類は大きなコルクのように、水に高く浮いたものの、不安定で、ひっくり返りやすかっただろうということがわかった。

　気嚢システムは、恐竜の発声能力にも貢献した可能性がある。現生鳥類の研究で、長い気管trachea、大きな気嚢、そして空気に満たされた胸骨が、声をより大きく、より低くしていることが示されている。竜脚類と大型獣脚類は、大きな声を出し、声による信号を長距離にわたって伝達できた大型動物だと考えられるため、気嚢を同じように使っていたのではないかと思いたくなる。今のところ、これは憶測にすぎないが、今後検証されることを期待している。

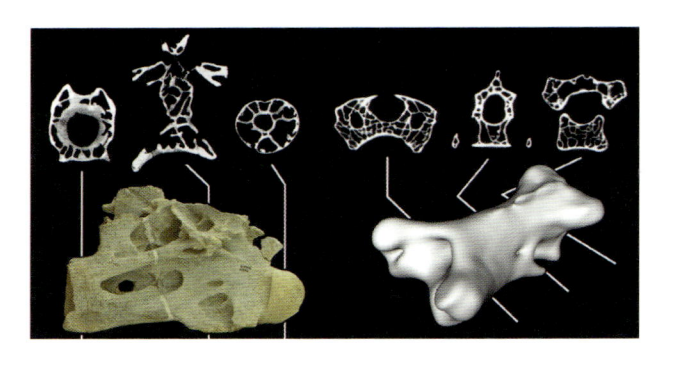

▲本図左のアパトサウルスの頸椎断面は、右の現在のハクチョウの頸椎断面とよく似ている。黒い部分は、骨の内部の空気。どちらの骨にもかなりの空気が含まれている。

▼竜脚類は体内に空気を大量に含んでいたため、かつて考えられていたよりも水に浮きやすかったに違いなく、したがって、水が深いところでは非常に不安定だっただろう。おそらく泳ぐことは避け、水辺では浅瀬を歩く程度ではなかったのだろうか。

2m

消化

　非鳥類型恐竜に消化器系があったことは間違いない。しかし、それがどのようなシステムだったのかを正確に検証することはほとんど不可能である。なにしろ、胃stomach、腸、その他の内臓は、化石として保存されることはほとんどないからだ。とはいえ、完全に化石がないわけではなく、

113

これに関してはこのあと紹介する。それでも、化石記録から得られるさまざまな証拠を組み合わせ、ある程度推測をすることは可能であり、また、系統ブラケッティング法もこの推測を助けてくれる。

すべての恐竜が、袋のように広がった胃と口をつなげる食道oesophagusと、終端部でやや膨らんで、そこに総排出腔cloacaが開いている腸を持っていたことは間違いない。しかし、もっと詳しく知ろうとすると、ブラケッティング法を使ってもあやふやな答えしか出てこない。その理由は、現生鳥類とワニ類とでは、消化器系がいくつかの点で異なっていることにある。

ワニ類は、食道の終端部に大きな胃を持っており、胃は、前方の噴門部cardiac sacと、後方の幽門部pyloric regionの2つに分かれている。鳥類の胃も2つの部分からなる。前方の前胃proventriculusと呼ばれる管状の部分（内壁にはうねがあり、粘液と酸が分泌される）と、後方にある砂嚢gizzardと呼ばれるより筋肉質の部分だ。砂嚢は、硬い食物をすりつぶすために表面がザラザラしていることが多い。多くの鳥は、ワニ類とは異なり、食道の途中に幅が広がった素嚢cropと呼ばれる部分を持っており、これは食物を蓄えるのに使われる。中国で発見された素晴らしい化石のおかげで、これら、素嚢、砂嚢、2つの部分からなる胃のすべてが、約1億2000万年前の白亜紀前期に生息していた鳥類にも存在していたことが明らかとなっている。

ワニ類と鳥類で、消化器系の解剖学的特徴が異なるということは、非鳥類型恐竜の消化器系はどのようなものだったか、確証は持てないということだ。恐竜の消化器系は、ワニ類のものと似ていたかもしれないが、鳥類と同じように素嚢や砂嚢を持っていたかもしれない。おそらく、非鳥類型恐竜は、さまざまな消化器系を持っていて、より鳥類に似た獣脚類は、鳥類に見られる特徴を持っており、そうでない恐竜のグループは、よりワニ類に似た消化器系だったと思われる。この見解は、化石で見つかった証拠によって支持されている。鳥類では、筋肉質の砂嚢内に胃石gastrolithがあって、食物をすり

▶ワニ類の消化器系は、基本的には鳥類のものに似ているが、素嚢は存在せず、また、胃の解剖学的特徴も異なっている。非鳥類型恐竜の特徴は、ワニ類と鳥類のどちらに近かったのだろう？　それとも、一部の恐竜はワニ類的で、他の恐竜は鳥類的だったのだろうか？

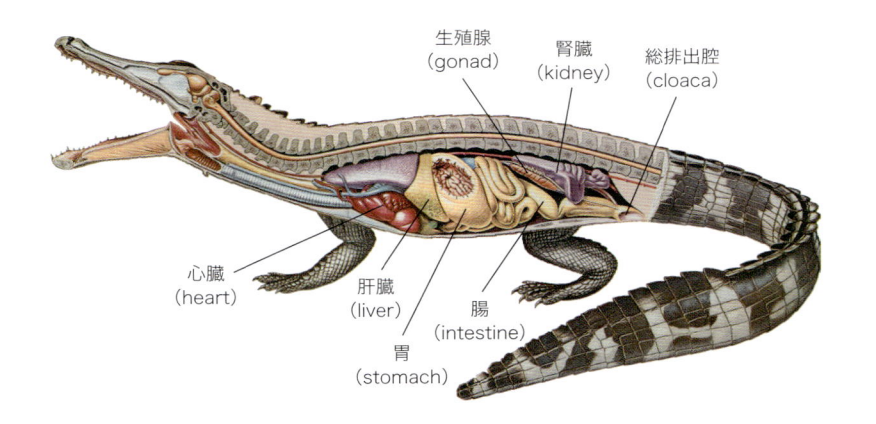

生殖腺
(gonad)

腎臓
(kidney)

総排出腔
(cloaca)

心臓
(heart)

肝臓
(liver)

腸
(intestine)

胃
(stomach)

つぶすために使われているが、同じものが、非鳥類型恐竜の中でも、オルニトミモサウルス類やオヴィラプトロサウルス類から発見されている。

　非鳥類型恐竜の大部分で、素嚢は確認されていない。しかし、素嚢とおぼしき、奇妙な膨らみが、ハドロサウルス科のブラキロフォサウルス*Brachylophosaurus*のミイラ化した化石に残されている。これが本当に素嚢なら、少なくとも一部の鳥盤類は、鳥類のものとは独立に素嚢を進化させたことになる。これは、ブラケッティング法は、絶滅したグループの解剖学的特徴を知るための、大まかな指針にすぎないということを思い出させてくれる事例だと言える。さらに言えば、ブラケッティング法によってさまざまな推測はできるが、他の恐竜グループも、独自の素嚢、または素嚢のようなもの、あるいは、独自の砂嚢のような器官を進化させた可能性もないわけではない。

　恐竜の内臓の解剖学的特徴に関する手掛かりは、ブラケッティング法以外にもある。内臓がそのまま保存されている、非常に珍しい化石があるのだ。それは、イタリアの白亜紀前期の地層から発見されたスキピオニクス*Scipionyx*の幼体juvenileの化石で、全長は23cmしかない。このスキピオニクスの化石は、ほぼ完全な状態で関節しており、欠けているのは、足と尾の先端だけだ。驚くべきは、このスキピオニクスは、腸が輪になっている部分が、胸と尾の付け根の間にほぼ完全に残されているのだ。総排出腔は、現生動物から想定されるとおり、尾の付け根の真下にある。

　食道の一部も残されており、尾の付け根には、筋線維の束と思われる平行な線が認められる。胃があったという直接的な証拠はないが、おそらく、胃に含まれていた強い酸によって、化石化が始まる前に溶けてしまったのだろう。内臓のなかにうろこや骨の断片が残されており、スキピオニクスが魚やトカゲを食べていたことを示している。

　また、恐竜に近縁ではないが、生活様式や食べ物が似ている現生動物に基づいて、非鳥類型恐竜の消化器系に関してある程度推測をすることができる。たとえば、竜脚類や、その他の大型植物食恐竜は、栄養価の低い植物を飲み込んで消化していた。現生動物では、カバ、ウシ、ゾウなどの草食動物が似たような摂餌戦略を取っている。イグアナ、（鳥の）ガン、ライチョウ、そしてダチョウなど、竜脚類により近縁の現生動物たちも、同様の戦略を取っているが、これらの現生動物は、後腸発酵hindgut fermentationと呼ばれる、

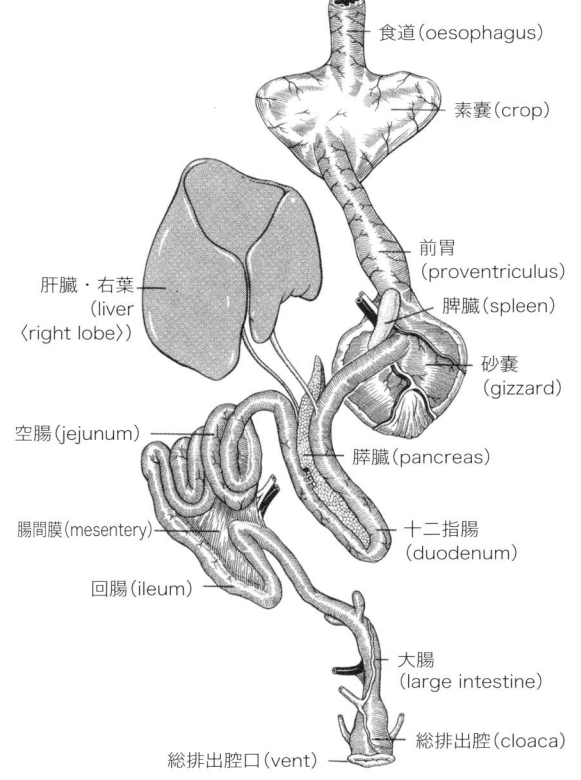

▲現生鳥類の消化器系は、口と胃をつなぐ1本の管である食道と、それよりもはるかに長い、胃と排出腔をつなぐ腸とからなる。食道の途中に、素嚢と呼ばれる膨らんだ部分があることが多い。胃の一部は、筋肉質の砂嚢になっている。

▶写真の、現在唯一のスキピオニクスの化石には、内臓と筋線維が保存されている一方で、体を覆う外皮はまったく残っていない。大きな歯と、手の大きな鉤爪は、この個体はごく幼いにもかかわらず、親の世話を必要としていなかったことを示唆している。

食べ物が胃にはあまり滞在せず、消化の大部分が腸で行われるシステムを持っている。彼らの腸は非常に長いが、消化自体は比較的非効率で、ほとんど未消化の植物片が糞に大量に含まれることになる。竜脚類も後腸発酵を行っていた可能性があり、その消化器系の解剖学的特徴は、現生の後腸発酵動物のものとさほど違わなかったかもしれない。

恐竜が生きていたときの姿

　ここまで、恐竜の骨格、筋肉の位置や形、消化器系や気嚢システムなどの、非鳥類型恐竜の解剖学的特徴の大部分について学んできた。つまり、良好な保存状態の化石に基づいて非鳥類型恐竜の、体型や大きさについて、確信を持って述べる準備ができてきたと言える。さて、ここまで学んだ情報から、非鳥類型恐竜の内部の様子は詳しくわかったが、外側の解剖学的特徴についてはどうだろう？　生きていたとき、恐竜はどのような姿だったのだろう？

　かつて何十年も前、非鳥類型恐竜は、たるんだ太めの体型で、小さな痩せた筋肉しかない動物として描かれていた。この状況は、恐竜ルネサンスを経て変化した。今では、非鳥類型恐竜（ならびに中生代の鳥類）は、軽量で細身の体型をしており、四肢は筋肉質で隆々としているが、首、体、そして尾はすらっとした動物として描かれている。この、「スリムな」恐竜は、現在知られている恐竜の解剖学的知識に照らし合わせると、ある程度正しいのだが、研究者たちもイラストレーターたちも、やりすぎのきらいがある。脚の筋肉を大きくした一方で、脂肪とたるんだ皮膚を取り除き、尾は細く骨張りすぎ、顔面は、薄皮一枚

▼非常に良い保存状態で化石化したスキピオニクスの腸は、生きていたときと同様に、輪の形で保存されている。腸の表面の細かいひだや、顕微鏡でなければ観察できない微細な解剖学的特徴もいろいろと見ることができる。

が覆っているだけになってしまった。その結果、栄養不良のような、というよりむしろゾンビのような復元図や復元模型になってしまっている。そこには、恐竜が生きていたときには間違いなく存在した軟組織、たとえば、植物食恐竜の大きな腸やぽってりしたお腹や、長く強い尾をした恐竜が持っていたに違いない、幅の広い尾の筋肉が欠けていることが少なくない。このような復元になってしまう現象は、「シュリンク包装復元shrink-wrapping」（商品などにプラスチックフィルムを密着させ、密封加工する包装法で、しわが寄ったフィルムが商品の表面に密着したような仕上がりになる。ここでは、恐竜の骨格に、軟組織がほとんどない状態で皮膚が張り付いているだけのような復元図を揶揄する呼称として使われている）などと呼ばれている。ようやく最近になって、動物が生きているときの姿により注意して復元を行うイラストレーターや古生物学者が台頭してきた。本書で紹介してきたCTスキャンやデジタルモデリングなどの最新技術の活用や系統ブラケッティング法などの、新しい科学的アプローチが普及してきた結果、古生物学者は、絶滅した恐竜の解剖学的特徴を、よりよく再現できるようになったわけだ。また、新たな化石の発見も続いており、なかには、恐竜が生きていたときの姿について、わくわくするような、あるいは、驚くようなデータを提供してくれる化石もあるという事実も重要だ。

非鳥類型恐竜がどのような顔をしていたかについては、未だ議論が続いている。ブラケッティング法に基づく推定によると、非鳥類型恐竜の顔や頬を覆う筋肉があった可能性は低いので、顔の復元する際には、下にある頭蓋骨の形とあまり違いがないようにするべきだ。しかし、多くの非鳥類型恐竜の顎の縁には、一部の科学者たちが肉厚の唇や頬があった証拠だと解釈する特徴がいくつもある。具体的には、顔と下顎の側面に沿って歯列と平行に存在する、一列に並んだ小さな孔や、隆起などだ。このような構造を考えると、恐竜のなかには、トカゲやヘビの唇のような構造を持っていたものがいたと考えるのが合理的だろう。唇のような構造があれば、顎を閉じているとき、歯茎を湿った状態に保ち、口を固く閉じることができただろう。また、植物を切り取ったりすりつぶしたりしていた恐竜は、食物を口の中に留めておきやすくするために、頬のような構造を持っていたのかもしれない。現生爬虫類で頬を持つものはいないが、鳥類では、皮膚で頬のような構造を形成する種類（フラミンゴ、コンドル、オウムなど）がいる。

▼非鳥類型恐竜の鼻孔開口部は、顔面上で鼻孔の後方にあたる部分に描かれることが多い。だが、これは間違っているかもしれない。一部の専門家は、顔面の鼻孔開口部は、もっと前方、口に近い位置にあったと主張している。また、非鳥類型恐竜に唇があったかどうかについても意見が分かれている。

頭蓋骨で見られる鼻孔

後方に描かれている伝統的な鼻孔開口部の復元

新しい仮説：口に近い鼻孔開口部の復元

たしかにこの説は理に適っているようだが、「理に適っている」ことは、「証拠によって十分支持されている」こととは違う。近年、ラリー・ウィトマー率いる解剖学者らのチームが、恐竜の顔の軟組織の復元を目的として、非鳥類型恐竜の頭蓋骨を調べた。彼らが導き出した結論のなかには、非鳥類型恐竜の姿に関して、これまでの学説とは真っ向から対立する、驚くべき新説もいくつかあった。ウィトマーは、現生のカメ類、ワニ類、鳥類における鼻孔の位置や、血管が通っていた骨の孔や溝に基づいて、少なくともいくつかの恐竜では、顔面の鼻孔開口部は、通常復元図に描かれるような、頭蓋骨の鼻孔後方ではなく、鼻孔の前方、上顎の端に近い前方に開いていたと主張している。ウィトマーはまた、頭蓋骨の鼻孔が額よりもはるか後方に位置している竜脚類についても、鼻孔開口部は、鼻孔後方に位置していたと主張している。

　ウィトマーと同僚らは、さらに、非鳥類型恐竜には、頬や唇に似た構造はおそらくなく、ワニのように、皮膚は顔面に密着して歯はほぼむき出しだったか、あるいは、顎の縁に沿って、硬化した皮膚でできたくちばし状の構造が延びていたかのいずれかだと主張している。鳥盤類には、上下の顎の前端を覆うくちばし組織が間違いなくあったことは、保存の良い化石によって知られている。くちばしのような組織が、顎の後方にも続いていたという説に基づいた復元図では、よく描かれる、頬がある復元図に比べ、鳥盤類の顔はずいぶん奇妙なものになってしまう。

　非鳥類型恐竜の体は、どのようなもので覆われていたのだろう？　多くの恐竜種の化石で保存されている、うろこに覆われた皮膚は、イラストレーターによってしばしば描かれるような、分厚くてしわが寄った状態ではなく、うろこが鎖かたびら状、もしくはハニカム状に配置され、大きなピラミッド型のうろこが散在することもある。大部分のうろこは小さく、密に配列されており、2、3m先からは、滑らかな皮膚に見えただろう。非鳥類型恐竜の皮膚の化石は、保存状態が良好なものが多く知られており、皮膚の表面について多くのことが知られている。最も有名な例には、カナダの白亜紀後期の地層から発見された、ミイラ化したハドロサウルス科の化石が数点ある。

　多くのイラストレーターたちは、非鳥類型恐竜の首、背中、尾から、針、フリルfrill、そしてとげが飛び出している復元図を描いてきた。これは、現生トカゲ類に見られる特徴に基づく推測である。今では、非鳥類型恐竜のなかに、本当にこのような特徴を持っていたものがいたことが知られている。獣脚類のケラトサウルス*Ceratosaurus*は、背骨

▼鳥盤類では、角質が上下の顎の先端を覆っていたことが知られている。しかし、本図のケラトプス類、レプトケラトプス*Leptoceratops*の復元図のように、硬い角質が顎の縁を後方まで覆っていたのか、それとも、くちばしの後方に頬があったのかは定かではない。

▲上の写真の、カナダのアルバータ州で発見されたエドモントサウルスの交連骨格には、ときどき皮膚片（または皮膚片によって残された印象）が残っていることがある。

▼下の写真の、エドモントサウルスの化石化した皮膚片には、うろこに覆われた大きな恐竜には一般的な、小型で丸みのあるうろこが、重なり合わずに並んでいる。皮膚がこのような状態で保存されるには、乾燥した環境が必要。

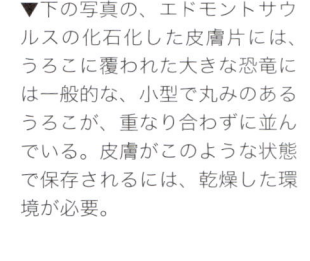

に沿って、骨質のこぶknobが並んでいた一方、ワイオミング州で発見されたディプロドクスに似た竜脚類では、尾に並ぶ高い三角形のとげが発見された。これらのこぶやとげをどれくらいの恐竜が持っていたのかは、まだわかっていない。ケラトサウルスは、他に類を見ないほど装飾が派手な獣脚類だったのか、それとも、近縁の獣脚類の多くが、これと同様の装飾を持っていたのだろうか？　同様に、背中のとげは、ディプロドクスだけのものだったのか、それとも、すべての竜脚類、もしくは竜脚形類で見られたのだろうか？今後のさらなる発見で、これらの疑問は解決されるだろう。

　ミイラ化したハドロサウルス科からは、非鳥類型恐竜の一部のグループには、とさかやフリルがあったこともわかっている。縁が鋸歯状をしたフリルや、杭柵（くいしがらみ）のようなフリルのあるハドロサウルス科が数種知られている。とさかcrestのある種では、これらのフリルが頭部の骨質のとさかの後端に接続しており、とさかと体がフリルでつながっていたことを示唆している。

　保存状態は悪いが、想像をかき立てる印象化石も数点存在しており、どうやら一部の恐竜には、さらに別の種類の軟組織構造が存在していたようだ。アジアのティラノサウルス科、タルボサウルスTarbosaurusの化石には、下顎の下に、のど袋のようなものが保存されている標本がある。同様のものが、オルニトミモサウルス類のペレカニミムスPelecanimimusにも見られる。さらに、巨大なケラトプス類、トリケラトプスTriceratopsのある化石では、横腹や背中を覆ううろこの一部が残っていて、うろこの中心に短いとげが生

第3章　恐竜の解剖学

えている。

　非鳥類型恐竜の外見に関する非常にわくわくするニュースの中で特に気になるのが、羽毛や繊維状構造、その他の類似の構造を持つ化石が続々と発見されていることだ。古生物学者たちは、数十年にわたり、鳥類に近縁な獣脚類（おそらく、すべてのマニラプトル類、あるいは、すべてのコエルロサウルス類）は、羽毛に覆われていた可能性が非常に高いと考えていた。この仮説が確かめられたのは、1990年代後半のことだ。中国遼寧省の白亜紀前期の地層で発見された見事な化石のおかげで、オヴィラプトロサウルス類、ドロマエオサウルス科、トロオドン科Troodontidae、そしてそれらに近縁のマニラプトル類のグループは、間違いなく羽毛で覆われていたことが明らかになった。彼らの手、前腕、尾の先、そしてときには後肢からも、長い羽毛が伸びていた。顔面や口吻の大部分は、うろこではなくふさふさしていたのだ。体は短い羽毛で覆われ、少なくともこれらの恐竜の一部では、足とつま先にも、やはり毛や羽毛が生えていた。

　マニラプトル類の中で最も有名なものの1つ、ヴェロキラプトルVelociraptorは、白亜紀後期の砂漠の地層から発見された。羽毛や、その他の軟組織は、めったに保存されない環境である。しかし、この恐竜の骨に見られる証拠から、かつて体に羽毛を持っていたことが明らかになった。ヴェロキラプトルの腕の尺骨の表面に、等間隔に並ぶ小さな突起は、現生鳥類に

▼羽毛が保存されている、小型マニラプトル類獣脚類の化石は、分厚い羽毛が体を覆っていたことを示している。いくつかの種では、ふさふさしたとさかと、長い手、腕、脚、足、そして尾の羽毛が保存されている。本図は、白亜紀初期の中国の岩で発見されたジンフェンゴプテリクスJinfengopteryx。

おいて、羽柄の末端をしっかりと固定する役割を担う、羽柄痕quill knobに極めてよく似ている。ヴェロキラプトルに羽柄痕が確認されたことで、今後、非鳥類型恐竜で、羽そのものが保存されていなかったとしても、羽柄痕から羽があったと証明できる手掛かりになるだろう。

　マニラプトル類ではないコエルロサウルス類に属する恐竜の中には、複雑な構造を持った本当の羽毛には覆われていなかったものもいた。彼らはもっと単純な、毛のような繊維状構造に覆われていたのだ。遼寧省で発見された化石から、コンプソグナトゥス科Compsognathidaeとティラノサウルス上科はそのようなグループだったと判明している。遼寧省で発見された、全長が9mにも達する、ティラノサウルス上科のユウティラヌスYutyrannusには、長い繊維状構造のかたまりが保存されている。このような繊維状構造は、中国の獣脚類だけに見られるわけではない。ドイツのジュラ紀後期の地層から発見された2種の小型獣脚類、スキウルミムスSciurumimusとジュラヴェナトルJuravenatorや、カナダの白亜紀後期の地層から発見されたオルニトミモサウルス類の化石は、体と尾に繊維状構造が残されている。

　オルニトミモサウルス類のある化石では、前腕の骨に、暗色の縞模様があるが、これは、長い羽毛、もしくは羽毛のような構造が腕から生えていたあとと解釈されている。興味深いことに、このような模様は同種の幼体の標本には見られず、成体のみが長い羽毛を持っていたことを示している。これは、このような羽毛が異性にアピールする性的誇示sexual displayとして使われていたからかもしれない。

　これらの獣脚類に見られる体を覆うふさふさした体表から、コエルロサウルス類の中には、単純な繊維状の構造と、複雑な羽毛の構造の両方を持つものがいたことがわかるが、複雑な羽毛はおそらく、マニラプトル類だけのものだったかもしれない。現時点では、さまざまな非鳥類型恐竜に見られる繊維状構造は、真の羽毛の「祖先」だったと推測されている。このテーマについては、第5章で再び議論する。

▼モンゴルで発見された獣脚類ヴェロキラプトルの尺骨ulnaには、広い間隔で並んでいるこぶのようなものが観察される（図A、B）。これらは、現代の鳥類に見られる羽柄痕（図C）に非常によく似ている。鳥類では、翼を構成する大きな羽根がこれらの節に接続する（図D）。

第 3 章　恐竜の解剖学

　これよりも意外なのは、鳥盤類恐竜の一部が、髪の毛に似た繊維状構造を持っていたという事実だ。ケラトプス類のプシッタコサウルス *Psittacosaurus* のある標本では、尾の上面に長い毛髪状の繊維 filament が生えている。ジュラ紀後期のヘテロドントサウルス科 Heterodontosauridae、ティアンユロン *Tianyulong* は、体と尾の大部分が、やはり長い繊維に覆われており、また、ジュラ紀中期から後期にシベリアに生息した二足歩行の鳥盤類、クリンダドロメウス *Kulindadromeus* は、体の大部分が繊維状構造に覆われている他、ある部分ではよりも長いリボン状の繊維が生えていた。クリンダドロメウスはさらに、小さな板状の構造を持っており、その板状構造の後端からも細い繊維が生えていた。手足には小さなうろこがあり、尾の上面には、大きな四角い板状構造が対になって並んでいた。

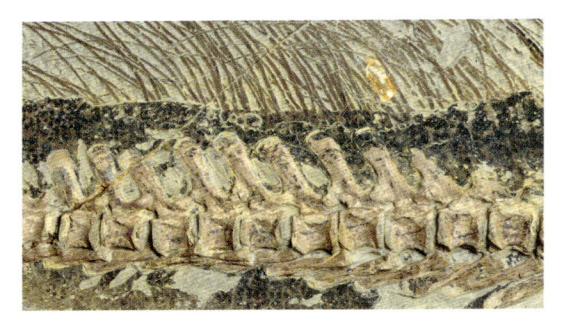

　獣脚類と鳥盤類の両方が繊維状構造を持っているということは、このような構造が恐竜の共通の祖先ですでに存在しており、すべての恐竜グループの初期の種に受け継がれたという可能性が高い。この説を支持する証拠になるかもしれないのが、主竜類の系統樹内で恐竜と近縁の翼竜類にも繊維状構造があるという事実だ。あるいは、これらの繊維状構造は、別々に独立して進化した可能性もある。恐竜がいかに多様であり、彼らに与えられた進化の機会はどのくらいあったのかを考えると、十分あり得る説だ。さらに、大部分の鳥盤類、すべての竜脚形類、そして初期獣脚類の多くでは、皮膚はうろこに覆われていたという証拠しかなく、鳥盤類では稀にしか見られない繊維状構

上　本図の中国のケラトプス類、プシッタコサウルスの完全な化石は、体の輪郭を保存しており、皮膚表面にうろこがあったことも分かっている。驚くべきことに、長く、湾曲した繊維状構造が尾の上面から生えていたことがわかる。

下　近くによって見てみると、プシッタコサウルスの尾に生えている繊維状構造は、扁平であることがわかるが、もともとは筒状で、中空だったかもしれない。また、皮膚深くから生えていることがわかる。

123

▶中国で発見された獣脚類シノサウロプテリクスの尾の付け根の皮膚（写真Aに矢印で示されている部分）には、顕微鏡なしには観察できない微細な丸いメラノソーム（写真B）が詰まった繊維が生えている。丸いメラノソームは赤と茶色をもたらす。

▶中国で発見された獣脚類でマニラプトル類のシノルニトサウルスの繊維（写真C）にもメラノソームが多量に含まれている。写真Bと同じ、赤と茶色をもたらす丸いメラノソームと、写真Dに示す、楕円形で整列した、黒と灰色をもたらすものの両方が存在している。

A

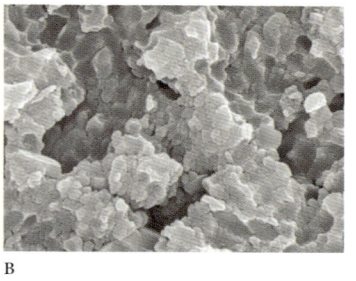

B

C

D

造は、鳥類に近縁な獣脚類の繊維状構造とは無関係である可能性のほうが高い。

　恐竜が生きていたときの外見について、最もよく尋ねられる質問の1つが、恐竜がどんな色をしていたのかがどうやってわかるのか、というものだ。つい最近まで、このように尋ねると、色を知るのは不可能で、イラストレーターは、ほとんど当てずっぽうに色を決めているという返事が返ってきた。この状況は、2010年、白亜紀の小型獣脚類シノサウロプテリクス*Sinosauropteryx*の繊維状構造から、メラノソームmelanosome と呼ばれる微細構造が報告されて一変した。メラノソームは、動物の体色を決定する色素を含む、顕微鏡でなければ観察できない粒状の構造で、メラノソームの形によって現れる色が違う。現生鳥類では、丸いメラノソームには赤や茶色の色素が、棒状のメラノソームには灰色や黒の色素が含まれている。シノサウロプテリクスのメラノソームの観察から、この恐竜は主に茶色の体色をしており、尾に沿って、茶色の縞模様があったと復元されている。2010年以降、さまざまな種類のメラノソームが、シノルニトサウルス*Sinornithosaurus*やミクロラプトルなど他の非鳥類型恐竜や、鳥群のアンキオルニス*Anchiornis*とコンフキウソルニス、そしてアンキロサウルス類のボレアロペルタからも発見されている。

　これまでのところ、これらの動物で発見が報告されているメラノソームはすべて、灰色、黒、茶色などのくすんだ色ばかりだが、例外的に、アンキオルニスの赤みがかったとさかが一例報告されている。アーケオプテリクスのメラノソームに関するデータは、有名な、1860年または1861年に発見され

第3章　恐竜の解剖学

た1枚の羽根featherの標本に基づいている。この羽根（翼の上面に生えていたもの）は黒いのだが、翼の上面がすべて黒かったのか、翼全体が黒かったのか、それともアーケオプテリクスの全身が黒かったのか、確実なことは何も言えない。

　恐竜の色に関する報告で最も注目に値するのは、ミクロラプトルの羽根に保存されていたメラノソームが、構造色性iridescence（光の波長以下の微細な周期構造によって光が干渉を起こし、物体が虹色に見える現象）を持つ黒色のメラノソームに特有の形状をしていたというものだろう。もしもこの観察が正しければ、ミクロラプトルは、虹色に輝く黒い恐竜だったことになる。一部の専門家は、ミクロラプトルの眼窩にある、多数の板状の骨が輪のように並んでできている強膜輪sclerotic ringと呼ばれる構造の大きさを根拠に、ミクロラプトルは夜行性だったという説を提唱している。しかし、羽毛が構造色を呈する現生鳥類はすべて昼行性で、普通、暗い場所で餌を探すことはないため、ミクロラプトルの夜行性説は正しくないかもしれない。だが、ここで決めつけないで、次の話も読んでほしい。

　じつのところ、これらの構造は本物のメラノソームではなく、化石化したバクテリアである可能性もある。この説は長い間検討されてきたが、現在ではほとんどの古生物学者が、これらの微細構造は本物のメラノソームだと考えている。だが、化石化したメラノソームの少なくとも一部は、化石化の過程で変形したと思われる。そのため、今観察できる形状から、本来の色を判断するのは間違った結論を導くことになりかねない。さまざまな色を持つ現生鳥類の羽毛を、土に埋めて加熱し、化石化の過程を再現する実験が行われている。これらの実験で使われた羽毛のメラノソームは、どんな場合も、最終的には灰色と茶色をもたらすメラノソームと同じような形状になってしまった。このことからわかるのは、化石の羽毛はもともともっと多様な色をしていたが、数百万年を経て、本来の見た目からは大きく変わってしまった可能性が高いということだ。もしもこれが正しければ、ミクロラプトルの生態について間違った結論を導いているのは、強膜輪ではなく、メラノソームのほうということになるだろう。

▼1860年または1861年に発見された、アーケオプテリクスの翼の羽毛は、表面全体にメラノソームが保存されている。メラノソームの観察から、この羽が黒かったことはほぼ間違いないと思われる。羽の長さはたった58mmで、翼の上面に生えていたもので、上側の初列雨覆羽primary covertだと思われる。

恐竜の生態と行動

第4章

BIOLOGY, ECOLOGY AND BEHAVIOUR

こ れまでの章では、恐竜の多様性や進化（第2章）、そして、恐竜の解剖学的特徴や外見（第3章）について学んだ。本章では、科学者たちがどのようにして多種多様な証拠と手法を組み合わせ、恐竜の生態を復元しているかを紹介する。非鳥類型恐竜non-avian dinosaursがどのように狩りをして獲物を食べ、動き回っていたか、代謝metabolismはどうなっていたか、どのように繁殖reproduction・成長・成熟したか、さらには、周囲の動植物とどんな関係にあったのかを探ろう。

恐竜の食性と採餌行動

　恐竜の生態のなかでも、常に研究されている分野が、食性と採餌行動だ。絶滅した動物が何を食べていたかを理解できれば、その動物の生活や行動を解釈するためのヒントが得られるからである。さらに言えば、顎と歯は解析や研究が容易である。恐竜の歯や顎の、全体的な形や一般的な特徴について基本的な観察を行い、そこから得られる知見を食性や生活様式に結びつけることは難しいことではない。この作業は、基礎的な解剖学の知識や現生動物との比較に基づく他、歯の表面に見られる咬耗痕の顕微鏡観察や、歯と頭蓋骨機能のコンピュータモデリング、そして、化石化した胃stomachの内容物や排泄物の発見などによっても示唆される。これらの手法はすべて、このあと紹介する。

　先端に近づくにしたがって後方に湾曲し、細かいギザギザの切り込み（鋸歯serration）がある幅の狭い歯は、「ジフォドントziphodont」（「剣のような歯」の意）と呼ばれる。このような歯は、現在の肉食性のトカゲやサメにも見られ、間違いなく動物を襲って食べる捕食者としての生活様式を示している。恐竜

第 4 章　恐竜の生態と行動

◀アメリカのジュラ紀後期の地層から発見されたアロサウルスなどの恐竜の頭蓋骨は、素早い開閉に適した顎関節を持っており、顎には後方に湾曲し、鋸歯のある歯が並ぶ。これらの手掛かりから、恐竜の生活様式と行動に関する洞察が得られる。

では、ケラトサウルス *Ceratosaurus*、メガロサウルス科Megalosauridae、アロサウルス上科Allosauroideaのような大型獣脚類Theropodaに特徴的である。ジフォドント歯は、幅が狭くて奥行が深い形状の鼻づらと、頭蓋骨skullと下顎の後ろ側につく、口を素早く強い力で閉じるための巨大な筋肉があった証拠を併せ持つ恐竜で見つかることが多い。

　これらの恐竜の顎関節からは、顎がハサミのように単純に開閉するだけで、横方向や前後方向の複雑な動きができたとは考えられない。歯と頭蓋骨がこのような解剖学的特徴を持つことから、素早い動きで容赦なく噛みつき、獲物を弱らせて殺し、さらには顎を上下に動かして、扱いやすい大きさに獲物を薄く切ったのだろうと推測される。

　このように、獣脚類の典型的なメンバーは獲物を襲って食べていたと考えられるが、すべての獣脚類がそうだったわけではない。スピノサウルス科Spinosauridaeには、細長い鼻づらと顎に、鋸歯のない円錐形の歯が並んでいた。これらの特徴は、現生ワニ類Crocodyliaにも見られるため、スピノサウルス科は魚食性の恐竜だったと解釈できる。スピノサウルス科の生活様式

◀カナダのアルバータ州で発見された、トロオドン科の歯。高さわずか2、3cmほどで、前縁の鋸歯は細かく、後縁には大きな鉤型の歯状突起denticleが並んでいる。肉と植物の両方を食べるのに使われた歯のようだ。

127

▲ヨーロッパで発見されたバ
リオニクス（上の写真）などの
スピノサウルス科の、長くて薄
い鼻づらと湾曲した顎は、現生
ワニ類と似ており、彼らが魚を
捕まえていたことを示唆してい
る。スピノサウルス科の歯は、
他の獣脚類の歯とはまったく違
っている。なぜならば、鋸歯は
極めて細かいか、もしくはその
ようなギザギザがまったくない
かのいずれかだからである。

次ページ　解剖学的研究、胃の
内容物、そして、その化石が発
見された場所などの証拠から、
バリオニクスは湖や川で大きな
魚を追い、その長い顎と巨大な
手の鉤爪で魚を捕らえたのだろ
うと考えられる。

と行動に関するデータからも、このことがうかがえる。スピノサウルス科以
外にも、いくつかの非鳥類型獣脚類グループが非常に細長い鼻づらをしてお
り、やはり魚を餌にしていた可能性がある。三畳紀後期とジュラ紀前期に生
息していたコエロフィシス上科Coelophysoideaと、ウネンラギア亜科
Unenlagiinaeと呼ばれる白亜紀のマニラプトル類Maniraptoraのグループ
がそれに当たる。しかし、他の動物を捕食する恐竜の中では、魚食性はごく
稀であった。

　これとはまったく対照的に、一部のティラノサウルス科Tyrannosauridae、
特にティラノサウルス*Tyrannosaurus*は、鼻づらや顎の幅が広く、頭蓋骨を
構成する骨が分厚いうえ、顎を閉じるための極めて巨大な筋肉が存在してい
た証拠が見られる。さらに、先端が丸まったずんぐりした歯を持っていた。
噛みついて骨を砕き、場合によっては骨をも食べたであろうハンターとして
の生活を指し示す特徴だ。胃の内容物や排泄物の化石（後出）など、他の情
報も、この解釈を支持している。ティラノサウルスやその近縁のティラノサ
ウルス科が、獲物の恐竜に噛みついて、相手の自由を奪い、絶命させたこと
はほぼ間違いない。死体を裂いて骨まで粉々に砕くことができた可能性もある。

　このような獲物を殺して食べる採餌スタイルは、細いジフォドント歯を持
った獣脚類の採餌行動とはまったく異なっていたと思われる。なぜなら、細
い歯と軽い頭蓋骨には、骨を噛み砕くのに必要な、大きな力に耐え得る強度
がなかったからだ。

第 4 章　恐竜の生態と行動

129

▶ティラノサウルスの歯は、鋸歯状のギザギザがある大釘のような形状で、獣脚類のなかでも、格段に大きい。他の獣脚類の歯よりも、骨を突き破るのに適していたようだ。歯の長さは顎内の位置によって大きく異なり、最も短い歯は前部と後部に存在する。

　くぎ型・葉型をした歯や、食べ物をすりつぶすための歯は、現在の植物食性の哺乳類や爬虫類に見られるため、その恐竜が植物食性だったという良い判断材料になるし、互いの歯が密着して1つのこすれ合う面を形成する歯の列や、長い刃のような縁をした歯も、植物食だった指標になる。植物食動物の歯の多くは、植物をどろどろ（パルプ状）にするために互いにこすれ合い、著しく咬耗してしまう。直接接触し合うことはめったにない、肉食動物の歯とは対照的だ。植物食性の非鳥類型恐竜には、じつにさまざまな形の歯がある。ディプロドクス上科Diplodocoideaなど、一部の竜脚類Sauropodaの歯は、細長い円筒状で、熊手のように並んでいた。

　これらの歯は、木の枝や、シダのような地面に生えている植物の葉をちぎるのに使われたようだ。また、他の竜脚類グループには、もっと歯冠が広く、

スプーンのような形の歯を持つものがいるが、このような歯は、細かく切り刻む作業に適していたようだ。多くの竜脚形類Sauropodomorphaと鳥盤類Ornithischiaの歯は、縁に粗いギザギザがついていて、矢じりや葉のような形の歯冠をしている。このような歯は、現在の植物食性トカゲのものに似ており、葉などの植物部位を細かく切り刻むのに適していたようだ。装盾類Thyreophoraはこのような歯を獲得したが、いくつかの系統では歯冠の側面に、窪みのような構造と、歯帯cingulaと呼ばれる、唇のような縁を獲得している。これらの構造は、植物である餌を、噛みながらすりつぶしやすくしたと推測される。

　鳥脚類Ornithopodaでは、出現した当初のイグアノドン類Iguanodontiaがギザギザのある、葉のような形をした歯を持っていたが、やがて、1つひとつが大きくて、ぎっしりと密に並んだ歯を持つようになった。このグループの究極とも言えるのがハドロサウルス科Hadrosauridaeである。ダイヤモンド型の歯冠がぎっしりと詰まって、数百本の歯が並ぶ巨大な歯列（バッテリー battery）構造を形成していた。1列あたり60本もの歯が並び、使用中の最前面の歯の下に、5本もの代替歯が順番に積み重なっていたようだ。バッテリーの側面は、やすりのように粗い一方で、上顎のバッテリーの下端と、下顎のバッテリーの上端では歯冠が著しく咬耗しており、長くて平らな面が伸びていた。咬耗痕を見ると、このような平らな面は、砕き、押しつぶし、薄く切ることに使われたことがわかる。ハドロサウルス科の歯は非常に複雑な構造をしていて、耐咬耗物質、虫歯予防物質、歯の位置を固定する物質など、6種類の異なる物質によって形成されている。これまでに進化した最も複雑な歯と言えるだろう。

　デンタル・バッテリー dental batteryはケラトプス類Ceratopsiaでも出現したが、ハドロサウルス科とは異なる。歯は垂直に重なり、やすりのような広い側面は形成されなかった。ケラトプス類のデンタル・バッテリーの先端の歯は、鋭く尖り、鋭角で噛み合うようになっていて、植物組織を薄く切るのに使われたに違いない。また、上下のデンタル・バッテリーが合わさった際には、複雑な形の窪みと、尖った縁が形成されたはずである。これらの歯も非常に複雑な構造をしていて、咬耗を防ぎ、歯と歯をしっかり接着させる

▼写真に示す、北米で発見されたエドモントサウルスなどのハドロサウルス科では、ダイヤモンド型の歯が数百本ぎっしり詰まった構造、デンタル・バッテリーが形成されていた。バッテリーは長く、深さもあり、内側の面はやすりとして、上面は砕いたり薄く切ったりするのに使われたのだろう。

▶巨大なケラトプス類、トリケラトプスのデンタル・バッテリーの断面図。2対のハサミの刃のように見える。代替歯が順番に積み重なっており、顎の端には、薄く切るのに適した、鋭利な歯が立っていた。

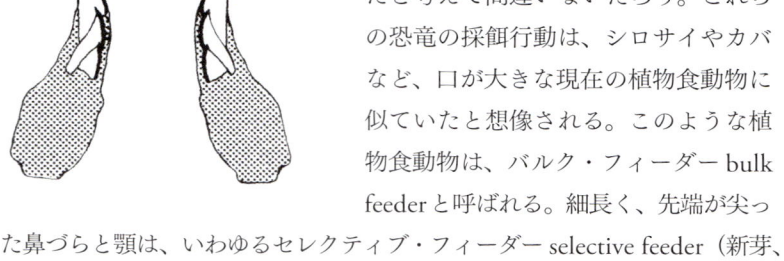

ための、5種類の異なる組織で形成されていた。

　一部の竜脚類と鳥盤類に見られる、四角く幅広い鼻づらの先端と下顎は、一口で大量の植物を取り込むことができたと考えて間違いないだろう。これらの恐竜の採餌行動は、シロサイやカバなど、口が大きな現在の植物食動物に似ていたと想像される。このような植物食動物は、バルク・フィーダー bulk feeder と呼ばれる。細長く、先端が尖った鼻づらと顎は、いわゆるセレクティブ・フィーダー selective feeder（新芽、つぼみ、果実など、特定の植物の部分だけを選んで摂食する種species）に特有のものだ。ステゴサウルス類Stegosauriaはセレクティブ・フィーダーのようだし、鼻づらが長く、幅が狭いくちばしを持つさまざまな鳥脚類も同様だろう。鳥盤類の多くは、バルク・フィーダーともセレクティブ・フィーダーとも決めかねる頭蓋骨の形をしており、おそらくその中間型だったのだろう。つまり彼らは、いわゆる「混合フィーダー mixed feeder」、すなわち、植物なら何でも少しずつ食べた植物食動物だったわけだ。

　植物食性の非鳥類型恐竜の種は、歯や顎以外にも違いがたくさんあり、それらの違いは、彼らの採餌行動を解明する上で重要だと思われる。頭蓋骨の後ろの幅は、後頭部に接続していた筋肉量の目安となり、ひいては、その動物が頭部の動きをどの程度コントロールできたかの指標として使える。現生動物では、地面に生えている草を食べる動物のほうが、樹上の葉を食べる動物よりも、頭部の動きを細かくコントロールする必要がある。樹上の葉を食べる動物たちは、頭部の細かい動きはそれほど必要なく、主に口の動きに依存しているからだ。

▼植物食性の恐竜のなかには、地面の高さにある植物を食べるのに適した、幅が広い口をしているものもいた。同様の口は、シロサイなど、現在の植物食動物にも見られる。

　植物食性の非鳥類型恐竜では、顎関節で可能な顎の動きが、グループごとで大きく異なっている。一部の竜脚形類と鳥盤類の顎は、獣脚類同様、ハサミのような動きしかできなかったが、多くのグループでは、顎を前後にすべらせたり、下顎を左右に回転させたりできるよう進化している。顎がこのように動くと、歯冠どうしをすり合わせることが可能になり、植物を細かくつぶすことができる。

　さらに、植物食恐竜では頭蓋骨の深さや顎の形などもさまざまで、噛む力がどれくらい強かったかを反映している。

第4章　恐竜の生態と行動

また、食物を摂取する場所の高さにも大きな違いがあった。た
とえば、アンキロサウルス類Ankylosauriaの短い脚と首は、地
面あたりで採餌していたという証拠になる。これとは対照的に、
ハドロサウルス科は、長い脚、首、頭蓋骨を持ち、望むなら高い
ところでも食物を摂取できただろう。さらに、後肢で立ち上がる
ことができる種は、地面から数m上のところで食物を摂取するこ
とも可能だったわけだ。このような違いがあったので、同時期に生息
していたさまざまな植物食恐竜は、異なる種類の植物を採餌でき、同
じ食物資源を巡って競争する必要がなかった。このテーマについては、こ
のあと、恐竜の群集についての一節で詳しく論じる。
　ここまで、肉食性もしくは植物食性の生活様式に関連する特徴について見て
きた。しかし、この2つの生活様式の特徴を兼ね備えた非鳥類型恐竜グループ

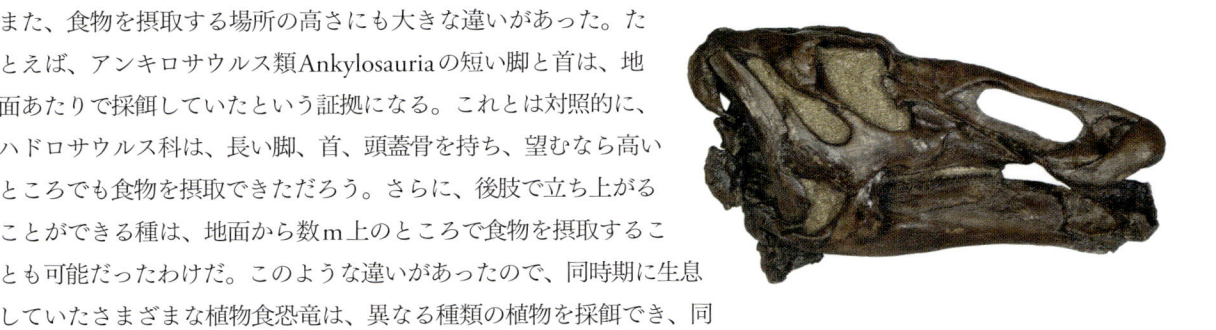

▲北米で発見されたハドロサウ
ルス科、エドモントサウルス
の、幅が広くアヒルのような歯
のないくちばしは、地面の植物
を食べることができた可能性が
ある。しかし、この恐竜の体高、
しなやかな首と尾、幅が狭い頭
蓋骨は、むしろ高所の葉を摂食
する生活様式にふさわしい。ハ
ドロサウルス科はジェネラリス
トで、さまざまな高さにある、
多種多様な植物を摂取できたと
推測される。

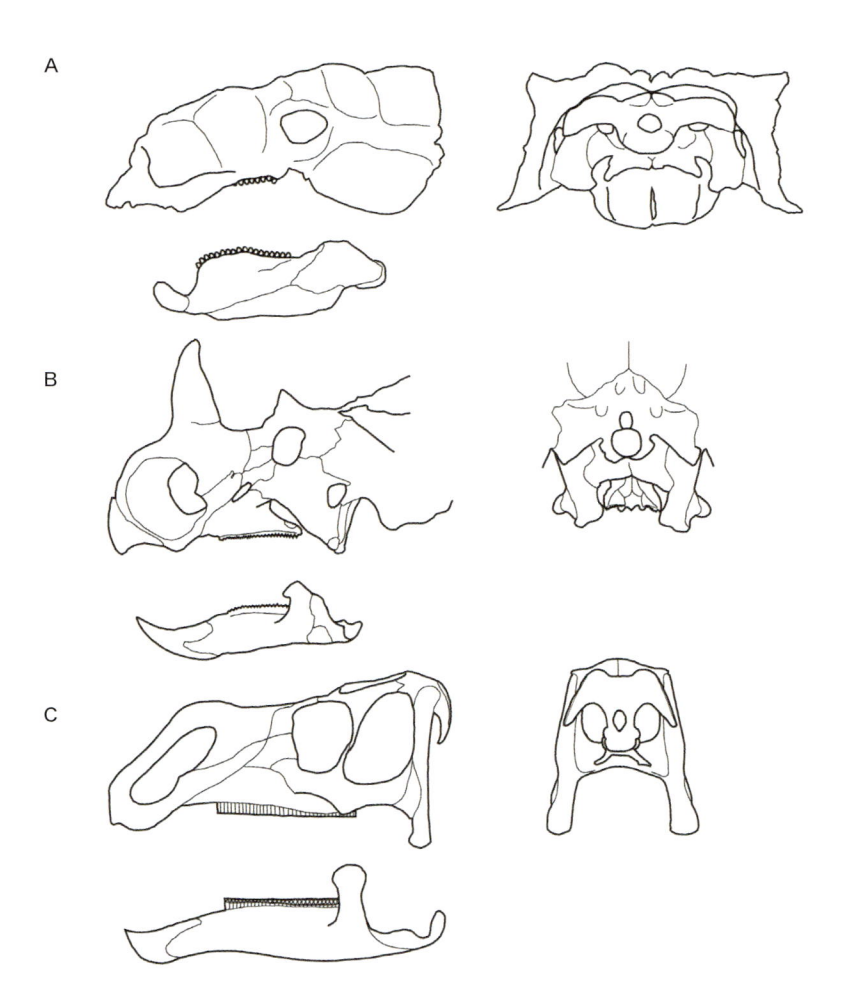

◀白亜紀後期に北米で共存して
いた植物食恐竜たちの頭蓋骨
の形、高さ、幅がいかに違って
いたか、そして、彼らの顎の筋
肉がいかに大きかったかを示す
図。このような違いは、異なる
恐竜グループが異なる採餌行動
を取っていたことを反映してい
る。それぞれ、（A）アンキロサ
ウルス科、（B）ケラトプス科、
（C）ハドロサウルス科の頭蓋骨。

133

▲アフリカ南部で発見されたマッソスポンディルスなどの初期竜脚形類は、葉形で鋸歯のある歯と円錐形の牙状の歯の両方を持っていた。彼らはおそらく雑食性だっただろうが、餌の大部分は葉やその他の植物部位だったと推測される。

がいくつか存在する。彼らは、雑食性で、ジェネラリスト generalist として、広範囲の食物を摂取しており、葉、果実、種子に加え、小型動物を捕食し、さらには、動物の死体も食べていたのだろう。三畳紀後期とジュラ紀前期の竜脚形類マッソスポンディルス Massospondylus やプラテオサウルス Plateosaurus、そして彼らの近縁種は、葉を細かく切るのに適した葉のような形をした歯と、小動物を捕らえるのに使われたとおぼしき尖った円錐形の歯と、内向きの鉤爪を備えた手を持っていた。これらの恐竜の体は、竜脚類や大型鳥盤類などの紛れもない植物食恐竜ほどには、植物食に特化していなかった。

すべての獣脚類が肉食だったわけではない。いくつかのグループには、葉状、釘状、切歯状の歯が備わっていて、現在の植物食動物や、小動物も食べる雑食性動物のものと似ている。オルニトミモサウルス類 Ornithomimosauria、テリジノサウルス類 Therizinosauria、オヴィラプトロサウルス類 Oviraptorosauria はそのような雑食性または植物食性の獣脚類である。これらの「奇妙な歯」を持つグループは、長い時間のうちに歯を完全に失い、歯のない子孫たちは、植物食性の生活様式を取る傾向にあった。これらのグループの歯のない種では、くちばし組織が顎に沿って形成され、鳥によく似た顔つきになった。彼らの体つきや鉤爪の形も、雑食性もしくは植物食性の生活様式と一致している。たとえば、テリジノサウルス類は、大きな消化器官が収まっていたことを示す幅の広い腰を持っていたし、オルニトミモサウルス類の手足には、動物を捕らえたり殺したりするには役に立ちそうにない、ほぼまっすぐな爪が生えていた。また、オヴィラプトロサウルス類とオルニトミモサウルス類では、胃の内部に小さな石（胃石 gastrolith）が入った状態の化石が発見されている。現生鳥類 Aves では、胃石は植物食性の種に特有である。

歯の微小咬耗

ここまで見てきた化石動物の採餌様式を推測する手法は、ごく基本的なものばかりで、そのほとんどが、現在の動物との単純な比較に基づいている。しかし、恐竜の食性や採餌様式をよりよく理解するために、恐竜の顎と歯に関しては、高度で正確な手法が適用されている。

この数十年にわたり、動物の採餌方法に関心を持つ生物学者たちは、高性能顕微鏡を駆使して、歯に残された咬耗痕を観察している。歯の咬耗痕は、

その動物が食べていた餌の種類を知る手掛かりや、顎の動きに関する詳しい情報を提供してくれる。口を単純に開閉し、垂直な引っかき傷と咬耗痕を歯冠に残すだけのものもいれば、顎を前後左右に、あるいは回転するように動かし、歯の表面に非常に複雑なパターンを残すものもいた。このような、微小咬耗（マイクロウェア microware）と呼ばれる微視的咬耗痕の研究が、霊長類の化石歯で初めて行われたのは1970年代のことだった。この手法が非常に有用であることがわかると、研究者た

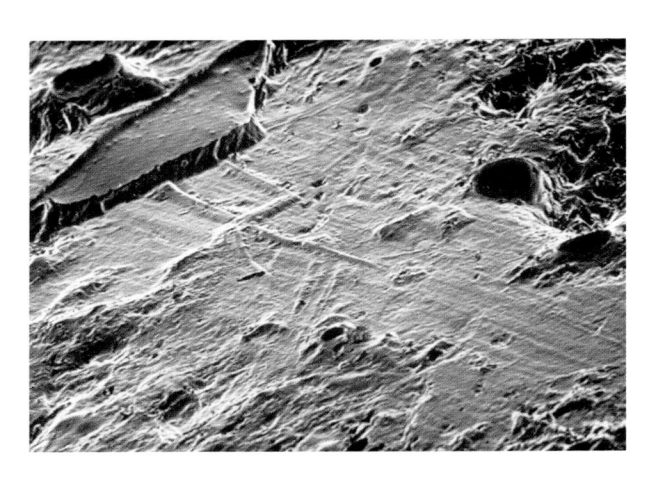

▲竜脚類ディプロドクスの歯の先端の微小咬耗。細かい平行な引っかき傷が見られる。傷は歯冠の長軸に沿って平行に走っており、食物が歯の先端の上で引きずられた痕に違いない。

ちはすぐに、多数の他の化石動物、とりわけ哺乳類の歯を調査した。しかし、恐竜に適用されたのは、1990年代後半になってからのことだった。

　恐竜の歯には、哺乳類の歯ほど微小咬耗は残っていない。その理由の1つには、恐竜が食べていた植物は、哺乳類が食べる植物と種類が異なっていたことが挙げられるが、恐竜の歯が常に生え替わっていたからでもある。恐竜の歯は、短期間使われただけで抜け落ち、新しい歯に代わってしまうが、哺乳類は同じ歯を何年も使い続けるので、年月をかけて咬耗痕が蓄積されていく。竜脚類などの恐竜の歯に見られる成長線growth lineからは、彼らの歯は約1ヵ月しか保たれず、新しい歯によって歯槽から押し出されてしまうことがわかる。

　このような制約はあるが、恐竜の歯の微小咬耗に関しては、今もなお新たなことが次々と明らかになっている。たとえば、装盾類の微小咬耗研究では、白亜紀後期のアンキロサウルス科Ankylosauridaeエウオプロケファルス*Euoplocephalus*が、下顎の複雑な動きを利用して噛んでいた可能性が示唆されている。その微小咬耗は、1回噛む間に下顎が後ろへ、そして前へとすべったことを示している。この顎の動きは、プロパリニー propalinyと呼ばれる（人間には見られないが、ゾウやウサギなどの動物には確認できる）。この前後へのスライドを可能にする顎関節の形状と、歯に残っている見間違えようのない咬耗痕も、エウオプロケファルスの顎が複雑な動きをしていたという見解を支持している。ジュラ紀初期のスケリドサウルス*Scelidosaurus*など、他の装盾類の歯に関する研究では、一部の種は、主に単純な垂直方向のスライスする動作で噛んでいたことが示されている。ハドロサウルス科の咬耗痕は、たくさんの細かな引っかき傷からなる。このような噛み方から、彼らは主に針葉樹の葉を食べており、ある種のプロパリニーを用いた複雑な顎の動きをしていたと推測される。

微小咬耗に注目した研究は、今後さらに多くの種類の恐竜に対して行われねばならない。たとえば、ステゴサウルス類は、まだこの方法で研究されたことがない。だが、それらの研究を待つまでもなく、ステゴサウルス類では、一部の数個体で、歯の先端どうし、または歯の先端と植物性食物との接触で生じた、小さな垂直の咬耗面が見られるだけで、歯の咬耗痕は比較的少ないことがすでに明らかになっている。ステゴサウルス類の歯に咬耗痕はわずかしかなく、また、歯の先端にしかないことは、彼らが食物をあまり噛まなかった証拠である。

　恐竜の歯に見られる微小咬耗は、歯と顎の形状から得られた証拠に基づく採餌習慣に関する従来の知見と、全般的には一致している。だが、いくつかの恐竜グループではこれが当てはまらず、歯の微小咬耗によるデータが、他の情報と矛盾しているように見える場合も存在する。

　竜脚類に属するディプロドクス上科の微小咬耗について、数件の研究が行われている。ディプロドクス上科の歯には、多数の細かい平行な引っかき傷が見られることが多いが、1990年代に発表された研究で、彼らの歯には、地面近くの餌を食べる植物食動物に典型的な微小孔がまったく見られないことが明らかになった。これらの孔は、地面やその付近に生える植物にこびりついた微小な砂粒によって生じる。そのため、これらの研究は、この恐竜が高いところの葉を食べていた証拠と考えられた。このことは、ディプロドクス上科は長い首を持ち後肢2本で立ち上がることができたので、主に木の最上部の枝の葉を食べていたという仮説に合致しているとされた。

▼ディプロドクスをはじめとするディプロドクス上科の竜脚類は、植物の餌があらゆる高度から調達できる環境で生息していた。巨木が多数存在した他、地面の高さにも、植物、特にシダが豊富だった。シダがこれらの恐竜の食事でどれだけ重要だったかは、まだわかっていない。おそらく日常的に食べたのだろう。

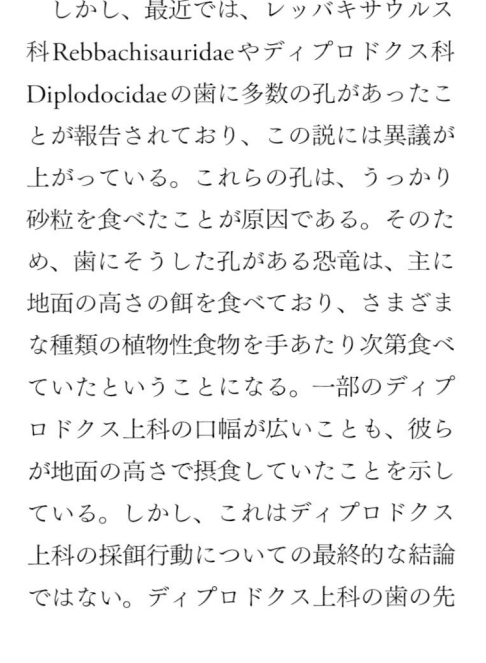

　しかし、最近では、レッバキサウルス科Rebbachisauridaeやディプロドクス科Diplodocidaeの歯に多数の孔があったことが報告されており、この説には異議が上がっている。これらの孔は、うっかり砂粒を食べたことが原因である。そのため、歯にそうした孔がある恐竜は、主に地面の高さの餌を食べており、さまざまな種類の植物性食物を手あたり次第食べていたということになる。一部のディプロドクス上科の口幅が広いことも、彼らが地面の高さで摂食していたことを示している。しかし、これはディプロドクス上科の採餌行動についての最終的な結論ではない。ディプロドクス上科の歯の先

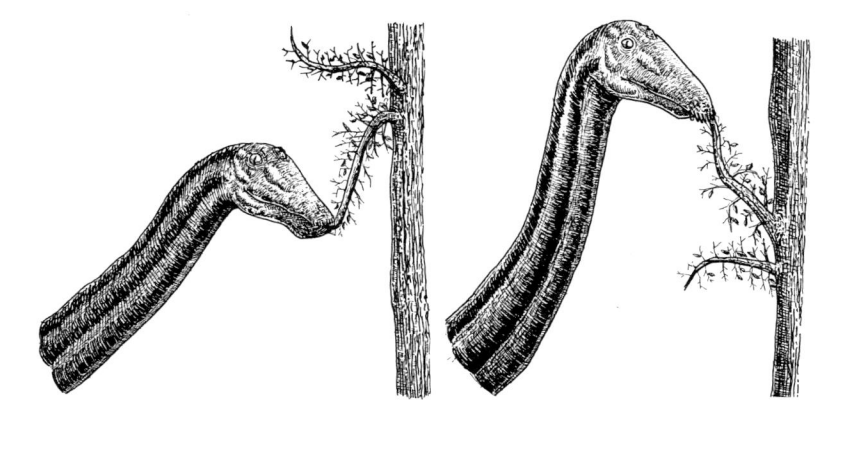

▶ディプロドクスの細長い歯にある独特の咬耗痕は、この恐竜がときおり木の枝を口にくわえ、その後、下向きまたは上向きに強く引っ張り、葉をはぎとったことを示しているのだと、一部の専門家たちは考えている。

端には、おびただしい数の奇妙な咬耗痕があるし、頭蓋骨は強度が高く、強く噛む力に耐えたようでもある。このような咬耗痕も顎強度も、地面の高さで植物を食べる摂食行動だけでは説明がつかない。これらの特徴はむしろ、枝から葉をむしり取る行動に関連しているようだ。

　これらの結果から推測される状況は混沌としていて、矛盾さえしている。膨大な数の断片的証拠が異なる結果を導いたり、異なる方向性を示したりするため、大昔に絶滅してしまった動物の食性、行動、生活様式を推定することは極めて難しい。また、現在の動物を見ればわかるように、動物は1つの行動や摂食習慣に縛られず、柔軟性があり、状況を判断してそれに適応するので、利用できる資源に応じて行動を変えることができる。おそらく一部のディプロドクス上科は、ジェネラリストで、ときには地面の高さの餌を食べ、また別のときには木の最上部の餌を食べたのだろう。

獣脚類恐竜の手と足

　これまでに、獣脚類恐竜がいかに獲物を攻撃し、殺し、解体したかを判断するのに、歯と顎の解剖学的特徴が優れた指標であることを見てきた。だがもちろん、獣脚類にとって顎と歯だけが武器だったわけではない。手と足も重要な武器だった。非鳥類型獣脚類のほとんどのグループは、内側を向いた3本の指に大きく湾曲した巨大な鉤爪を持ち、手の骨には靭帯と筋肉の巨大な付着面があった。

　このような手は、ほぼ間違いなく、獲物をつかむことに特化していた。小型の非鳥類型獣脚類は、哺乳類やトカゲ、恐竜の幼体juvenileなどを捕らえていたことだろう。彼らの手は内側を向いていたので、獲物を両手の間にしっかりとはさみ、口へと運んだはずだ。注意してほしいのは、指や手から長

い羽が生えていても、獲物をつかむために手を使えたということだ。手のひらや指の腹に羽が生えることはなかっただろうから、つかむ機能には影響しなかったはずだ。

　大型獣脚類の大部分も、これと同じような手を持っていることから、彼らも手を同じように使っていた可能性が非常に高い。もちろん、体がはるかに大きかったのだから、獲物もやはりたいへん大きかったはずだ。たとえば全長7mの大型獣脚類は、全長2～3mの恐竜に攻撃を仕掛け、その際、手でつかむのと同時に顎と歯で獲物に襲いかかったと推測される。大型獣脚類の指の関節が、非常に柔軟だったと思われることも、この「つかむと同時に嚙みつく」捕食様式を示唆している。彼らの指は、獲物の体を固く握りしめ、爪を深く突き刺すことができたのみならず、逆向きに反る方向へも大きく曲げられたはずだ。つかまれた動物は逃れようともがいたに違いないので、指の柔軟性は理に適っている。

　この「つかむと同時に嚙みつく」方式は、獣脚類の歴史のなかで何度か失われている。ティラノサウルス上科Tyrannosauroideaは当初、マニラプトル類のような細長い手を持っていたが、次第に嚙む力に依存するようになり、その結果、短く矮小化した腕と、非常に強い顎と歯を持った巨大種が出現した。

　非鳥類型マニラプトル類は、その進化史を通して、つかむことに特化した長い手を持ち続けたが、鳥類に非常に近縁ないくつかのグループは、獲物を押さえつけるのに足を使うようになった。1960年代にデイノニクスDeinonychusが記載されて以来、ドロマエオサウルス科Dromaeosauridaeとトロオドン科Troodontidaeの足には、巨大な鎌型の鉤爪が付いた第2趾が、地面よりも高く持ち上がった独特の状態で維持されていたことが知られている。柔軟な関節からは、足よりもはるかに高いところから低いところまで、一気に弧を描くようにつま先全体を振り下ろすことができたことがうかがえる。

　これほど大きな鉤爪の付いた足指は、どのように使われたのだろうか。このような爪は、切り裂くためのもので、獲物の腹や横腹を裂いてえぐる武器だった、という説が昔から広く受け入れられている。しかし、現在の知見からすると、そのような機能があった可能性は極めて低い。複製した爪をロボットの脚に付けて行った実験では、鉤爪でうまく切り裂くことはできなかった。獲物たちの体に、

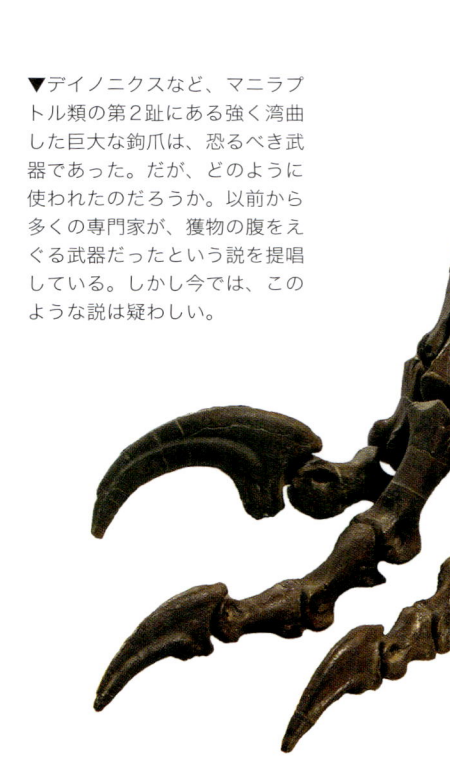

▼デイノニクスなど、マニラプトル類の第2趾にある強く湾曲した巨大な鉤爪は、恐るべき武器であった。だが、どのように使われたのだろうか。以前から多くの専門家が、獲物の腹をえぐる武器だったという説を提唱している。しかし今では、このような説は疑わしい。

第4章　恐竜の生態と行動

容易に切り裂ける、あるいは、切り裂くことが可能な部分などほとんどない。現生動物たちを見ると、ハヤブサやタカにも、肥大した鉤爪が第2趾に付いている。これらの鳥は、鉤爪で切り裂いたり、腹をえぐったりはせず、獲物を地面に押さえつけるために鉤爪を使っている。彼らは足の爪ではなく、口を使って獲物を殺す。鉤爪を持つ獣脚類恐竜も、このような捕食行動をとっていたと考えるほうが現実的だろう。おそらく彼らは、獲物に飛び掛かり、自分の体重で相手を押さえつけ、その後、口で攻撃したのだろう。獣脚類が羽毛で覆われた大きな腕と手を持っていたのも偶然ではないだろう。もがく獲物の上に乗ってバランスを保つ必要があった彼らにとって、翼のような前肢が役に立った可能性は非常に高い。

▲デイノニクスや、それに似たマニラプトル類の恐竜は、現在のタカやハヤブサと同様の方法で獲物をしとめたのだろう。鉤爪が付いた強力な足で獲物の動きを封じ、羽毛に覆われた前肢と尾を使ってバランスを保ちながら、まだ生きているうちに獲物を食べ始めたのだろう。

139

コンピュータモデリングと恐竜の採餌行動の研究

　これまでに、コンピュータを用いた新しい手法を使えば、古生物学者は、恐竜の行動や機能に関するさまざまな仮説を検証することができる、という例をいくつか見てきた。これらの手法のうち、最も注目すべきものの1つが、有限要素解析法Finite Element Analysis、略してFEAだ。FEAとはもともと、建物や航空機などの物体が、強風や大型エンジンの振動などの大きな力が働いた際にどのような影響を受けるかを検証するために考案されたものだ。FEAでは、三次元の物体を、隣り合う小さな多角形に分割し、1つのメッシュに置き換える。このメッシュに力や圧力がかかる際の状態をコンピュータプログラムで解析する。物体に圧力がどう分布されるかを突き止め、最も大きな力がかかる箇所や弱点になる箇所を明らかにするのだ。そのような箇所は、色分けによって示され、慣例により、高い応力を受ける部分は赤色、低い応力しかかからない部分は青色で示される。

　FEAは、恐竜の摂食行動や咬合力の研究で盛んに使用されるようになり、これまでに、ほとんどの恐竜グループでFEAを使った研究が行われている。

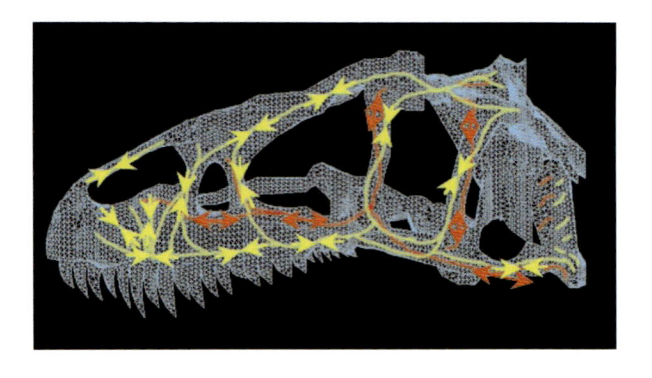

▲エミリー・レイフィールドらは、アロサウルスの頭蓋骨の三次元デジタルモデルを作成し、噛んでいる際、圧縮力と張力が頭蓋骨のどの部分に分布するかを示すことに成功した。黄色い矢印が圧縮力、赤い矢印が張力を示す。

この種の研究を初めて行ったのは、エミリー・レイフィールド（Emily Rayfield）率いる研究チームで、アロサウルス*Allosaurus*の完全な頭蓋骨のFEA研究を実施した。その結果、アロサウルスの頭蓋骨は、応力に非常によく耐え、その咬合力に必要な耐久性をはるかに超えていることが判明した。この発見は、アロサウルスは頭部全体を手斧のような武器として使い、獲物の体に繰り返し打ち付けて致命的な傷を負わせた、という説を支持しているようにも見える。

　その後FEAは、コエロフィシス*Coelophysis*、カルノタウルス*Carnotaurus*、バリオニクス*Baryonyx*、そしてティラノサウルスなどの獣脚類や、ディプロドクス*Diplodocus*やカマラサウルス*Camarasaurus*などの竜脚類にも適用された。これまでに得られた結果は、これらの恐竜の採餌行動に関する他の仮説と一致している。FEAがもたらす最大の利点は、頭蓋骨全体の形を検討することで、それまでに得られていたよりもはるかに詳細な頭蓋骨機能が明らかになることだ。たとえば、FEAにより、スピノサウルス科のバリオニクスの、細長い鼻づらに沿って応力が伝達される様子が明らかになった。その応力パターンは、魚食性のガビアルなど、ワニ類の頭蓋骨に見られるパターンと一致しており、スピノサウルス科の頭部もワニ類と同様に使われた、という説

を支持している。このようにFEAは、「採餌装置」としての頭蓋骨を研究するうえで高い能力を発揮している。

　レイフィールドがFEAを使って行ったティラノサウルスの研究では、ティラノサウルスの頭蓋骨は、骨を噛み砕いたときに生じる非常に強大な応力に十分耐えられることが示された。ティラノサウルスが骨を噛み砕いたという証拠は、他の恐竜に残された噛み跡や、このあと紹介するように、骨片が大量に含まれた巨大な糞石coprolite（145ページ参照）からも見て取れ、実際に行われたとわかっている行動だ。レイフィールドによるFEA研究はさらに、ティラノサウルスの頭蓋骨内に伝わる応力のうち、どの程度が、鼻づらの最上部に沿う鼻骨を経由するのかも明らかにした。この結果は、ティラノサウルス（そしてその他のティラノサウルス科）の鼻骨が分厚く、ごつごつして癒合する理由を物語っているようである。彼らの鼻骨は、頭蓋骨が応力に耐えるために大きな役割を果たしていたのだ。

　FEAの利用が威力を発揮するのは、その生物が生きていたときに、頭蓋骨や骨格がどのように機能したかをより正確に理解したいときだ。古生物学者が絶滅した動物の行動や解剖学を研究する際に、より正確で数学的に厳密な手法を取り入れ始めたころから利用されている。

　しかし、FEAを使って頭蓋骨や体の部分がどのように機能していたかを理解しようとすればするほど、我々はその全体像の一部分だけしか理解できていないことに気づかされる。なにしろ、動物は、骨だけでできているわけではないのだ。筋肉、靭帯、その他の軟組織も、頭蓋骨やその他の体の部位がどう働くかを左右する重要な構成要素なのである。実際、これらの要素は、噛むことや採餌行動において非常に重要な役割を担っており、骨だけに頼ると誤解を招く恐れがある。現生動物における研究でも、噛む際の応力とひずみの影響を最も強く受けると明らかになった頭の部分が、FEAによって最も影響を受けると予測された部分とは一致しない例がいくつもある。

　また、FEAで良い結果が出るのは、研究対象が正確にモデル化されているときだけだ。その形がわかっているだけでは足りない。対象の内部構造も三次元的に理解しておく必要がある。FEAが便利なツールであることは間違いないが、その結果は誤って解釈されがちである。単独で使うのではなく、大量の情報が蓄積されている場合にのみ、正しく使用されるべきである。

　うれしいことに、軟組織や内部構造を扱う技術は、日々、急速に向上している。恐竜の頭蓋骨や体骨格を扱った最新のコンピュータモデルは、10

▲FEAによる研究では、対象物に荷重がかかっているとき、応力分布を色分けして示すのが普通だ。本図のティラノサウルスの頭蓋骨のモデルでは、最も大きな応力を受ける部分を赤、最も小さな応力しか受けない部分を青で示している。

▲本図のシノサウロプテリクスなどの、尾の長い獣脚類、コンプソグナトゥス科Compsognathidaeに属する恐竜の化石からは、彼らが哺乳類やトカゲなどの小型脊椎動物を捕食していたことがわかる。本図の標本の色と模様には、シノサウロプテリクスのメラノソームmelanosomeに関する最近の発見が反映されている（124ページ参照）。

年前のそれに比べ、はるかに複雑になっており、骨や頭蓋骨、骨格を三次元的にモデル化して解析する技術も、目覚ましい勢いで進歩している。

腸と胃の内容物、そして糞石

突然土砂に埋まり、そのまま化石になってしまった動物（たとえば、火山灰や土石流に飲み込まれた動物たち）は、最後の食事の内容物が胃や腸intestineに残されたまま保存されていることが稀にある。そのような化石は

第 4 章　恐竜の生態と行動

非常に珍しいが、これまでに発見されたものはどれも、彼らの食性について、直接的な情報をもたらしている点で極めて重要である。

　これまでに報告されている胃の残留物は、大部分が非鳥類型獣脚類のものだ。予測どおり、残留物から、彼らが肉食性で、他の恐竜を捕食した場合もあったことがうかがえる。おそらく、胃の内容物が保存されていることで最も有名な恐竜は、三畳紀後期の獣脚類、コエロフィシスだろう。小型の主竜類Archosauriaの遺骸が腹のなかに残っているコエロフィシスの化石が2点知られている。長年、これらの遺骸はコエロフィシスの幼体で、彼らには共食いcannibalismの習性があったと主張されてきた。共食いは現生肉食動物では広く見られるため、さして驚くような発見ではなかった。だが、この遺骸がコエロフィシスだというのは間違いだった。同種の幼体などではなく、ワニと同じ系統の小型主竜類だったのである。

　モンタナ州で発見された白亜紀後期のティラノサウルス科恐竜には、ハドロサウルス科の骨が胃の内容物として残っていたし、イギリスで発見されたスピノサウルス科のバリオニクスでは、魚のうろことイグアノドン類の幼体の骨が、ほぼ間違いなく胃の内容物として保存されている。また、ドイツで発見されたジュラ紀後期のコンプソグナトゥスCompsognathusの化石には、胃のなかにトカゲが残されていたし、中国の遼寧省で発見されたシノサウロプテリクスSinosauropteryxでは、胃の内容物として哺乳類の骨が見つかった。さらに、シノカリオプテリクスSinocalliopteryx（同じく遼寧省で見つかった、シノサウロプテリクスに近縁なより大型の恐竜）の複数の標本は、鳥類やその他の獣脚類の遺骸を体内にとどめている。

　遼寧省で発見されたもう1つの獣脚類の化石（4枚の翼を持つことで有名な、ドロマエオサウルス科のミクロラプトルMicroraptor）は、体内に魚をとどめている。これはとりわけ興味深い発見である。というのも、ミクロラプトルは樹上生活をし、滑空できたと解釈されることが多く、枝の間や木の幹にいる獲物を捕食したばかりでなく、水際も含めた地面でも餌をあさったことを示しているからだ。また別のミクロラプトルの化石は、腹のなかに鳥の骨格の一部が残っていたほか、さらに別の化石には哺乳類の体の一部が含まれていたので、ミクロラプトルはさまざまな獲物を食べていたと推測される。植物食性だとされることが多いいくつかの非鳥類型コエルロサウルス類Coelurosauriaでは、胃の残留物を見ると、実際にはときおり小型動物も捕食したことがうかがえる。これに該当するのが、オヴィラプトルOviraptor（化石の体内にトカゲが保存されている）と、巨大オルニトミモサウルス類のデイノケイルスDeinocheirus（化石の体内に魚が含まれている）だ。ここで紹介した一連の胃の内容物は、これらの恐竜が雑食

▲写真（上）の、中国で発見されたシノサウロプテリクスの化石は、胃のなかに小型哺乳類の顎の骨（下）が残っている。小型肉食恐竜は、トガリネズミやネズミほどの大きさの小型動物を常食としていたに違いない。

143

▲滑空した小型ドロマエオサウルス科、ミクロラプトルが中国の湖の岸辺で魚を食べているところ。ミクロラプトルが自ら魚を捕獲したのか、すでに死んでいるものをあさったのかはわかっていない。

性だったという解剖学的証拠と一致している。

　竜脚形類と鳥盤類の胃の内容物はめったに残っていない。カナダで発見されたジュラ紀初期の竜脚形類で、暫定的にアンモサウルス *Ammosaurus* とされているものには、体内にトカゲのような爬虫類の遺骸が保存されている。初期竜脚形類は雑食性であるという説を支持する発見だ。鳥盤類では、オーストラリアで発見された小型アンキロサウルス類の胃の内部に、切り刻まれた葉の断片と、種や果実のような遺物が発見されている他、ハドロサウルス科のブラキロフォサウルス *Brachylophosaurus* の複数の化石およびアンキロサウルス類ノドサウルス科 Nodosauridae のボレアロペルタ *Borealopelta* からは、細かく切断された葉の断片が見つかっている。

　絶滅した恐竜が何を食べていたかに関するさらなる証拠が、糞の化石、すなわち糞石から得られる。糞は柔らかく、昆虫、菌類、バクテリアなどによってすぐに分解されてしまうので、通常、化石として保存されることは稀だ。それにもかかわらず、さまざまな糞が泥や砂に埋まり、化石記録として保存され、恐竜が排出した幾多の種類の糞について、情報を与えてくれている。大部分のものが、曲がった太いソーセージや、太いロープの切れ端のような形をしている。長さは平均して8cmほどだ。だが、一部の非鳥類型恐竜の糞

第4章 恐竜の生態と行動

▲この写真に示すオーストラリアで発見された保存状態の良い、小さなパラアンキロサウルス類 Parankylosauria の化石は、しばしば誤ってミンミ Minmi とされていたが、今ではクンバラサウルス Kunbarrasaurus として知られている。非常に良質な状態で、腸の内容物まで保存されている。

石はこれよりさらに小さい。1個の大きさが直径1cm以下の小さな弾丸のような糞石が大量に集まった状態のものは、小型鳥盤類が排出したと推測される。逆に、これまでに発見された最大サイズの恐竜の糞石の1つが、カナダのサスカチュワン州で発見された白亜紀後期の化石だ。長さ64cmで、骨の小片が大量に含まれているこの糞石は、白亜紀後期にサスカチュワン州に生息していた唯一の巨大肉食動物、ティラノサウルスのものに違いないだろう。ティラノサウルスが骨を砕き飲み込んだという説は、その顎と歯の解剖学的特徴と一致している。これほど長い糞石は巨大といえるが、巨大竜脚類やその他の大型植物食恐竜は、さらに大きな糞を排出していた可能性が高い。ゾウ、ウマ、あるいはダチョウやその他の巨大鳥類と同様、彼らが大量の排泄物を生み出していたことはほぼ確実である。

　獣脚類の糞石のなかには、未消化の筋組織が保存されている場合もある。これも、非鳥類型恐竜の筋組織の化石片と言える（第3章で獣脚類恐竜スキピオニクス Scipionyx の体内に残されていた筋組織について述べたのを覚えているだろうか）。さらに、獣脚類の消化器系 digestive system では、食物がかなり素早く通過したことも示しており、代謝そのものが速かった可能性もある。

　植物の残骸を主成分とする糞石は、植物食性の非鳥類型恐竜のものと考えられる。どの種のものか、確信をもって特定することができないのが普通だが、それを排出した恐竜が、トクサ、シダ、ソテツ、針葉樹、そして顕花植物などを食べていたことがわかる。いくつかの標本では、恐竜の食性について、驚くべき知見をもたらしている。ジュラ紀後期と白亜紀後期の植物食恐竜の糞石数点には、木の破片が含まれていた。白亜紀後期のハドロサウルス科、マイアサウラ Maiasaura のものと推測される糞石には、大量の木質物が含まれている。これらの恐竜が木を食べていたことはほぼ間

▲恐竜の糞石の多くは、ソーセージのような形の塊で、特定の種を判断するのは不可能なこともある。写真の糞石は植物食動物、おそらく竜脚類のものだろう。

145

違いないだろう。おそらく、木という普通ではない食物を消化し、栄養を抽出できたのだろう。

インドで発見され、ティタノサウルス類Titanosauriaのものと考えられてきた白亜紀後期の糞石も、イネ科植物特有とされる微視的な鉱物粒子を含んでおり、興味深い。これらの糞石には、系統樹phylogenetic treeで言えば異なる枝に属する、数種類のイネ科の種子の残骸が含まれている。このことから、白亜紀後期にはすでに数種類のイネ科植物が出現していたことがわかるし、さらに、糞をしたティタノサウルス類が、少なくともときおりイネ科植物を食べていたことがうかがえる。イネ科植物が重要になるのは白亜紀末の大量絶滅mass extinction後のことだから、この発見以前は、非鳥類型恐竜はイネ科植物などまったく食べなかったというのが定説だった。ここでもやはり、この貴重な証拠がなかったなら、彼らの独特の食性は不明のままだっただろう。

移動能力１：歩くことと走ること

非鳥類型恐竜と原始鳥類が、生活のなかで歩いたり走ったりしていたのは間違いない。ほぼすべての種の恐竜で、長距離を歩くことに適した体をしていたことが、彼らの骨や生きていた当時存在した筋肉から推測される。脚の骨が細長いことから、多くの非鳥類型恐竜が速く走れたことがわかる。実際、オルニトミモサウルス類のような恐竜は、現在のダチョウやウマのように速く走れたという説は長年にわたり広く支持されてきた。非鳥類型恐竜や原始鳥類を現在の動物に当てはめて比較する、という基本的な手法がまかり通っているため、今でも恐竜に関する本では、オルニトミモサウルス類はダチョウと似た体の造りだったとか、ケラトプス類は漠然とサイに似ていたとか、竜脚類はゾウと似た体型だったなどと記述されることがよくある。おかげで、絶滅した恐竜は、これらの現在の動物と同程度の走行能力を有していたという思い込みが広まってしまった。たとえば、多くの本が、オルニトミモサウルス類は時速72kmで走り、竜脚類はゾウと同じ程度の時速40kmで走った、等々としている。

このような主張には、大きな問題があることを見逃してはならない。第一に、驚かれるかもしれないが、現生動物の走る速さや運動能力について、私たちは大して知らないのである。さまざまな本で繰り返し記述される多くの

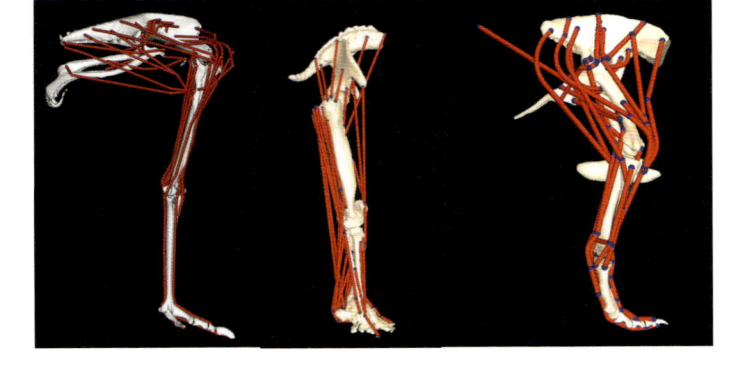

▼ティラノサウルス（右端）などの非鳥類型恐竜の骨と筋肉のコンピュータモデルを、ダチョウ（左端）やゾウ（中央）など、現在の動物のモデルと比較することができる。その結果、巨大な恐竜たちは素早く移動できたが、一部の人々が提案しているほどではなかったことが示唆された。

第4章　恐竜の生態と行動

「事実」が、じつは信頼性がなかったり、適切に記録されていない出典に基づいていたりする。たとえば、ゾウの走る速度に関する記述に、その特定の情報の出どころが明記されていることはない。実際、ゾウの移動能力に関する最近の研究では、最高速度は秒速6.8m、時速24kmというデータが出ている。ありがたいことに、哺乳類やトカゲ、ワニ類、鳥類、その他の動物の歩行や走行能力に関する研究件数は急速に増えており、私たちの知識もぐんぐん向上している。ちなみに、これらの研究の多くが、もともと非鳥類型恐竜に対して抱かれた疑問に刺激されて始まったのである。

　もう1つ問題がある。今述べた、表面的な類似性は、絶滅した動物の能力について、信頼性のある説を打ち立てるには十分ではないし、また、正確というには程遠いということだ。竜脚類恐竜は、ゾウに似ていると思えるかもしれないが、実際にはまったく違う。ゾウの腰帯pelvic girdleは小さくて浅く、尾は細い。一方、竜脚類は非常に大きくて深い腰帯を持っており、尾はとてつもなく大きく、その最大の筋肉（第3章で見た長尾大腿筋 m. caudofemoralis longus）は大腿部の後ろ側に接続していた。非鳥類型恐竜の体の構造は、現在のどんな動物とも似ていないのだ。したがって、意味のある結果を得るためには、単純で表面的な比較に頼ることはできないのである。では、どうすればいいのだろうか。

　デジタルモデリング手法により、絶滅した恐竜の歩行および走行能力に関する研究は、科学的に厳密なものとなった。機能形態学者のジョン・ハッチンソン（John Hutchinson）は、脚の筋肉を再構築し、解剖学的に正しい位置に配置することで、ティラノサウルスのデジタルモデルを作り出した（前ページ）。ティラノサウルスは、これまでに出現した二足歩行動物の最大サイズの1つであるため、動物が陸上生活の物理的制約にどのように対処してきたかを示す、1つの極限にあたる。そのため、この種の研究対象として魅力的なのである。実際、ティラノサウルスの能力を巡って、長年にわたる議論がまだ続いている。一部の専門家は、この恐竜は走ることができず、ゆっくり歩いただけだと主張しているが、また別の研究者らは、俊足の短距離走者で、競走馬並みのスピードを維持できたと主張している。それ以外にも、これらの説の中間の諸説がある。ハッチンソンの結果は、ティラノサウルスは秒速約8m、すなわち時速29kmで走ることができたと示している。ゾウくらい大きな動物としては悪くない速さだが、競走馬に比

▲さまざまな研究によれば、強力な筋肉が付いた大きな尾を持つ恐竜、とりわけ獣脚類は、この尾のおかげで、走っている最中に素早く曲がることができたという。2001年、ある論文の著者らは、本図のような姿勢の際に尾は地面から高く上がっていたと主張した。しかし、その後の研究では、この説は支持されていない。

147

▲足跡化石から、その恐竜がどれくらいのスピードで移動していたかがわかる可能性がある。フランスのラ・プラーニュにあるこの巨大な足跡は、150m以上続いている歩行跡の一部だ。この足跡を付けた主は巨大な竜脚類で、全長30m以上、体重50tを超えたかもしれない。

べればはるかに遅い。

　他の非鳥類型恐竜については、研究はまだ始まったばかりだ。一部の専門家は、長尾大腿筋は大部分の非鳥類型恐竜で非常に大きくて重要だったので、最大級の恐竜（竜脚類など）でさえ、それまで考えられていたよりも、脚を素早く、力強く動かすことができた可能性があると主張している。もしそうなら、これらの恐竜は、一般に考えられているよりも速く歩いたり走ったりできた可能性があるが、ティラノサウルスについて計算されたスピードを超えることがあったとは思えない。

　これまでのところ私たちは、骨や筋肉を見てわかることだけを検討して、非鳥類型恐竜の移動能力について考えてきたが、恐竜の歩行・走行能力を示すもっと直接的な証拠が、足跡化石から得られる。恐竜の足跡は、珍しいわけでも、見つけるのが難しいわけでもない。世界中に数百万と存在しており、数も多くて目につきやすい。足跡化石専門の古生物学者が一丸となって調査しており、その結果から恐竜の行動についての情報が得られている。

　足跡化石からは、陸上での移動に関する2つの重要な情報が得られる。1つは、その足跡を残した恐竜の、手足の姿勢に関するものだ。さまざまな恐竜が、歩行時や走行中に手足を大きく広げていたとか、歩いたり、走ったり、大股歩きや跳躍、あるいはぴょんぴょん跳びながら移動したという説は、足跡を調べれば検証できる。2つ目の重要な情報は、恐竜たちの移動スピードに関するものだ。問題になっている恐竜の四肢の長さについて、すでに推測があれば、歩幅とそれを比較することによって速度を見積もることができる。

　筆者らが取り組んでいる非鳥類型恐竜の足跡化石の研究から、いくつか普遍性のある知見が得られている。たいていの場合、足跡化石は、非鳥類型恐竜が、現在の鳥類や哺乳類と同じくらいの穏やかな速度で歩いたことを示している。非鳥類型恐竜は、巨大なリクガメやコモドオオトカゲのようにのろのろと重々しく歩いたりはせず、現在の鳥類や哺乳類、あるいは活動的なトカゲ同様、ほどほどのスピードで移動したのである。一部の古生物学者は、たとえば、ヴェロキラプトル *Velociraptor* のような獣脚類はぴょんぴょん跳ねて移動したとか、あるいは、ケラトプス類は前肢を完全に広げて歩いたなど、いくつか奇妙な説を提案しているが、このような説も、恐竜が残してくれた足跡のおかげで直接検証できる。この2例はどちらも、足跡から裏付け

られるような証拠は得られていない。

　恐竜の足跡化石の研究においても、デジタル技術による革命が起こっている。足跡をレーザーでスキャンしたり、さまざまな角度から撮影した画像をコンピュータ上で合成したりして、デジタル化した足跡の研究や測定がなされている。つまり、足跡の複雑な三次元形状を保存でき、データとして共有・コピーできるおかげで、直接発見現場に出向いたり、そこから現物を持ち帰ったりする必要がないのだ。

　デジタル版の足跡化石を作り出せれば、足と、足跡が付けられた堆積物との相互作用を調べる研究も容易になるはずだ。足跡は動力学的に形成され、堆積物の状態（たとえば、砂質か、泥質か、あるいは、湿っていたか、乾いていたか、など）とその動物の速度、体重、姿勢などによって大きく異なる。デジタルモデリングによって、これらの要因のうち、どれが最も重要な要因なのかが明らかになるだろうし、足跡化石が保存される際の変位をよりよく理解できるだろう。

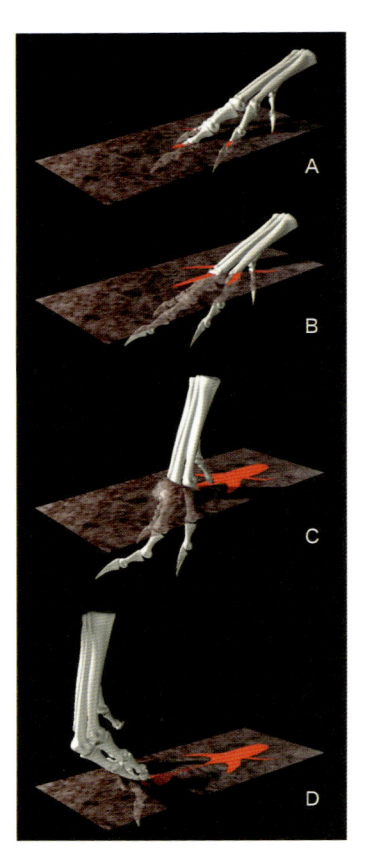

▲同じ1頭の恐竜でも、堆積物に対してどのように足を置くかや、堆積物が堅いか柔らかいかによって、どんな足跡が残るかが大きく変わる可能性がある。本図の一連のデジタル再現図は、ある獣脚類恐竜が足を柔らかい泥に乗せ（A、B）、そのなかに沈め（C）、その後引き抜いて（D）、長いスリットのような奇妙な足跡を残した様子を描いたもの。

移動能力2：水中を歩いて渡ることと泳ぐこと

　非鳥類型恐竜の大部分は陸生動物だった。しかし、水を歩いて渡ることができた恐竜はたくさんいて、泳げたものもいたと推測される。ある種の恐竜たちは、集団で移動する際や、日常的な狩りの際などに、習慣的に水域を横断していただろう。第2章で見たように、現在ではいくつかの理由から、巨大獣脚類スピノサウルス Spinosaurus は川や入り江で捕食していたと考えられている。首の長い、ガンほどの大きさのマニラプトル類、ハルシュカラプトル Halszkaraptor も、水のなかを泳いだり、歩いたりしていたことがうかがえる特徴を備えている。

　角のある獣脚類、ケラトサウルスが、縦幅があって柔軟な尾を持つことから、ロバート・バッカー（Robert Bakker）（25ページ参照）は、この恐竜も泳ぐことができた、という説を提唱している。彼はこの説を支持する証拠として、巨大な肺魚の遺骸が多数保存されている岩層に、大量にケラトサウルスの歯も含まれていることを挙げている。プシッタコサウルス Psittacosaurus やプロトケラトプス Protoceratops などのケラトプス類にも、水陸両生、または水生の習慣があったという説が提案されているし、一部の専門家は、アンキケラトプス Anchiceratops などの大型ケラトプス科Ceratopsidaeがカバのような水陸両生動物だったという説を提唱している。これらの説には異論があり、恐竜の特徴の1つだけに注目してしまうと、他から得られる膨大な情報とは矛盾したイメージを抱きかねない、という典型例ではないかと思われる。ケラトサウルスは泳

▲陸上生活に非常によく適応し
ていた恐竜でさえ、泳いだり浅
瀬を歩いて渡ったりすることが
できた可能性がある。竜脚類の
前足だけの足跡化石は、アメリ
カ、韓国、ポルトガルなどから
発見されており、いずれもちょ
っとした謎となっている。どの
ように付けられた足跡なのだろ
うか？

ぎが上手だった可能性が十分あるし、ときどき肺魚を食べたあと、傷んだ歯を
捨てていた可能性もあるが、ケラトサウルスの骨格には、それ以外に水生適応
の特徴がまったく見られない。また、プシッタコサウルス、プロトケラトプス、
アンキケラトプスの骨格も、主に陸上生活を送っていたことを示唆している。

　恐竜の足跡化石に関する最大の疑問の1つが、稀にしか見つからないのだ
が、竜脚類の前足の跡だけしか残っていない、つまり、後足の跡がまったく
ない、奇妙な足跡だ。一説では、水に体を浮かべている竜脚類恐竜が、前肢
だけで体を前に進めているときにできた足跡だという。もっと複雑な説明を
提案している説もある。発見された足跡は、体重を主に前肢で支えていた竜
脚類が残したもので、厳密な意味での「足跡」ではなく、「下層足跡
undertrack」（深いところまで重なり合った数層の堆積物の、下のほうの層
に残った足跡）だろう、というのだ。私たちが知る限り、すべての竜脚類は
体重の大部分を後肢で支えていたことを考慮すると、後者の説は見込みが薄
そうだ。また、竜脚類が水中でどのように浮力を受けたか、というヘンダー
ソン（Donald Henderson）の結論（第3章参照）を考え合わせると、竜脚
類は水に浮きながら、前肢を使って歩き、前足の足跡を残した、とする前者
の説が妥当だと思われる。

　泳いでいる獣脚類と鳥盤類が残したと推測される足跡化石も稀だが、こち
らはそれほど論争にはなっていない。3本一組の平行な溝が、繰り返し、平
行に並んで付けられたものがそれで、恐竜が川底や湖底につま先で触れなが
ら水中を移動した際に残したと思われる。このような足跡化石は、ユタ州（ア
メリカ）のジュラ紀初期の地層や、スペインの白亜紀初期の地層などで発見
されている。このような足跡を残したのは小型種から大型種までの恐竜であ

ることは明らかで、最大のものは、川底に残された長さ60cmもある化石である。

　大方の種類の非鳥類型恐竜は、泳ぎが得意だったと予測できるのではないだろうか。獣脚類と二足歩行型鳥盤類の多くは、体型が鳥に似ており、現在の飛べない大型鳥類は泳ぎがうまい。イグアノドン類やステゴサウルス類など、四足歩行型鳥盤類の多くは、厚みのある体、力強い四肢と首を持っており、これらのおかげで、容易に頭部を水面よりも高い位置に維持できたと思われる。ゾウは驚くほど泳ぎが達者で、少なくとも一部の四足歩行恐竜は、ゾウと同様の方法で川を渡ったと想像できる。もう1つ重要なのが、多くの非鳥類型恐竜が、強力な筋肉が付いた大きな尾を持っていたことである。尾によって、泳いでいる間の推進力を供給できた可能性がある。そして非鳥類型恐竜の一部、少なくとも多くの獣脚類と二足歩行鳥盤類などは、長い足指を広げることができたため、柔らかい泥や砂に足を取られることなく、その上を歩けたと推測される。これを踏まえれば、大部分の非鳥類型恐竜が必要に応じて水を渡ることができ、沼や湖、川で餌をあさって食べていたと想像できる。また、一部の恐竜は、私たちが考える以上に水中生活に適した可能性があり、日常的に泳いでいた種もいたかもしれない。もちろん、絶滅した恐竜が水の中、または外で過ごした時間がどれくらいだったのか、判断するのは難しい。

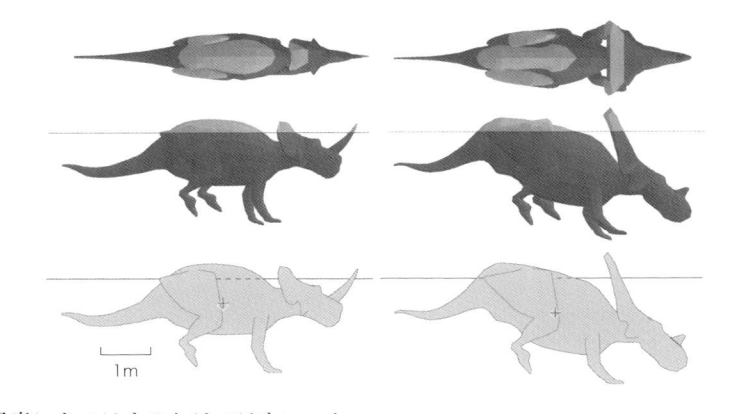

1m

▲ケラトプス類の体型、短い首、大きな頭、頭部のフリルから、一部の専門家たちは、彼らは泳ぐ際に、頭を水上に保つのに苦労したはずだと主張している。上のコンピュータ再現図は、ケラトプス類が水に浮かんだときにとった可能性のある姿勢を描いている。どちらも理想的ではないことは明らかだ。

　これらの一般論が、すべての非鳥類型恐竜にあてはまるわけではない。ケラトプス類は、頭が大きくて重く、首が短いことから、泳ぎは苦手だったと推測される。ドナルド・ヘンダーソンは、ケラトプス類のデジタルモデルを作り、水中での行動をシミュレーションした（113ページで論じた、竜脚類に適用されたのと同じ手法で）。ケラトプス類の体型、肺lungsの位置、そして頭部と頸部の解剖学的特徴はすべて、水に浮かんだり泳いだりすることにあまり適したものではなかった。ときどき、川などの沈殿物のなかに、ケラトプス類の骨が多数詰まった状態で発見されることも、これによって説明できそうだ。つまり、氾濫した川を渡ろうとして、一度に何頭もが溺れてしまったと推測される。

移動能力3：飛ぶことと滑空

　一部の非鳥類型獣脚類、少なくとも、羽毛に覆われた小型マニラプトル類の

一部は、滑空、パラシュート降下、飛行など、空中で行動することができたようだ。有名なジュラ紀後期のマニラプトル類で、最古の鳥（または、最古の鳥の1つ）とされることが多いアーケオプテリクス*Archaeopteryx*の飛行能力を巡っては、非常にさまざまな議論が続いている。非鳥類型恐竜と古代鳥類の飛行に関する議論の大部分が、アーケオプテリクスについてのものだ。

アーケオプテリクスの翼は大きく、数点の保存状態の良い骨格に基づいて、その胸と腕の筋肉の大きさを推測することができる。翼の羽は、飛ぶ鳥に典型的な形をしているとされることが多い。これらの事柄を根拠に、アーケオプテリクスは、カモメやカラスと同等の、翼を羽ばたかせて飛ぶ能力があったと考える専門家もいる。しかし、最近の研究からは、この説への疑問が持ち上がっている。アーケオプテリクスの前肢の長い羽の形は、飛ぶ鳥ではなく、飛ばない鳥のものに似ていることが明らかになった。また、アーケオプテリクスやその他の原始的な鳥の肩関節窩は、現在の飛ぶ鳥のものとは異なっており、飛ぶために適したかたちで翼を往復運動させられなかったことを示している。しかし、滑空する能力を持っていた可能性はかなり高い。

翼をはばたかせての飛行に適応したと、はっきり認められるのは、鳥類の進化が進んでからである（第5章参照）。しかし、ある種の飛行がマニラプトル類のどこか別のグループで進化した可能性はないだろうか。前肢と後肢

▼アーケオプテリクスは長い羽からなる大きな翼を持っており、これを主な根拠として、飛行が可能だったと考えられてきた。しかし、アーケオプテリクスに関する多くの仮説は、正しくない恐れがある。その翼と羽は、アーケオプテリクスが優れた飛行能力を持っていたという説を必ずしも支持しない。

に長い羽があったことで有名なミクロラプトルが「4枚の翼で滑空していた」という説は、この恐竜が記載された2000年以降支持され続けている。ミクロラプトルは鳥類の系統には属さないドロマエオサウルス科であり、ヴェロキラプトルやデイノニクスと同じマニラプトル類のグループに属する。

▲専門家たちは、脚が動き、本物の羽が付いた実物大のミクロラプトルの模型を風洞内に設置した。ミクロラプトルは、写真のように、脚を横に広げるのではなく、下に向けた状態のときに、最適な滑空を行うことができたと示された。

　ミクロラプトルの飛行様式を巡っては、多数の研究が発表されている。実物大の模型を製作し、空中で投げる実験を行ったものや、コンピュータモデルを使ったもの、さらに、羽毛まで正確に復元した模型を風洞内に置いて実験したものなどがある。しかし、ミクロラプトルの飛行能力についての結論は研究ごとに異なる。その理由の1つは、ミクロラプトルの四肢の形状に関する仮説がまちまちだからだ。いくつかの研究では、後肢が腰から外向きに広がるように伸びていたと仮定している。後肢と足の羽が大きな翼状の形に並んでいたことからすると、ある程度説得力のある仮説に思える。しかしこれは、ドロマエオサウルス科の寛骨臼 <ruby>寛骨臼<rt>かんこつきゅう</rt></ruby> acetabulum に関する既知の事実とは矛盾してしまう。というのも、骨盤 pelvis と大腿骨 femur の形状から、後肢は2本とも真下に向かって伸び、外向きにはわずかにしか広がらなかったことを示しているからだ。

　ガレス・ダイク（Gareth Dyke）と同僚らが2013年に行った風洞実験では、ミクロラプトルは滑空できたものの、空気抵抗が大きく、滑空距離はごく短かったことが示された。また、ミクロラプトルは脚を下向きに、かつ、ほんの少し外に曲げた状態のほうがうまく飛べることが示された。この姿勢は、骨に基づいて推測される姿勢と一致する。ミクロラプトルは、おそらく滑空し、枝から枝へと移動し、枝の間で獲物を狩ることができたと推測されるが、その解剖学的特徴の大部分は、彼らが陸上での活動を主とする捕食者だったことを示している。

　鳥類に似たいくつかのマニラプトル類のグループや、初期鳥類そのもののメンバーたちは、滑空やおそらく羽ばたきもできたと考えられる。彼らの正確な飛翔能力については、まだはっきりせず、議論も続いており、多くの課題が残されている。コンピュータモデリング、風洞実験、羽毛・骨化石の顕微鏡による観察などを利用した取り組みが待たれる。また、滑空と飛行の進化が起こったのは、ドロマエオサウルス科や鳥類、それ以外のグループの祖先に当たるマニラプトル類で一度きりだったのか、それとも、二度以上出現したのかも、まだわかっていない。

何かはっきりしていることがあるとすれば、それは、四肢に大きくて長い複雑な羽が生えていた非鳥類型恐竜と原始鳥類では、必ずしも飛ぶのが得意だったわけではないということだ。さらに言えば、マニラプトル類が進化によって滑空や飛行が可能になった経緯は、私たちがほんの数年前に想像していた状況よりもはるかに複雑だったことも間違いない。

恐竜の生理機能を巡る大論争

生きている動物はさまざまな方法で力を生み出し、体温を保ち、過熱を防ぎ、食べたものをエネルギーや体組織に変換する。すべての動物が食べ物を消化し、そこから得たエネルギーを、筋肉や器官の動力として利用する。また、多くの動物が、太陽や地面の熱を取り込み、体内に蓄積する。習慣的に、体外の熱源に依存する動物を、「外温性ectothermy」または「冷血cold-blooded」動物と呼び、体内で熱を発生し蓄積する動物を、「内温性endothermy」または「温血warm-blooded」動物と呼ぶ。食物の消化、力の発生、体温の維持、水分の制御など、動物の体内で働いている機能は、生理機能physiologyと総称される。非鳥類型恐竜（と原始鳥類）がどのような生理機能を持っていたかについては、長年にわたり、恐竜研究の全分野において、最大の議論と論争を生み出す領域の1つとなっている。

現在の鳥類や哺乳類は、（大部分が）内温性である。内温性動物は、熱を体内に蓄積し（断熱して、熱を体内に保つ）、その熱を使って、器官を高温に維持する。このように体温を維持できれば、器官を速いペースで機能させ、食物を素早く消化し、卵（または胎児）を素早く成長させることができる。また、内温性であれば、外界の温度による制約も受けない。寒冷な環境でも生きられるし、多くの、もしくはすべての活動を、低温になる夜間でも行うことができる。

一方、外温性動物は、内温性動物より必要なエネルギーが少なく、主に太陽から集めた熱に依存している。外界の温度を頼りにして体を温めるので、体は小型になる傾向があり、器官も内温性動物に比べて小型で、エネルギーをそれほど必要としないことが多い。

人間や多くの現生大型動物が内温性であるため、私たちは、生理機能が異なる他の動物よりも、内温性のほうが優れているとか、進歩していると思いがちだ。しかしこれは非常に偏った見方で、あまり正確とは言えない。多様な生息環境で、両生類、爬虫類、そして昆虫が非常に広範囲に存在していることは、外温性が多くの動物グループに

▼私たちは、哺乳類などの内温性動物は体内の温度を一定かつ高温に保っていると考えがちだ。しかし、これはすべての種に当てはまるわけではなく、写真のハリモグラなどの、オーストラリアに生息するハリモグラ類は、通常の条件下でさえ、体温が数度もの幅で変動する。

第4章　恐竜の生態と行動

とってたいへん有効な方策であるという証拠なのである。

　この数十年間に行われた多くの研究で、動物を外温性か内温性かのどちらか一方に区別してしまうことは、誤解を招く恐れが大きいことが明らかになった。従来、外温性とみなされてきた多くの動物が、実際には体内で熱を発生させることができることがわかっている。昆虫、サメ、硬骨魚類には、目や脳、体の内部に特別な発熱器官を持つものがいるし、体内で熱を発生し保持するトカゲも存在する。また、従来内温性とみなされていながら、熱を発生させるのが苦手で、外部の熱源に頼るか、環境の温度に応じて自分の体温を変動させるものがいる。ハリモグラや穴居性のネズミ類などの哺乳類がこれに相当する。

　じつのところ、外温性動物と内温性動物がきれいに分かれている、という考え方自体が非常に誤解を招きやすく、避けるべきことである。このことは、非鳥類型恐竜の生理機能を考える際、どんな影響を及ぼすのだろうか。ここ何年かの間で、非鳥類型恐竜の生理機能に関する考え方は非常に大きく変化した。非鳥類型恐竜は外温性で、体温の調整を完全に環境に頼っていたと主張する研究者もいるし、非鳥類型恐竜は内温性で、現在の哺乳類や鳥類とまったく同様に熱を発生させ、維持することが可能で、寒冷で凍えるような環境でさえも、活動を維持できたと主張する者もいる。非鳥類型恐竜は完全に内温性だという説は、1960年代から1970年代にかけての恐竜ルネサンス期に、一部の研究者やライターが「温血の恐竜」について熱烈に書き立てたことで、優勢になった（第1章参照）。

▲体内で熱を発生させられるのは、哺乳類と鳥類だけではない。他にも多くの動物が、体内で熱を発生させ、高い体温を維持できる。写真に示すマグロのような泳ぎが速い魚の多くがこの能力を持っている。

　非鳥類型恐竜は大きさも形も非常に多様であるため、あらゆるグループに当てはまる生理機能なるものは、ほぼ確実に存在しなかっただろう。しかし一般論として、絶滅した恐竜たちは、大量のエネルギーを必要とする大きな筋肉と器官を持っているし、多くの恐竜が、高温や低温、そして風雨などの条件にさらされる生活を送っていたに違いない。また、ほぼすべての非鳥類型獣脚類と竜脚類が、現生鳥類同様の気嚢システムを持っており、たくさんの空気を体全体に巡らせて大量の酸素を送り込み、筋肉や器官を素早く活動させることができたという点も重要だ。非鳥類型恐竜の骨に見られる孔には、生きていた当時血管が通っており、現生鳥類と同じぐらいの太さの血管が張り巡らされていたことがわかる。

　骨に残された成長線から、絶滅した恐竜が、おそらく現在の鳥類や哺乳類

155

と同じように素早く成長したことがうかがえる。非鳥類型恐竜は成長が速かったと主張する専門家たちは、代謝率が常に高くない限り、これらの恐竜に見られる骨組織は生成されないだろうと推測している。言い換えれば、急成長は、内温性だった証拠だろうというわけである。

2022年に発表されたある研究は、恐竜の骨に残された老廃物の化学組成に注目することによって、主要な恐竜グループと恐竜の祖先において内温性の証拠を発見した。

それを受けて、最近の研究のほとんどが、非鳥類型恐竜（および初期の鳥類）は内温性で、生理学的にトカゲやワニ類よりも哺乳類や現代の鳥類のほうに近かったとしている。しかし、非鳥類型恐竜の生理機能はもっと多様だったとの見方もある。一部の専門家は、ある特定の非鳥類型恐竜の成長率は、いくぶんか中間的で、内温性の熱発生は確かに起こったが、内温性の哺乳類や鳥類ほど体温の制御は完全ではなかったと主張している。このような中間的な体温調整法を「中温性mesothermy」と呼ぶ。また、他の研究者らは、一部の恐竜たちは、祖先は内温性だったのに外温性の体温調整戦略へと進化したと主張している。

2022年にジャスミナ・ウィーマンが率いた研究は、大半の恐竜は内温性だったとしたが、ステゴサウルス類、ハドロサウルス科、そしてケラトプス類には外温性の証拠が見つかった。

化石化した恐竜がどのような代謝を行っていたかを絶対的な確信をもって知ることは決してできないだろうし、すべての非鳥類型恐竜の身体が同じように機能していたと想定するのも間違っている。少なくとも一部のグループは鳥類のような高度な代謝能力を持っていたという十分な証拠が存在する一方で、他の恐竜では、中間的な「中温性」をとっていたのかもしれないし、さらに、これら以外のグループでは真の外温性代謝が進化した可能性もある。

恐竜の繁殖と性の営み

すべての動物がそうであるように、非鳥類型恐竜にも繁殖の必要があった。

▲非鳥類型恐竜の成長率に関する研究は、彼らが急速に成長したことを示している。ただし、たいていの動物より成長率が高いとはいえ、必ずしも現生鳥類や大多数の哺乳類ほど成長が速かったわけではない。晩成性鳥類altricial birdsとは、孵化後しばらく歩くことができず、巣の中で過ごす種のことであり、早成性鳥類precocial birdsとは、孵化後間もなく歩いたり走ったりできる種のこと。

第 4 章　恐竜の生態と行動

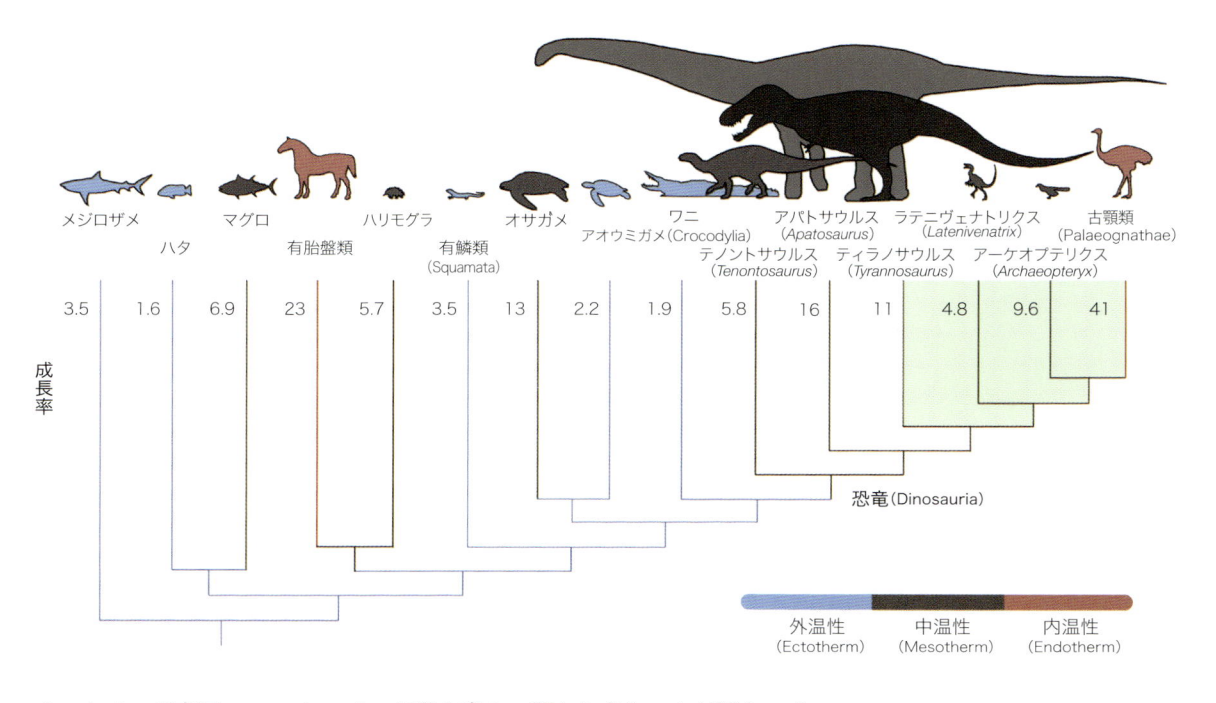

| メジロザメ | | マグロ | | ハリモグラ | | オサガメ | | ワニ | | アパトサウルス | | ラテニヴェナトリクス | | 古顎類 |
| 3.5 | 1.6 | 6.9 | 23 | 5.7 | 3.5 | 13 | 2.2 | 1.9 | 5.8 | 16 | 11 | 4.8 | 9.6 | 41 |

ハタ　有胎盤類　有鱗類(Squamata)　アオウミガメ(Crocodylia)　テノントサウルス(Tenontosaurus)　ティラノサウルス(Tyrannosaurus)　アーケオプテリクス(Archaeopteryx)

成長率

恐竜(Dinosauria)

外温性 (Ectotherm)　中温性 (Mesotherm)　内温性 (Endotherm)

オスとメスが交尾matingし、メスが卵を産み、卵から赤ちゃんが孵り、成体へと成長する。絶滅した恐竜の繁殖について私たちが推測することの多く（体内受精をし、巣を作り、卵を産んだ）は、恐竜の生態の他の領域に使用するのと同じブラケッティング法bracketingに基づいている。しかし、繁殖に関しては、推測だけに頼る必要はない。なぜなら、非鳥類型恐竜の巣作りnestingや産卵行動、彼らの生活史と成長については、化石における直接的な証拠がたくさん存在するからだ。

　当然のことながら、絶滅した恐竜の交尾の習慣について、はっきりしたことは何もわかっていない。せいぜい、生きている動物の行動を観察し、何らかの合理的な推測をするくらいのことしかできない。しかし、恐竜の専門家たちが、この問題を完全に避けてきたわけではない。ある種の恐竜が、驚くべき巨体と特異な体型を持っていることで、このテーマは一層興味深くなっている。一部の竜脚類はあまりに大きいので、交尾のために後肢で立つことは困難だったか、危険だったに違いないと思われる。また、背中と尾に大きな板やとげが並んでいたステゴサウルス類が、どうやって交尾ができるくらいにお互いが近づいたのか、想像するのも難しい。

　巨大恐竜は、何時間もかけて交尾を行う一部の現生大型哺乳類と似た行動をしたと思われがちである。鳥類やワニ類、大型トカゲ類よりも、哺乳類の交尾行動が頻繁に報告されていることがその原因の1つだろう。また、ゾウやサイなどの哺乳類と体の大きさが同じくらいだったという単純な理由だけ

▲本図の系統樹は、2014年のある論文で使われたもので、いくつかの恐竜グループが中温性代謝だった可能性を示している。これが正しいならば、これらの恐竜の代謝は現在のマグロ、ハリモグラ、オサガメなどに似ていたのだろう。しかし、中温性恐竜という仮説は、より新しい複数の研究で反論されている。

157

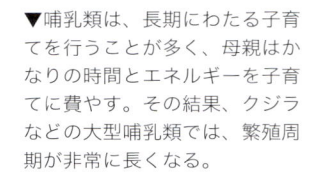

▲ワニ類の場合、求愛プロセスの最後に交尾が行われる。求愛プロセスには、体に触れたり抱擁したりする他、聴覚と視覚へのアピールが含まれる。このプロセスのあいだ、メスがオスの背中に乗ることもある。

▼哺乳類は、長期にわたる子育てを行うことが多く、母親はかなりの時間とエネルギーを子育てに費やす。その結果、クジラなどの大型哺乳類では、繁殖周期が非常に長くなる。

で、非鳥類型恐竜はこれらの哺乳類と似た行動をしていたのだとつい想像してしまうことも原因になっている。このような考え方は、完全に間違っているわけではないのだろうが、非鳥類型恐竜の系統と解剖学的知見からすると、非鳥類型恐竜と最も近縁な現在の動物、とりわけワニ類と大型鳥類こそ、もっと参考にすべきである。

非鳥類型恐竜がこれらの現生動物と同様の方法で交尾したとすると、メスがかがんで、骨盤のあたりを上げるか、尾を持ち上げたり左右に動かしたりして、自分は交尾の準備ができていると知らせたかもしれない。するとオスは、メスの後ろまたは上に自分の体を置き、尾と骨盤のあたりを動かして、めくれた陰茎をメスの排出腔に突き通したのだろう。また、ワニ類や多くの鳥類の交尾は短いので、非鳥類型恐竜もそうだった可能性がある。

交尾と受精が完了したら、次はどうなるのだろうか。非鳥類型恐竜は、具体的にどのような繁殖戦略を取っていたのだろうか。最初に考えるべきことの1つが、彼らはK戦略K-selectionとr戦略r-selectionのどちらを採用していたかである。この2つの用語は、動物の集団の個体数と、その集団の個体数の増加率との関係を把握するために使われる方程式から来ている。K戦略を取る動物は、一度に産む子の数が少なく、その子の成長と世話parental careのために多大なエネルギーを注ぎ、生涯を通して少数の子しか作らない。大型哺乳類（人間も含む）はK戦略で、サメや一部のトカゲ、カメもそうだ。一方、r戦略の動物は、多数の子を産むが、子の生存率は低く、子の成長に対する親の投資も少ない。

じつのところ、この2つの戦略がはっきりと区別でき、動物はみなどちらかに分類できるという考え方は、数十年前に廃れた。というのも、多くの動物で、2つの戦略のさまざまな側面を取捨選択し、組み合わせた事例が見られるからだ。とはいえ、用語としては今も役に立つ。非鳥類型恐竜の場合、彼らは主にr戦略を取っており、一度にたくさんの卵を産み、多数の幼体が孵り、そのうち比較的少数のものだけが生き残って成体になった。非鳥類型恐竜の多くの種が、非常にたくさんの子を生み出していたので、どんな時代の恐竜の集団を見ても、大多数は幼体が占めていたと推測される。

第4章　恐竜の生態と行動

　この見解を支持する証拠は足跡化石に見られる。成体ではなく幼体が付けたと思われる足跡化石が、いくつもの地層で発見されているのだ。さらに、これまでに発見された非常に多くの中生代の恐竜骨格が、まだ成長しきっていない若い個体であるという事実と、恐竜は全般的に成長が速いという事実も、これを支持している。多くの恐竜が「駆け足で生き、若くして死ぬ」生涯を送ったのだ。

▲哺乳類の子は、成長が速いネズミ目でさえ、生まれた直後は完全に母親に依存しているのが普通だ。このやり方は効果的だが、母親が多大なエネルギーを費やし、さまざまな世話を、タイミングを逃さずに行う必要がある。

　このことは、恐竜の進化全体に、興味深い影響を及ぼしている。多くの種の恐竜で、体が小さい幼体は成体から離れて生活したようだ。異なる場所で暮らし、親とは違う種類のエサを食べ、まるで別の「種」のように行動していたことは間違いなさそうだ。つまり、体の大きさが異なる、数種類の異なる種が暮らせたはずの生態系スペースを、1つの非鳥類型恐竜の種が独占できる可能性があったわけだ。恐竜の種によっては、幼体が成体とはまったく違った姿をしていたという事実も、これを支持しており、この説については、少しあとで再び論じる。

　また、恐竜の集団が主に幼体からなっていたのなら、恐竜を全滅させるのは困難だった可能性がある。成体を全滅させ得る出来事（大きな気候変動や、小惑星の衝突等の地球規模の災害など）でも、体が小さい幼体は大きな集団で生き残れたかもしれない。そして事実、恐竜は中生代を通して何度も困難を生き延びてきた。非鳥類型恐竜は大量絶滅を生き延びることができなかったと考えられがちだが、彼らがそれまでに、2、3度、他の絶滅extinctionを生き延びていることを忘れてはならない。

卵、巣、そして赤ちゃん

　仮に非鳥類型恐竜の卵、巣、幼体の化石がまったくなかったとしても、ブラケッティング法を使うことで、非鳥類型恐竜が、巣の中に堅い殻の卵を産み、片方の性別の親、もしくは両親が卵や幼体の世話をした、という結論に達することができるはずだ。現生ワニ類は、これらのことを行っている。具体的には、植物または土砂で小さな山のような巣を作り、孵化までの間、巣を守る（ワニ類のなかには、穴を掘り、それを巣として使うものもいる）。卵が孵化すると、幼体が巣の外に出るのを母親が助けてやり、水辺まで連れていく場合もある。これらの行動は、孵化後の子育てparental careとして知られている。その後母ワニは、幼体のそばにとどまり、捕食者から幼体を守る。

159

▲地面に巣を作る珍しい鳥、ツカツクリは、土砂と植物の大きな山を作り、それを孵卵器として使う。多くの非鳥類型恐竜が同じ方法で巣作りをしていた。写真はオーストラリアのクサムラツカツクリ。

▲写真の細長い卵は、白亜紀の恐竜のもので、1920年代にモンゴルのゴビ砂漠で発見された。明らかに、一度に産卵された後、意図的に円形に配置されている。

ある種のワニ類の親は、さらに複雑な行動を取る場合もある。ワニ類の親どうしが協力し合う例も報告されており、母ワニたちが、互いに近いところに巣を作ることがある。また、他の巣に卵を産み付け、そこが100匹以上の子の「保育園」になる場合もある。子育てはメスだけの仕事ではない。種によっては、幼体を水辺に連れていくのをオスが手伝う場合もあるし、オスが幼体らを守るために駆けつけることもある。件数はわずかだが、いくつかの観察例では、ワニ類は幼体に餌を与えることがあると示されている場合もある。また、子育てが長期に及ぶこともあり、なかには3年も続く場合もある。

鳥類が巣を作り、抱卵brooding し、ヒナの世話をすることは、よく知られている。現生鳥類の多くは木に巣を作るが、現生鳥類の中でも原始的なグループでは、地面に巣を作るほうが一般的だ。地面に巣作りする鳥類のなかには、浅い窪みや、低い台状の巣を作るだけのものもいれば、植物や土砂を高く積み上げて巣にするものや、穴やトンネルを掘って巣にするものもいる。

恐竜の場合、何千個もの卵化石が発見されている。その多くは白亜紀後期のものだ。卵化石の多くは殻の破片だが、完全な卵化石もよく見つかるし、卵がいっぱいに詰まった巣も知られている。初めて科学的に認識された非鳥類型恐竜の卵としてしばしば引用されるのは、1920年代に、アメリカ自然史博物館の探検隊がモンゴルで発見した化石である。動物学者で探検家のロイ・チャップマン・アンドリュース（Roy Chapman Andrews）が率いたこのチームは、長さ約23cmの長円形をした卵がいくつも入った巣を発見した。当初それは、初期ケラトプス類のプロトケラトプスのものだと考えられた。しかし、それは間違っていたことが判明した。この件については、このあと紹介する。

じつのところ、非鳥類型恐竜の卵は、研究者の間では1800年代から知られており、考古学の遺跡発掘現場からは、数千年前の古代人たちが卵殻化石の断片を見つけ、保存していたことが知られている。非鳥類型恐竜の卵は、大きさも形も極めて多様だ。長円形のもの、ニワトリの卵とほとんど変わらないもの、そして、ほぼ完全に球形のものなどがある。これまでに発見された卵の大きさは、長さが10cmに満たないものから、30cmに及ぶものまである。

恐竜の卵はどれも硬い殻で覆われていたという固定観念に対し、2020年マーク・ノレルと同僚は、竜脚形類ムスサウルス*Mussaurus*とケラトプス類プロトケラトプスには石灰化した分厚い硬い卵殻は存在しなかったと主張するこ

第4章　恐竜の生態と行動

とによって、これに疑問を呈した。彼らは、恐竜の祖先の卵殻は柔らかく、その後石灰化した卵殻が少なくとも3度、独立して進化したという説を提案した。これが正しければ、非鳥類型恐竜では鳥類よりもトカゲに近い柔らかい卵殻が一般的だったことになる。柔らかい殻の卵は保存される可能性が低いので、一部の恐竜グループの卵がほとんど発見されないことの理由はここにあるのかもしれない。

　母親の体内から完全な卵が発見された例が、1、2例ある。中国の白亜紀後期の地層で発見されたオヴィラプトロサウルス類の化石である。骨盤の内部に2個の卵が残されており、どちらも母親の死の数時間後、あるいは数分後に産み落とされるはずのものだった。卵が2個存在するということは、生殖管、すなわち卵管oviductが2本とも機能していたということだ。非鳥類型恐竜の卵は2個ずつ産み付けてあることから、以前から推測されていたことが証拠によって裏付けられたわけだ。一方の卵管（左側）しか機能していない現生鳥類とは異なる状況だ。どうやら獣脚類は、どこかの時点、おそらく鳥類進化史の初期において、両方が機能する卵管から1本だけに切り替わったのだろう。

　恐竜の卵殻の微細構造は、じつにさまざまである。卵殻表面の質感や、卵殻にある微小な孔の数、密度、大きさ、そして卵殻を形成する鉱物層の数は多様だ。これらの特徴は、その恐竜の巣作り行動を明らかにするうえで役に立つ。たとえば、孔が特に大きい場合、その卵は、孵化までの間、湿度が高い環境（上を植物で覆われていたり、土砂のなかに埋まっていたり、など）に置かれたことがわかる。このような環境では、卵のなかに十分な酸素を取り込むために、大きな孔が必要だった。恐竜の卵殻研究を専門とする古生物学者たちは、40種類を超える卵殻を同定している。

　卵の内部に胚embryoが保存されている場合がある。アルゼンチンで発見された白亜紀後期の球形の卵には、内部にティタノサウルス類の胚が保存されていた。それ以外の場所からも、初期竜脚形類やハドロサウルス科、テリジノサウルス類などの恐竜の骨が卵の中に保存された例が報告されている。1920年代に発見され、当初は「プロ

▼顕微鏡レベルでの恐竜卵殻の表面構造は、凹凸が激しく、同時に多数の孔があることが多い。この写真でも、卵殻に隆起と孔が見られる。これらの特徴は、卵殻の種類の特定に役立つものだが、卵のなかに生きた胚があった当時は、生物学的機能も担っていたのだ。

▲ゴビ砂漠で発見された、卵殻の破片。このような卵殻片（直径数mmから数cmのことが多い）は、さまざまな地域に豊富に存在している。かつて恐竜の営巣地として使われた場所には、卵殻やその破片が数百万個と存在しているはずだ。

トケラトプスの卵」だと思われていた卵は、じつは、オウムのような頭を持つ、鳥に似た恐竜、オヴィラプトロサウルス類の卵だったことが判明している。これは皮肉な話で、オヴィラプトロサウルス類はもともと、卵泥棒と認識され、プロトケラトプスの卵を盗んだ犯人だという汚名を着せられていた。なにしろ「オヴィラプトロサウルス」という名称自体、「卵泥棒トカゲ」を意味するのだ。

多くの卵が、クラッチclutch（卵が集まった状態）として、あるいは、巣として発見されている。その様子もさまざまで、産卵行動に違いがあったことを反映している。非鳥類型恐竜で最も多いのは、卵が円形にまとまって産み付けられている状態だが、他に、直線状や円弧状に卵が並んでいる場合もある（竜脚類のものと考えられている）。非鳥類型恐竜の多くの種で、植物を積み上げて巣を作ったと推測されている。現在のワニ類や一部の鳥類はそのように巣作りしている。多くの非鳥類型恐竜は体が大きすぎるため、卵の上に座って、卵を温めたり保護したりはできなかっただろう。クラッチの上に葉や枝が大量に積み重なった状態の化石はまだ発見されていない。だが、これは当然だろう。というのも、積み重なった植物がそのまま保存される可能性は低いからだ。白亜紀より後に出現した鳥類でも、植物でできた巣の化石はほとんど知られていない。ほんの2、3の例が報告されているが、それらはすべて、カモやフラミンゴに近縁な水鳥が作ったものだ。

非鳥類型恐竜の子育て行動は、議論のテーマとして取り上げられることが多い。これは、北米で発見された恐竜、マイアサウラが1979年に報告されて以来、今日まで続いている。この恐竜の化石には、成体の遺骸のみならず、巣、幼体の骨、そして卵殻までが含まれている。この恐竜を発見した古生物学者、ジャック・ホーナー（Jack Horner）とボブ・マケラ（Bob Makela）は、マイアサウラの巣が何層にも保存された営巣地全体を発見した。この発見で、マイアサウラが（そして、おそらく他のハドロサウルス科も）コロニーを作って巣作りしただけでなく、彼らが毎年同じ場所で営巣nestingしたことも明らかになった。

マイアサウラは大型の恐竜で、全長7m、体重は2.5tほどあり、巣の上に座ることはなかったのは間違いないだろう。だが、複数のオヴィラプトロサウルス類の標本が示しているように、白亜紀のさまざまなマニラプトル類（希少なアルヴァレスサウルス科Alvarezsauridae、トロオドン科、ドロマエ

第４章　恐竜の生態と行動

▲本図に示すマイアサウラのようなハドロサウルス科は、コロニーを形成して巣作りした。その際、巣どうしは程よい距離で離れていた。親が巣を守り、おそらく、巣立ち前の幼体に食べ物を運んだのだろう。小型獣脚類や大型のトカゲなどの捕食者が、守られていない卵や幼体を襲っていた。

オサウルス科）は巣に留まっていたと考えられる。これらの証拠は、現在の鳥類と同じように非鳥類型マニラプトル類でも巣に座る行動が広く見られたことを示している。

　これらのマニラプトル類の親は、抱卵していたと考えられている。抱卵とは、巣のそばで、卵を適温に維持することだ。動物たちは、自分の体を使って卵を温かく保ち、日陰を作ってやり、さらに、巣材の位置を移動させて、孵化に適切な温度を維持する。彼らは巣を守ってもいたはずだ。非鳥類型恐竜は、卵や幼体を食べてしまう哺乳類やトカゲ類などの動物のそばで生活していた。孵化して間もない恐竜の幼体が危険にさらされていた直接的な証拠がある。恐竜の巣の中から発見された白亜紀のヘビの化石や、中国で見つかった、胃の内容物のなかにプシッタコサウルスの幼体の遺骸が残された白亜紀前期のアナグマ大の哺乳類、レペノマムスの化石などだ。

　驚くことではないだろうが、非鳥類型マニラプトル類は、鳥類と同様の方法で卵を守った。卵殻化石から検出された色素から、オヴィラプトロサウルス類の卵殻は緑がかった色で、茶色または灰色のまだら模様があったことがわかっている。模様はカモフラージュだ。卵は産卵後地面に並べられていたので、これは理に適っている。

　巣の上に座っている状態で発見されたマニラプトル類は、メスだと考えら

 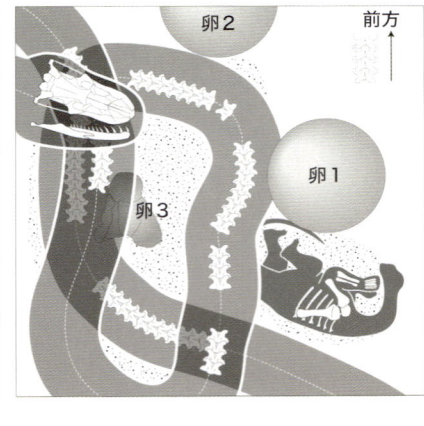 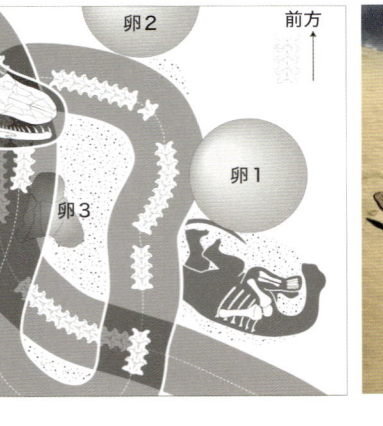

▲白亜紀の大型ヘビ類は、恐竜の幼体を食べることもあったと推測される。2010年、本図に示す驚くべき化石が、インドの白亜紀後期の地層から発見された。サナジャーと名付けられた大型のヘビが、ティタノサウルス類竜脚類の巣のなかの、卵と幼体のすぐ隣で見つかった。

▼モンゴルで発見された素晴らしいオヴィラプトロサウルス類化石（「ビッグ・ママ Big Mamma」という愛称が付いている）は、卵がたくさん入った巣の上で、両腕で卵をかかえた姿で保存されている。この恐竜の骨格の大部分は浸食作用にさらされて失われてしまっている。現在では、この「ビッグ・ママ」はメスではなくオスだったと考えられている。

れていたことがあった。しかし、多く現生鳥類において、卵の上に座るのは、メスだけの行動ではない。両親が卵の世話をする場合もある。また、オスが卵の世話の大半、あるいはすべてを行う場合もあり、エミュー、ヒクイドリ、レア、キーウィがその例だ。メスの非鳥類型恐竜の骨格に骨髄骨 medullary bone が発見されたおかげで（第3章参照）、場合によっては恐竜化石の性別を特定すること sex identification ができるようになった。メスの骨が常に骨髄骨を含んでいるわけではないが、骨髄骨が形成され、機能したことがあるなら、その組織がなくなっていても、脚の骨の内側の層に、組織が再構築（リモデリング remodelling）された形跡が見られるはずである。「リモデリング」とは、骨の層の中に、形状や構造が最近変化した痕跡が残された状態である。オスの骨の層には、骨髄骨によるリモデリングの痕跡は見られない。このことを踏まえて、恐竜の繁殖の専門家、ディヴィッド・ヴァリッキオ（David Varricchio）と彼の同僚らは、営巣中のトロオドン科の標本と、シチパチ Citipati と呼ばれるオヴィラプトロサウルス類の化石の骨の微細構造を調べた。どちらの化石にも、骨のリモデリングは見られず、オスだったようだ。

ヴァリッキオらは、これらの巣に座るマニラプトル類について、もう1つ驚くべき説を提唱した。非鳥類型マニラプトル類の巣にある卵の数は多く（22〜24個）、卵の大きさは、成体と比較して大きい。ヴァリッキオらは、これらの巣は1組の番だけのものではなく、2頭以上のメスが産んだ卵が一緒に入っている、共同巣 communal nest だったためと主張している。たしかに現在の鳥類でも、ダチョウ、南米に生息するレア、そしてさまざまなクイナ科、カッコウ科、スズメ目の鳥たちが共同巣を営んでいる。

第 4 章　恐竜の生態と行動

孵化後の子育て行動のあるなし

　非鳥類型恐竜の幼体が卵から孵ったあとは、何が起こったのだろう。幼体は、自力で生きるために、できるだけ早く巣を離れたのだろうか。それとも、親に世話をしてもらったのだろうか。ここでも、ブラケッティング法を使うことで、彼らがどんな行動を取ったかを推測する手掛かりが得られる。ワニ類も鳥類も親が子育てをするし、子と親の結びつきは複数のトカゲ類グループでも見られる。カメ類にも、すみかを変えるための移動の際、孵ったばかりの子ガメを、音を使って導く種が1つある（南米の川に生息するオオヨコクビガメである）。恐竜からは系統樹上さらに遠くなるが、さまざまな両生類や魚類で、親が子育てをすることが知られている。トカゲ、カメ、両生類、そして魚類は、恐竜と近縁ではないが、これらの動物たちの間では、親が卵の世話に時間と労力を注ぐ、複雑な子育て行動が広く存在することは明らかである。

　化石証拠から、数種類の非鳥類型恐竜が実際に孵化後の子育てを行ったことがうかがえる。その情報が最も多いのはハドロサウルス科で、なかでも、アメリカで発見された白亜紀後期のマイアサウラについては詳しく調べられている。クレーターのような巣のなかから、孵化後数週間と見られる幼体が発見されており、幼体らは巣のなかで、片方または両方の親から食べ物を与えられ、保護されていたようだ。巣のなかで発見された卵殻の破片は、他にも理由はあり得るが、幼体らが踏みつけて割れたものと考えられている。マイアサウラの巣のなかで見つかった植物の破片は、親が巣に運んだ餌の残りかもしれない。

　孵化後も幼体は巣に留まり、片方または両方の親が餌を与え保護していたという説は、少なくともハドロサウルス科に関しては、今得られている証拠を合理的に解釈したものだ。では、このような孵化後の親による幼体の世話は、非鳥類型恐竜の間でどのくらい広く見られたのだろうか。

　ロバート・ライス（Robert Reisz）らの研究は、南アフリカで発見されたジュラ紀初期の竜脚形類、マッソスポンディルスが孵化後の子育てを行っていたかもしれない可能性を提案している。マッソスポンディルスの孵化直後の幼体は極めて小さく、成体とは外見がまったく異なる。頭が大きく、首は

▲写真のナイルワニのような現生ワニ類は、いわゆる孵化後の子育てを行っている。母ワニは、捕食者から幼体を守り、幼体を水辺まで運ぶ。ときには、口のなかに幼体を入れて運ぶこともある。幼体が餌を探すのを助けることもあるかもしれない。

165

▲この中国で発見された驚くべき化石には、プシッタコサウルスの幼体が34体と、それより大きな個体が1体保存されている。これらの恐竜はみな同時に埋まってしまったのだから、大きな個体が偶然そこにいたのではないことはほぼ間違いない。大きな個体は親だったのだろうか、それともベビーシッターだったのだろうか。

短く、また、体の大きさに対する四肢の長さの比率からは、彼らが四つん這いになって歩いたことが推測される。さらに、成体や年長の幼体とは違い、孵化直後の幼体には歯がない。ライスと同僚らは、このように奇妙な体型で歯もなく不器用な幼体には、親が世話をする必要があっただろうと考えている。おそらく、幼体が自分で餌を探すことはできず、親が噛んで柔らかくした餌を巣まで運んで食べさせていたのだろう。現時点では、この説はまだ仮説にすぎず、さらなる証拠が待たれる。

孵化後の子育てに関する、最も注目すべき推測が、ケラトプス類のプシッタコサウルスの化石をもとになされている。このプシッタコサウルス標本は、34体の幼体と共に保存されている。土石流に巻き込まれて一度に死んでしまったもので、大きなプシッタコサウルスは死の直前、幼体を守ったり保護したりしていたと思われる。この標本の幼体の数は、通常のクラッチで想定される子の数よりも非常に多く、異なるクラッチから集められた保育所のような状態だった可能性がある。大きな個体も完全な成体ではなく、大きな幼体だった。この大きな幼体は親だったのだろうか。多くの種類の非鳥類型恐竜が、完全な成体に達する前に繁殖が可能となったことは、すでに知られている事実だ。あるいは、この大型の幼体はベビーシッターで、一緒に死んだ小さな幼体の一部または全部と血のつながりがあったのだろうか。友人や親戚どうしで子の

第4章　恐竜の生態と行動

世話をする動物は人間に限ったことではない。このような協力関係は、鳥類では広く見られるし、非鳥類型恐竜でも行われていた可能性はあり得る。

北米で発見された、プシッタコサウルスと同じ鳥盤類の、オリクトドロメウス Oryctodromeus も、複数個体が集まった状態の化石が知られている。3個体が一緒にいたもので、そのうち1体が成体、残る2体は幼体だった。すべてごく近くで死んでおり、おそらく、彼らの大きならせん状の巣穴が水浸しになったときに溺死したのだと推測される。小型鳥盤類の一部は、家族集団で穴の中で生活した社会的動物だったのみならず、地面の巣穴を利用する習性があった。彼らは、自ら地面に巣穴を掘る恐竜だったのだろうか。オリクトドロメウスには、穴掘り生活に適応していたことを示唆する、いくつもの特徴が見つかっているので、その可能性はあり得る。

若い非鳥類型恐竜が成長し、営巣環境から離れたあとはどうなったのだろう。幼体がもっと大きくなるまで、親が世話を続けたのだろうか。それとも、幼体と親は別々に生活していたのだろうか。この疑問の答えにつながるような化石はめったにないが、現時点でわかっていることは、恐竜によってやり方が違っていたということだ。獣脚類の、非鳥類型コエルロサウルス類など、一部の恐竜では、幼体が単独で発見されており、自力で餌を見つけ、独立した生活ができたようだ。その一例が、先に見たスキピオニクスだ（116〜117ページ）。この小さな幼体は、体の大きさに比べ、歯と手の鉤爪が非常に大きく、胃と腸の内容物から、単独で狩りをして食べていたことがうかがえる。おそらくこの恐竜では、孵化後の親による子育てはなかったのだろう。

一方、幼体が成体のすぐそばで発見される場合もある。たとえば、北米で発見されたイグアノドン類、テノントサウルス Tenontosaurus の4体の幼体は、成体の骨格の下で発見された。これらの幼体は全長約2mに達しており、孵化後数ヵ月経っていた。彼らが1体の成体のすぐそばで発見されたからといって、それが親の世話を受けていた証拠になるわけではないが、それを思わせるものではある。

最後に、幼体たちが成体から離れて、グループを作って共に生活していた恐竜が何種類か存在したことを紹介しておこう。このようなグループを作ったのは、獣脚類のファルカリウス Falcarius とシノルニトミムス Sinornithomimus、アンキロサウルス類のピナコサウルス Pinacosaurus、ケラトプス類のプシッタコサウルスとプロトケラトプスなどの恐竜たちだ。このような、幼体のグループ（「ポ

▼北米の二足歩行鳥盤類オリクトドロメウスは、アメリカのモンタナ州で発見された大きならせん状の穴を使っていた。おそらく、穴を作ったのも彼らだろう。穴はシェルターとして、また、子育てのために使われたようだ。小型鳥盤類には、穴で生活するものが多かったのだろう。

ッド pod」と呼ばれることもある）は、足跡化石からもその証拠が支持されており、一部の非鳥類型恐竜では広く見られたと考えられる。また、現在の爬虫類や鳥類でも、幼体たちがしばらくの期間共同生活する種が知られている。イグアナやカイマン、ダチョウ、レア、そしてワタリガラスなどだ。イグアナの場合、幼体は積み重なった状態で眠り、お互いの身づくろいをし合い、体の大きなオスが小さなメスをタカなどの捕食者から守る。おそらく（この「おそらく」という言葉を強調させていただきたいのだが）、同様の行動がここに挙げた非鳥類型恐竜でも見られたと思われる。

　成体とは別に生活する幼体だけのグループが存在するという状況は、非鳥類型恐竜の間に広く見られたようで、幼体は成体に近い大きさになってはじめて、成体のグループに加わったようだ。私たちは普通、中生代は、繁殖期になると繁殖コロニーを作る成体の群れがあちこちに存在するような世界だったと想像しがちだ。しかし、繁殖には若すぎ、成体の特徴がまだ完全には形成されていない幼体の集団がうろついていた状況も、恐竜が支配する中生代の世界の重要な側面だったのだ。

恐竜の性差と進化

　恐竜の繁殖に関しては、最後に論じておくべき重要なテーマが1つある。それは、交尾の成功に関連する進化圧 evolutionary pressure（性淘汰 sexual selection と呼ばれる現象［171ページ参照］）が、恐竜の外見や進化の仕方に、大きな影響を及ぼした可能性があるという説だ。言い換えれば、特定のグループの恐竜たちが、とさか、フリル frill、とげ、骨板 plate、派手な羽、その他の奇抜な装飾構造を進化させたのは、求愛し、自分の遺伝子を次世代に伝える能力を向上させるためである、という考え方だ。これと対立するのが、恐竜がこれらの構造を進化させたのは、さまざまな種のメンバーが、互いに相手を識別できるようにするため、という説だ。実際、これらの派手な構造が最も多く見られるのは、体に装飾がある恐竜の種が同時に多数存在する地域だったということは興味深い。

　シカ、レイヨウ、カブトムシ、カメレオンなど、派手な構造を持つ現生動物を見てみると、彼らがそれらの構造を使っているのは、「種の識別章」

▼写真のヒクイドリをはじめ、現在の動物のなかにも、一部の非鳥類型恐竜が持っているものと似た、派手な装飾的構造を持つものがいる。ヒクイドリの場合は、かぶと状の突起で覆われたとさかがそれに当たる。

第4章　恐竜の生態と行動

▲本図に示すトリケラトプス、パキリノサウルス*Pachyrhinosaurus*、スティラコサウルス*Styracosaurus*などの白亜紀後期の大型ケラトプス類は、見事な角、フリル、とげなどが多数あったことで有名だ。これらの構造が、視覚に訴えるように誇示するためのものだったことはほぼ間違いない。

としてではなく、性的誇示sexual displayのためだとわかる。性的誇示に使われる構造は普通、その持ち主が性的に成熟してはじめて完全な大きさになり、体の他の部分よりも速く成長する。しかし、成長させるためには多くのエネルギーが費やされることになり、持ち主にとっては、非常に高い出費を強いられることになる。なぜならば、これらの派手な構造は、交尾相手になるかもしれない異性の個体が遺伝的な質を査定するためだけに、進化したものだからである。この情報をすべて、非鳥類型恐竜と古代鳥類に見られた派手な構造に関する既存の知識に適用すると、これらの構造はやはり性的誇示の手段として進化したようだ。

　現在の鳥類の多くは色鮮やかで派手な姿をしており、優れた遺伝子であることを宣伝するために、ときにはダンスまでして求愛行動を行う。多くの種類の絶滅した恐竜が、これと同じ方法を使っていた可能性が高く、ケラトプス類のフリル、ハドロサウルス科のとさか、スピノサウルス科の帆などは、注目を集めるための色彩豊かで派手な特徴だと考えるべきなのかもしれない。

　また、恐竜が獲得した最も重要な構造の1つである、複雑な羽毛も、性的誇示のためのものだったという説も提唱されている。化石を調べると、当時の獣脚類において、複雑な羽毛があるのは、前肢と尾であり、残りの体は毛のように見えるもっと単純な繊維状の羽毛に覆われていた。化石記録に見られる最古の複雑な羽毛は、飛行に使われたと考えられるような形や構造上の

169

特徴を持っていない。たとえば、オヴィラプトロサウルス類のカウディプテリクス *Caudipteryx* などがそうだが、最初に羽毛が出現したころの恐竜では、腕が短く、飛行どころか滑空すら行っていなかったはずである。

羽毛はまた、色を誇示するのに最適な素材であり、ときには虹色にもなるため、優れた性的誇示器官であった。繁殖期が終われば捨てることも可能だ。たとえば、白亜紀のあるマニラプトル類恐竜（中国のオヴィラプトロサウルス類シミリカウディプテリクス *Similicaudipteryx*）の場合、幼体には、成体に見られる翼や尾の大きく複雑な羽毛が生えていなかった。これは、羽毛はやはり性的誇示のためのものだった、という説を支持する証拠だ。誇示という役割が、複雑な羽毛を進化させた可能性はもっともらしく思われる。しかし、羽毛には運動上の機能的役割や保温の役割もあることからすると、羽毛がいかにして出現したのか、正確な道すじを明らかにするのは難しい。

非鳥類型恐竜の派手な角やフリル、凝った作りの羽毛などが、性淘汰のもとで進化したとすると、オスとメスは違う姿をしていた、言い換えれば、性的二型sexual dimorphismと呼ばれるものを示していたのではないだろうか。明らかな性的二型性の例は、非鳥類型恐竜ではまだ報告されておらず、オスもメスも、同じ凝った構造を持っていた（白亜紀の鳥類では状況は少し異なっていた。この件については、第5章で再び論じる）。

現生動物には、雌雄両方のメンバーが、非常によく似た、あるいは、まったく同じ誇示構造を持っているものが多くいる。さまざまな海鳥、ハク

▲中国で発見されたオヴィラプトロサウルス類のカウディプテリクスは、体が羽毛で覆われ、尾の先端には大きな扇のように羽が並んでいた。名称も、「尾に羽を持つもの」を意味する。脚が細長いことから、俊足だったようで、木に登ったり、木に止まったり、滑空したりすることはなかったはずだ。

▶左　カウディプテリクスは、手と尾にとりわけ長い羽を持っていた。これらの羽は、いかなる飛行にも使われていた可能性はない。求愛のための誇示として振っていたのかもしれない。

▶右　けばけばしく派手なのはオスだけと決まっているわけではない。多くの種のメスも、とさかや明るい色の羽毛を持っており、そのため外見はオスとまったく同じだ。この図の例は、ウミスズメ。

第4章　恐竜の生態と行動

性淘汰とは何か

　進化を推し進める主要な力の1つが、自然淘汰 natural selectionだ。チャールズ・ダーウィン（Charles Darwin）が見出したことで知られる自然淘汰は、その環境で生存できる子孫を最も多く生み出すことができる生物が、その環境で最もよく生存していける、というプロセスである。ただし、進化を推し進める要因は自然淘汰だけではない。もう1つの要因が性淘汰だ。これは、自分の遺伝子を次世代に最もよく伝えられる生物が、長期的には支配的に

なっていくというプロセスだ。言い換えれば、性淘汰とは、繁栄につながる交尾ができる可能性を高めるプロセスである。現生動物に見られる、性淘汰で進化した形質には、頭部のとさか、枝角、派手な色彩、凝った作りの羽毛、その他、交尾の相手として魅力的に見せるための構造がある。これらの形質には重大な不利益が伴うことが多く、捕食者から逃れたり、悪天候の際に隠れたり、体を手入れしたりするのが難しくなる。その結果、自然淘汰による推進力と対立してしまうこともある。

　チョウ、ムクドリ、そしてヨウジウオなどのメスは、オスと同様の装飾を持ち、交尾の相手になるかもしれないオスや、競争相手のメスに対して、オスがするのとまったく同様に、それを誇示する。この現象は、相互性淘汰 mutual sexual selectionと呼ばれる。絶滅した恐竜のいくつかの系統で、相互性淘汰が起こっていた可能性は、かなり高かったと考えるべきだろう。

恐竜の成長と個体発生

　かつて、非鳥類型恐竜、なかでも特に大きな種は、リクガメやワニ類と同様の速さで成長し、現在の爬虫類と同じくらい、もしくは、それを超える寿命があったと考えられていた。1970年代になって、一部の古生物学者たちが、巨大竜脚類は寿命が200年以上あり、中型竜脚類は成体になるまで60年を要するという説を提唱した。ブラキオサウルス*Brachiosaurus*などのかなり大型の竜脚類は、100歳を超えてようやく成体になるとされた。大型動物は生まれてから2、30年のうちに子を産まなければ繁殖に成功しない、という研究があることからすると、恐竜の成長は極めて遅かった、という説が正しい可能性はほとんどないだろう。2、30歳に達してからでは、繁殖する前に（病気、捕食、事故、あるいは飢餓のせいで）その動物が死んでしまう可能性が高くなる。

　恐竜の成長は遅かったという説は、理論と矛盾するのみならず、恐竜の骨の解剖学的研究とも矛盾する。さまざ

▼写真のガラパゴスゾウガメのような、現在の大型爬虫類は、成熟するのに数十年を要し、100歳を超えるまで生きられる。長年にわたり、恐竜は、これと同じパターンで成長し寿命に達すると考えられていた。

171

▲アメリカ、シカゴにあるフィールド自然史博物館には、「スー Sue」という愛称で知られる有名なティラノサウルスの巨大な標本が展示されている。驚かれるかもしれないが、スーは30歳になる前に死んだようだ。私たちが知る限り、これはティラノサウルスにとって標準的だった。

な大きさの恐竜（トロオドン科の獣脚類、竜脚形類のマッソスポンディルス、鳥盤類のプシッタコサウルスなど）が、2歳から15歳の間に完全な成体の大きさに達したと示されている。それよりも大きな恐竜の例では、マイアサウラは、たった8歳くらいで成体の大きさに達したようだし、7体のティラノサウルスの化石を調べた2004年のある研究によれば、すべての個体が20歳になるまでに完全な成体の大きさになっていた。成体の大きさに達してからは、おそらく長生きできなかったはずだ。これまでに研究されたことがある最高齢のティラノサウルスの化石は、28〜29歳程度で死んだものだ。2004年の研究で調べられたティラノサウルスの化石のうち3体が、成長が止まった2、3年後に死んだものである。このことから、ティラノサウルスは完全な成体の大きさに達したあと、何十年も生きることはなかったと推測される。同様の結果が、他の非鳥類型恐竜についても見出されている。巨大竜脚類でさえ、成体として過ごしたのは2、30年だけだったのだ。

　非鳥類型恐竜は、体の各部の大きさの比率や、全体としての外見を変えながら成長した。個体が成長する過程を個体発生 ontogeny と呼び、成長につ

第4章　恐竜の生態と行動

いて論じる際には、それに伴った個体発生的変化に言及するのが普通だ。私たちは、非鳥類型恐竜は、現生動物と同様の個体発生を経験したと予測しており、このことは、恐竜の胚、孵化直後の幼体、そして年長の幼体の研究によって確かめられている。体、頭部、そして四肢が、形を変え、相対的な大きさの比率を変えた。たとえば、幼体の頭蓋骨は、成体に比べ鼻づらが短く、目が大きかった。また、角、フリル、とさかなどを持つ種の幼体は、成体に見られる構造の小さな原型版を持っていたことも知られている。また、竜脚類の幼体は、成体に比べて首が短かった。これらの変化は、現生動物でも普通に見られるため、驚くことではない。

　非鳥類型恐竜の生態に関する最も興味深い説の1つが、いくつかの種に関しては、私たちが予測するような変化を経ず、特異な個体発生的変化をしたというものだ。1980年代、白亜紀後期のティラノサ

▼恐竜は成長が速く、巨大な種でも2、30年で完全な成体の大きさに達した。このグラフは、巨大獣脚類ティラノサウルスが10代のあいだに急成長し、20代になるとやがて成長が停止した様子を示している。

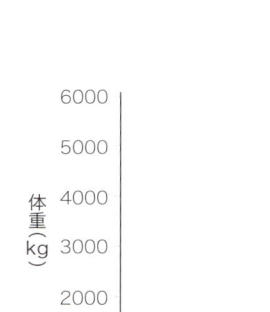

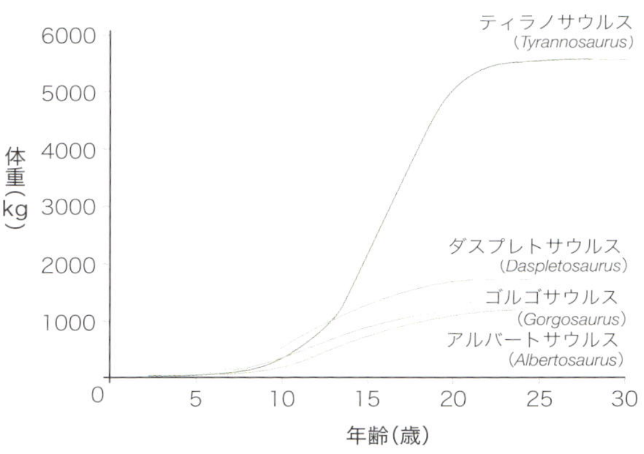

ウルス科がモンタナ州で新たに記載され、ナノティラヌス *Nanotyrannus* と名付けられた。この恐竜は、頭蓋骨に基づいて記載され、全長5mと推測された。成体と判断され、ナノティラヌスはティラノサウルス科の矮小メンバーとされた。ティラノサウルスなどの巨大なティラノサウルス科とは対照的に、ナノティラヌスは、浅く優美な鼻づらをし、歯の断面は左右に圧縮されており、太い円形ではなかった。

1999年、ティラノサウルス科の専門家、トーマス・カー（Thomas Carr）が、当時知られていた唯一のナノティラヌスの頭蓋骨は、成長しきった恐竜のものではなく、幼体、それも、ほぼ間違いなく、ティラノサウルス・レックス *Tyrannosaurus rex* の幼体のものだと示した。すると、ナノティラヌスは特異な矮小ティラノサウルス科だ、という説は、厳しい批判にさらされた。ナノティラヌスの頭蓋骨には幼体に特徴的な線維骨 fibrous bone 構造が見られる他、頭蓋骨を形成している骨の接合部の大部分がまだ開いており、成体のように完全に融合していなかったのである。

異論はあるかもしれないが、'ナノティラヌス'はティラノサウルス・レックスの幼体だ、という説は、それが別の種だったという説よりも興味深い。というのも、このことは、ティラノサウルス・レックスの幼体は、成体とはまったく違っていたという十分な証拠になるからだ。成体は、頭部の幅が広く、巨大で力強い超捕食者であり、強い力で噛み砕ける太い歯を持っていたのに対し、幼体は細身で軽量、鼻づらは薄く、歯はナイフ状に尖っていた。幼体は、成体とはまったく違う生活をし、まったく違う餌を探し回っていたのだ。言い換えれば、幼体と成体はまったく違っていたので、両者は実際上、別々の種であるかのように見え、また、そのように行動していたのだ。

一部の専門家は、この現象は非鳥類型恐竜に広く見られ、最初は別々の種だとされた恐竜たちが、実際には同じ恐竜の成長期の幼体である場合もあると主張している。代表的な例が、北米で発見された白亜紀後期のパキケファロサウルス類 Pachycephalosauria で、大型で頭蓋骨が丸いのがパキケファロサウルス *Pachycephalosaurus*、それより小型で、とげのある頭蓋骨をしたのがスティギモロク *Stygimoloch*、そして一層小型でさらにとげが多く、鼻づらが長いのがドラコレックス *Dracorex* だ。最初、これら3つの恐竜はすべて、パキケファロサウルス類の異なる種だと考えられた。

マイアサウラの営巣地の発見で有名なジャック・ホーナーは、この3者が同じ

▲北米で発見された白亜紀後期の3つの鳥盤類恐竜属は、同じ属の異なる成長期の姿なのかもしれない。ドラコレックスは最も小さく、とげが多い。スティギモロクは中型で、角が最も長い。パキケファロサウルスは最も大きく、とげは最も少ないが、ドームは最も大きく分厚い。

第4章　恐竜の生態と行動

恐竜の異なる成長段階growth stageである可能性を指摘している。頭蓋骨のド
ームととげの成長パターンに注目して、ホーナーとその同僚のマーク・グッドウ
ィン（Mark Goodwin）は、パキケファロサウルスは成熟するにつれ、角やと
げを再吸収しながら、同時に頭蓋骨をより大きく、丸くしていったのだと結論付
けた。この説が正しければ、パキケファロサウルスは、頭に角やとげがたくさん
ある恐竜として成長を開始したあと、成熟するにしたがい、徐々に滑らかな頭蓋
骨になっていったことになる。この成長モデルは、現生動物のものとは異なるが、
この恐竜たちは、とにかく途方もなく奇妙だったということなのかもしれない。
　パキケファロサウルス類が成長の過程で大幅に形を変えたという説は、ホー
ナーらが提案した、ドラコレックス―スティギモロク―パキケファロサウルスと
いう成長系列以外の、このグループに属する恐竜たちにも影響を及ぼす可能性
がある。第2章で見たように、パキケファロサウルス類は、頭蓋骨が平らなグ
ループと、ドーム型のグループの2つに完全に分かれていたと、長い間考えら
れていた。しかし、新たな事実がわかるたび、この2つのグループはますます
似て見えてくる。たとえば、頭蓋骨が平らなホマロケファレ *Homalocephale* の
頭の角やこぶknobは、同じ場所、同じ時代の地層から発見された、頭蓋骨が
ドーム型のプレノケファレ *Prenocephale* と同じパターンをしている。仮にホマ
ロケファレが頭蓋骨を徐々に丸いドーム型に変えながら成長している様子を想

▲モンタナ州で発見された小
型の'ナノティラヌス'の頭蓋骨
は、ティラノサウルス・レック
スの幼体であることが十分な証
拠により示されている。ティラ
ノサウルス・レックスは最初モ
ンタナで発見された種だが、そ
の後、南はアメリカのニューメ
キシコ州とテキサス州、北はカ
ナダのアルバータ州までの広範
囲で見つかっている。写真は、
特に有名なティラノサウルス・
レックスの頭蓋骨の標本で、本
物はニューヨークのアメリカ自
然史博物館に展示されている。

175

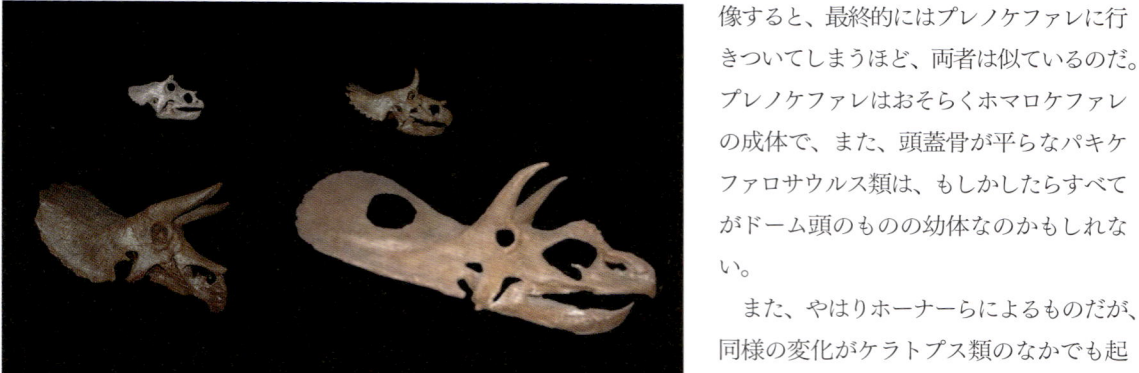

▲北米で発見された巨大なケラトプス類のトリケラトプスが、成熟の過程で頭蓋骨の解剖学的特徴を変化させたことはほぼ間違いない。しかし、長いフリルを持つ巨大ケラトプス類のトロサウルス（本図の右下の大きな頭蓋骨の持ち主）も、そのようなトリケラトプスの成長系列の一形態にすぎなかったのだろうか？

像すると、最終的にはプレノケファレに行きついてしまうほど、両者は似ているのだ。プレノケファレはおそらくホマロケファレの成体で、また、頭蓋骨が平らなパキケファロサウルス類は、もしかしたらすべてがドーム頭のものの幼体なのかもしれない。

　また、やはりホーナーらによるものだが、同様の変化がケラトプス類のなかでも起こったという説がある。トリケラトプス *Triceratops*、ネドケラトプス *Nedoceratops*、トロサウルス *Torosaurus* という、角を持つ巨大3属の恐竜たちは、すべてほぼ同じ時期に、北米の同じ領域に生息していた。顔、角、フリルの形状の違いから、これら3属はすべて、別々だが近縁の属 genus と考えられてきた。

　しかしここでも、成長変化が、これら3属の恐竜の骨の微細構造にも見られるため、ホーナーらは、これらの恐竜もやはり1つの成長系列を示していると主張している。彼らは、非常に長いフリルに楕円形の穴が2つあるトロサウルスは、じつは高齢に達したトリケラトプス（穴がなくて、より短いフリルがある）の成体であり、一方、トリケラトプスに似ているが、フリルの穴が小さいネドケラトプスは、両者の中間段階の姿だという説を提案している。

　トリケラトプスの姿をした恐竜が、ネドケラトプスという段階を経て、トロサウルスの姿をした恐竜になった、という説は、論争の的になっている。この説は、鼻づらとフリルの形状の特徴とは矛盾しているし、トロサウルスに似た特徴を持っているように見える幼体や、トリケラトプスに似た特徴を持っているように見える高齢の恐竜が存在することとも、矛盾すると主張する専門家もいる。意見は分かれたままで、多くの専門家がホーナーらの説には納得していない。とはいえ、彼らの説は、非鳥類型恐竜の種のなかには、成長の過程で劇的な変化を遂げた可能性が高いものもあることを思い出させてくれる。

　ナノティラヌスがティラノサウルスの幼体で、ドラコレックスがパキケファロサウルスの幼体だという説が正しければ、それは、恐竜の一部の種は、成長過程の幼体が、親とは実質的に別の「種」とみなせるほど異なっていたという証拠になる。1つの種ながら、成長段階によって異なる生活様式を取り、異なる生息場所を占めていたおかげで、そのような種は他の種に対して進化において優位にあったのかもしれない。あるいはそれは恐竜全般に見られたことで、恐竜が非常に長期間繁栄できた理由の1つなのかもしれない。（少なくとも一部の種において）幼体の化石が成体のものとは離れた場所で

第4章　恐竜の生態と行動

見つかることが多いという事実は、幼体と成体は異なる生活を送っていた、とする説を支持している。

　非鳥類型恐竜は、非常に多くの点で現在の動物と似ているが、その一方で、まったく異なる側面もあった可能性があることを示す証拠も存在するわけだ。

恐竜の群集

　非鳥類型恐竜と古代鳥類は、自分たち以外の恐竜の種はもとより、さまざまな動植物でにぎわう、多様性にあふれる世界で暮らしていた。同じ生息地に暮らしながら、互いに何の交流もない恐竜たちもいたかもしれないが、日常的に関係し合った恐竜たちや、環境に大きな影響を与え、同時代の他の動物たちの進化、分布、生活様式に影響を及ぼした恐竜もいただろう。このような結びつきは現在の動物群集でも広く見られ、重要性が高いため、生物学の1つの分野となっている。それが群集生態学community ecologyだ。

　もちろん、非鳥類型恐竜や古代鳥類がお互いと関係を持ち、当時の環境と作用し合っているところを直接観察することはできないので、さまざまな証拠を検討して、過去の群集について徐々に理解を深めていかなければならない。

　古代の動物群集に関する説の多くは推測の域を出ないが、どの恐竜たちが同じ時期に生息していたかについては、多少ではあるが確実にわかっている。たとえば、ディプロドクス科のアパトサウルスApatosaurusとディプロドクスは、互いに近くに生息しており、さらに、彼らの化石が発見される採掘場では、ステゴサウルスStegosaurus、鳥脚類のカンプトサウルスCamptosaurus、大型獣脚類のアロサウルス、ケラトサウルス、トルヴォサウルスTorvosaurus、小型獣脚類のオルニトレステスOrnitholestes、タニコ

▼ジュラ紀後期の北米西部には、非常に多くの恐竜が生息していた。彼らは極めて保存状態が良い骨格として見つかる。本図に示す、ステゴサウルス、アロサウルス、ディプロドクスはその一部だ。コロラド州、ワイオミング州など、化石が多数存在する地域のおかげで、これらの恐竜が実際にお互いに隣り合って生息していたことがわかる。

ラグレウス *Tanycolagreus* も発掘されている。これらの恐竜は、現在の、た
とえばアフリカの熱帯地域に見られるものとよく似た、複雑な群集を形成し
ていたのだろうと想像を掻き立てられる。キリンとゾウが木から餌を探し、
サイやレイヨウが低木から葉を取り、ライオンが傍で眠り、そしてダチョウ
やホロホロチョウ、サイチョウが地面の餌をついばむ、というような状況だ。

　しかし、それ以上のことがわかるのだろうか。絶滅した恐竜の種が、その
環境にどのように適応し、身近に生息する他の動物といかに関連していたか
を知ることができるのだろうか。まずは、これらの恐竜がいかに食物を探し
て食べていたか、という仮説を構築しなければならない。本書でも論じたと
おり、顎の構造や歯の咬耗痕については、かなりの数の研究が行われており、
どこで餌を見つけ、どのようにして食べたかに関する詳細な説が構築できる。

　比較的詳しく研究されている北米のジュラ紀後期の竜脚類、カマラサウル
ス、アパトサウルス、ディプロドクスの場合、頭蓋骨の形、歯の形状、首の
長さ、そして体型の違いから推測するに、異なる種類の食物を選ぶことによ
って、食物を巡る直接の競争を回避していたようだ。本章で見たような、歯
の微小咬耗痕と FEA 解析による研究が、この説を支持している。竜脚類の
専門家ディヴィッド・バットン（David Button）が率いた 2014 年の研究で
は、頭蓋骨に高さのあるカマラサウルスは、鼻づらが細いディプロドクスよ
りも噛む力が強いことから、この 2 属の竜脚類は、異なる種類の植物を食べ
ていたと示された。言い換えれば、同時期、同一地域に生息していたこれら
の恐竜は、ニッチ分割niche partitioning を行っていたわけだ。ニッチ分割
とは、動物たちが、1 つの生息域の異なる部分や、異なる資源を使うことで、
競争することなく共存する現象である。

　竜脚類に首の長さが異なるものたちがおり、他の恐竜には届かない、非常
に高いところの食物を取ることができたということも、竜脚類がニッチ分割
を行っていたもう 1 つの証拠だ。競争を回避し、他の動物には手に入らない

▼デジタル再構築されたジュラ
紀の竜脚類、カマラサウルス
（左）とディプロドクス（右）
からは、両者の顎筋肉の大きさ
や形状が大きく異なり、したが
って噛む力も異なっていたこと
がわかる。本図には、顎の開閉
に使われた重要な筋肉が示され
ている。

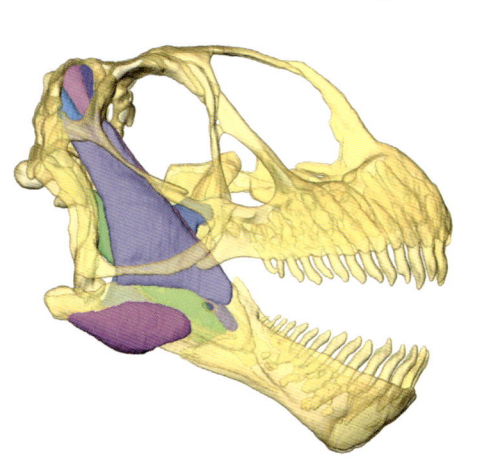
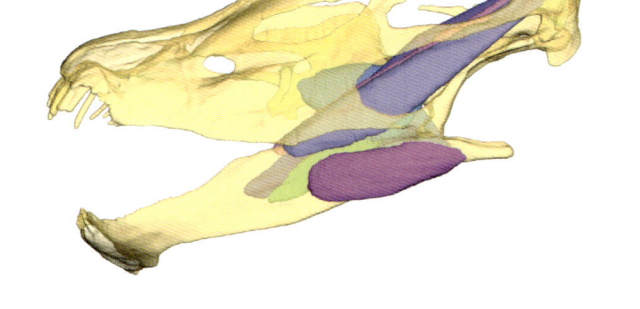

第 4 章　恐竜の生態と行動

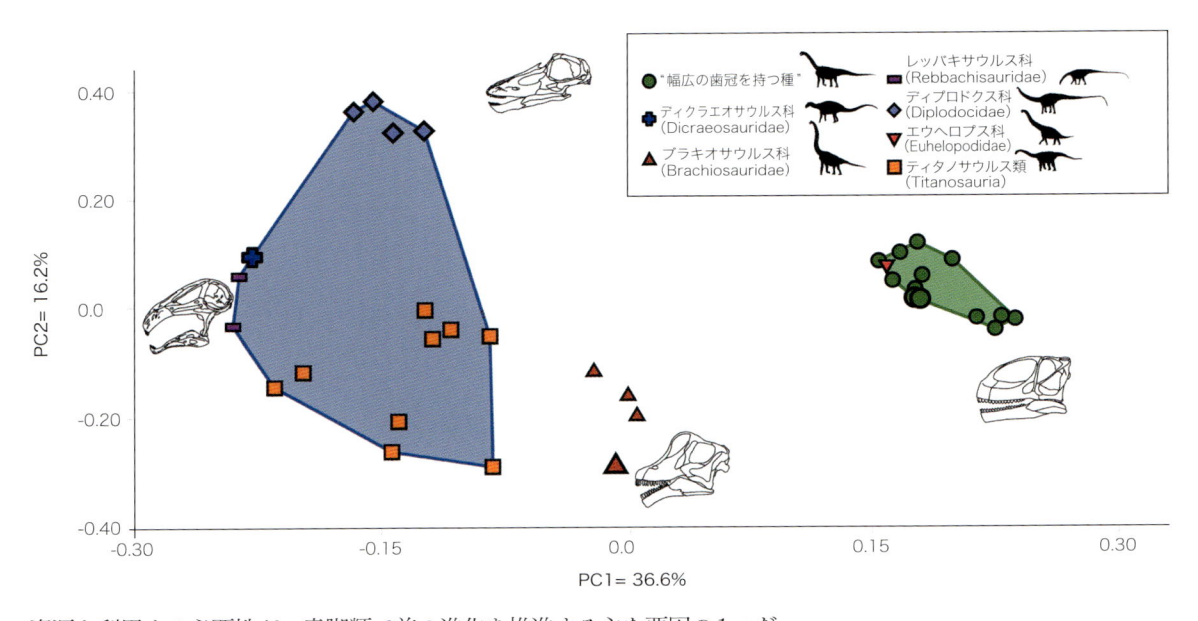

資源を利用する必要性が、竜脚類で首の進化を推進する主な要因の1つだった可能性は高い。

　他の植物食恐竜にも、群集構造を示す証拠が見られる。白亜紀後期のカンパニアン期の間、北米西部にはフリル、角、とさかを持つことで有名なさまざまなケラトプス類やハドロサウルス科が生息していた。鼻づらが細いケラトプス類と口が広いアンキロサウルス類は、地上2m以上の高さの植物を食べることはできなかったが、地上5m以上の植物を食べることができるハドロサウルス科のそばに生息していた。ここでも、噛む力、歯の咬耗痕、口の形、餌を取った高さに関する研究から、これらの恐竜たちがニッチ分割を行っており、異なる種類の食物を専門的に食べることによって、グループ間の競争を避けていたことが示されている。

　これらのカンパニアン期の群集に属していた種の数の多さも驚異的だが、そのような群集が大昔の北米全域に存在していた状況も驚異的だ。現在では、大型動物は、1つの大陸全土に広がる分布域を示す傾向がある。しかし、カンパニアン期の多くの恐竜は、生息域がもっと制限されていた。その理由はおそらく、当時の北米は特に植物が豊かに生い茂り、環境の形態と植生の多様性の点で非常に複雑だったため、恐竜は、現生大型動物全般、あるいは、カンパニアン期以外の白亜紀の大型恐竜全般に見られるよりも、特定の生息域や地域だけに生息する傾向が強かったからだろう。このように、特定の地域だけに棲む種で「満員状態」の群集は、白亜紀後期を通して見られたわけではない。ほんの数百万年後には完全になくなってしまい、トリケラトプス、エドモントサウルス *Edmontosaurus*、ティラノサウルスなど、はるかに少数の

▲頭蓋骨と歯の寸法の測定値を比較すると、竜脚類は、大きく2つの集団に分かれる。左側が、歯の幅が狭い竜脚類、右側が、歯の幅が広い竜脚類だ。この2つの集団で、食物の好みや食べ方がまったく違っていたことは間違いない。この2つの集団の中間に当たる形の歯を持つ竜脚類も数種存在している。

▶北米西部の白亜紀後期の地層で、非常に豊かな恐竜の群集が発見されている。本図は、現在のモンタナ州で、カンパニアン期に一緒に生息していた恐竜たちの様子を描いたもの。ティラノサウルス科のゴルゴサウルス *Gorgosaurus*（左端）が、アンキロサウルス類のエドモントニア *Edmontonia*、ハドロサウルス科のブラキロフォサウルス、小型パキケファロサウルス類のステゴケラス *Stegoceras*、そしてケラトプス類のカスモサウルス *Chasmosaurus* とスティラコサウルスを見ている。

恐竜だけが、同じ領域とその周辺に常に存在する、平凡で単純な群集に置き替わってしまった。

　最後に、重要な点がある。それは、疑いの余地なく、中生代の恐竜の群集に関しては、全体像の大部分がわかっていないということだ。言い換えれば、当時存在したはずの、小さいけれども重要な多くの関係に私たちは気づいていない。多くの現生種たちも、特殊な、あるいは、奇妙な関係を持っているが、もしも彼らが絶滅していたら、私たちはそれを知る由もないだろう。次

第 4 章　恐竜の生態と行動

　の例を考えてみてほしい。アフリカで観察される、大型草食動物の背中に乗
る鳥たち、ライオンなどの大型肉食動物とハイエナの間の敵対関係、そして、
サイチョウ、ダイカー（レイヨウ）、サルが作る混合グループの協力的で相
互に利益をもたらすコミュニケーションシステム。このような、捉えにくい
特殊な関係の多くは、残念なことに、化石記録を調べても、見つかることは
まずないのである。

鳥類の起源

THE ORIGIN OF BIRDS

第5章

859年にチャールズ・ダーウィン（Charles Darwin）が、自然淘汰 natural selection による進化論 theory of evolution を提唱して以来、鳥類 Aves が爬虫類に近縁だということは広く受け入れられている。科学者の中には、鳥類は羽毛で覆われ、空を飛べて、脳が大きくなった「栄光を与えられた爬虫類」だと言う者もいる。鳥類の解剖学的特徴と行動の多くがワニ類 Crocodylia と共通しているため、鳥類がワニ類や恐竜類 Dinosauria、その近縁種を含む爬虫類の一大グループである主竜類 Archosauria に属することは疑う余地がない。残念ながら、鳥類に近い絶滅種の化石記録が大きく欠落していたため、主竜類の系統樹 phylogenetic tree のどこに鳥類が位置するかについては、長い間はっきりとしなかった。

しかし、今日ではその状況は一変している。鳥類に近縁な主竜類の化石が多数発見されており、それらの化石には鳥類の祖先が持つと考えられていた、あらゆる特徴がみられた。多くの場合、その主竜類は理想的な鳥類の祖先、もしくは少なくとも鳥類の祖先の近縁種と関係がある。そこで注目されているものが獣脚類 Theropoda に分類される恐竜類である。

ジョン・オストロム（John Ostrom）が、鳥類が獣脚類から進化したという仮説を提唱した際（第1章参照）、その仮説は多くの解剖学的情報に基づくものであった。簡単に言うと、彼の説はデイノニクス *Deinonychus* などのマニラプトル類 Maniraptora が、より小型のアーケオプテリクス *Archaeopteryx* などの動物へと進化し、やがてこれらの動物から現生鳥類が出現したというものである。当時、非鳥類型マニラプトル類はごくわずかしか知られておらず、体が羽毛で覆われていた直接の証拠が保存されていたのは、非鳥類型恐竜 non-avian dinosaurs と古代鳥類のなかで、唯一アーケオプテリクスのみであ

第5章 鳥類の起源

▲地面を駆ける獣脚類が徐々に
翼や飛行能力を進化させ、やが
て鳥類が出現したというジョ
ン・オストロムの説を表現した、
1980年代に描かれた古典的な
想像図。今日では、鳥類の飛行
は跳躍から始まった可能性のほ
うが高いと考えられており、翼
と尾の大きな羽根が推力および
操舵の支援を提供したと推測さ
れている。

った。

　その後、私たちの知識は大幅に増え続けている。今では、鳥に似たマニラ
プトル類が相当数知られており、そのすべてが他の動物には存在しない解剖
学的特徴を初期鳥類と共有しているのである。目立つ特徴としては、細長い
3本指をもつ手、手首にある半月状の骨（手が回転できるような構造をもつ
手首の骨）、大きな脳を収容する頭蓋骨skull、体の骨に見られる一連の空洞
化などがある。鳥類と非鳥類型マニラプトル類は、腰や肩帯shoulder girdle、
背骨にも、他の動物には見られない特徴を共有している。

　非鳥類型マニラプトル類の化石から、それらの全身が羽毛で覆われており、
腕や手、尾、ときには脚や足にも、大きく複雑な羽毛が生えていたこともわ
かる。それ以外の部分は、単純な繊維状の構造物と、細く小さく複雑な羽毛
で覆われていた。オヴィラプトロサウルス類Oviraptorosauriaやトロオド

183

ン科Troodontidae、ドロマエオサウルス科Dromaeosauridae、他のいくつかのマニラプトル類のグループでは、このように羽毛が全身を広く覆っていた（第2章参照）。これらの恐竜たちは、鳥類と非常によく似ていたことを意味している。

鳥類の特徴の起源

現在では非常に多くの化石が発見されたことにより、鳥類とその近縁種の間で生じた進化過程が明らかになりつつある。それは、1990年代以前の私たちの知識と比べると、まさに対照的である。現在までに、次のような進化過程を

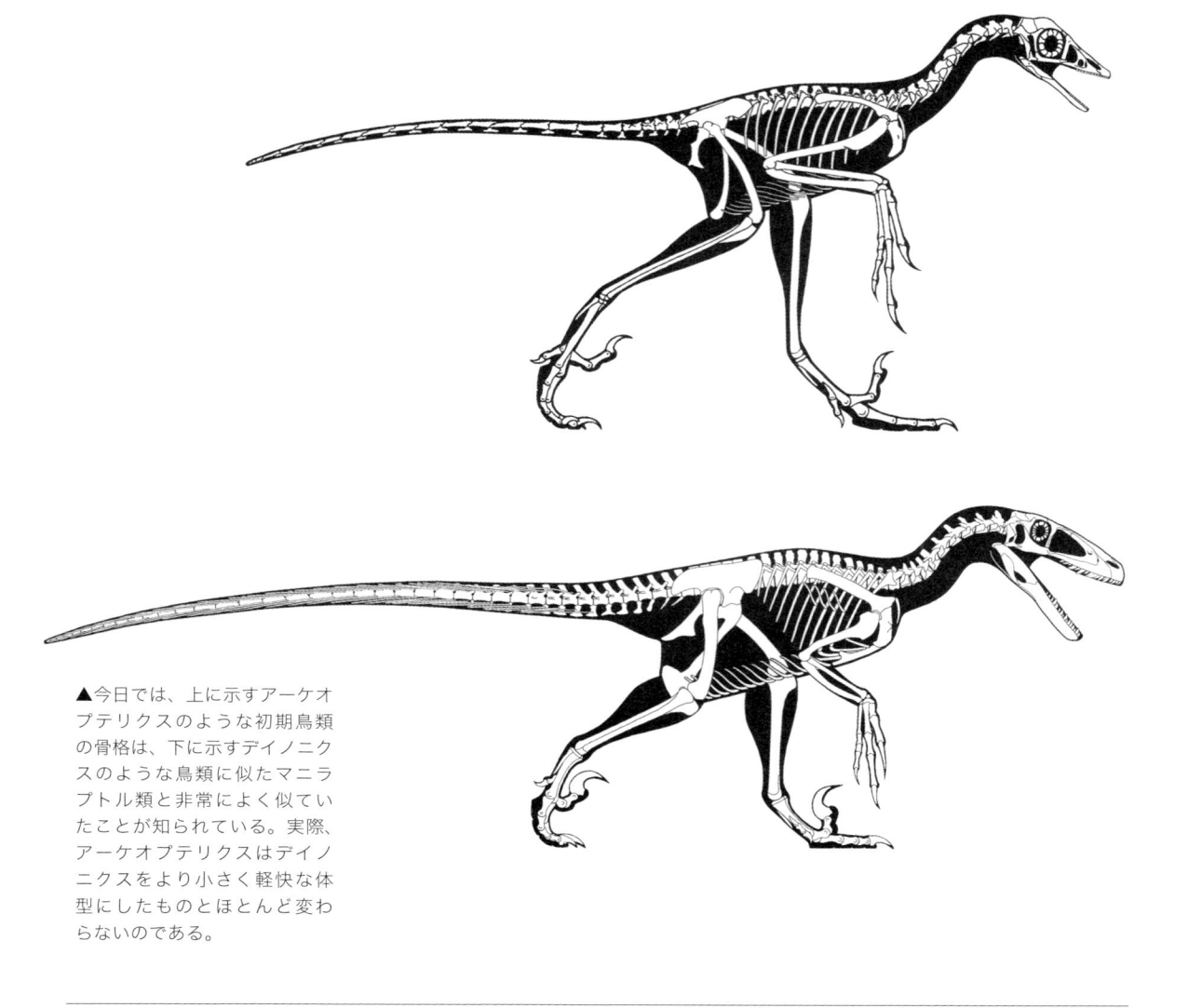

▲今日では、上に示すアーケオプテリクスのような初期鳥類の骨格は、下に示すデイノニクスのような鳥類に似たマニラプトル類と非常によく似ていたことが知られている。実際、アーケオプテリクスはデイノニクスをより小さく軽快な体型にしたものとほとんど変わらないのである。

第 5 章　鳥類の起源

示す化石が発見されている。歯が生えた厚い口先から歯のない薄いくちばしに
なった過程、腕と手が長くなり、翼へと変化した過程、鉤爪が付いた3本の指
をもつ手が、現生鳥類がもつ癒合して翼を支える手に進化した過程、走ること
に適した足が枝に止まったりperching、物をつかんだりするのに適した足に変
化した過程、尾が短くなり、大きな扇型に配列した羽毛を支えるようになった
過程など。

　1990年代以前、鳥類の解剖学的特徴の多く（羽毛や叉骨furcula、広範囲
にわたる気囊（きのう）システム、枝に止まるのに適した足）は、鳥類の出現と同時に
獲得したものと考えられていた。しかし実際のところ、その後に発見された
化石から、これらの特徴の一部（羽毛や叉骨）は、鳥類が出現する以前に生
息していた恐竜類から受け継がれたものだと考えられている。一方、歯のな
い顎や大型化した胸骨sternumのような鳥類に典型的とされている特徴は、
鳥類史の中で新たに進化したもので、初期鳥類にはあまり見られなかった。
実のところ、最も初期の鳥類（ドイツのジュラ紀後期の地層から発見された
アーケオプテリクスや、中国のジュラ紀後期の地層から発見されたアンキオ
ルニス *Anchiornis* やシャオティンギア *Xiaotingia*）は、ドロマエオサウル
ス科や他の非鳥類型マニラプトル類に極めてよく似ており、生活様式も非常
に近かったと考えられている。

　最も古い鳥類の多くは、オヴィラプトロサウルス類やトロオドン科、ドロマ
エオサウルス科に似た頭蓋骨を持っていた。それら最初期の鳥類の頭蓋骨には、
口の先端が丸まり、雑食性を示す杭状の歯が見られた。もっと大きく、より刃
に近い形状で、小動物を捕らえるのに適した歯を持つ初期の鳥類もいた。口先
が薄くなって軽量化し、現生鳥類と似てくるのは、より進化した新しい鳥類（鳥
尾類Ornithuraeと呼ばれるグループ）になってからのことである。

　すべての鳥類の上下の顎がくちばし組織で覆われているように見えるが、
くちばしという構造が初めて出現したのは、鳥尾類が登場してからだ。初期
の鳥尾類（アメリカの白亜紀後期の地層から発見されたイクチオルニス

▼**左**　鳥類は、その進化史の大
部分において、歯を持っていた。
左下の写真は、白亜紀の潜水性
鳥類である、ヘスペロルニスの
長い顎をもつ頭蓋骨。先端が尖
った円錐形の歯が上顎の一部と
下顎に並んでいる。

▼**右**　現生鳥類の頭蓋骨（この
写真はサンカノゴイ亜科の鳥も
の）は、歯がまったくなく、中
生代の鳥類よりも大きな脳を持
っている。それに加えて、現生
鳥類ではくちばしと頭蓋骨の間
に関節が緩やかに稼働する部分
をもつ傾向にある。

Ichthyornis）は、湾曲した刃のような形状で、前後に鋸歯serrationのない歯を持ち、その歯は魚を捕らえるのに適していた。やがて、角質でできたくちばしが口先と顎を広く覆うようになると、歯は小さくなり、その数も減少した。鳥類が歯を消失させたのは、軽量化のためであったと言われてきた。しかし、歯をすべて合わせても、全体重に比べればほんのわずかな重さでしかないため、この説は正しくないだろう。おそらく、くちばしは歯よりも多くの用途に使えるため、歯に取って代わったのであろう。くちばし組織は生涯を通して形成され続け、使用状況に応じて素早く形を変えることができ、歯に比べて順応性が高いようだ。くちばしは、ケラチンkeratinと呼ばれる硬いタンパク質でできている。これは、鉤爪やうろこ、羽毛をつくるタンパク質に非常に類似しており、歯を作るエナメル質enamelや象牙質dentineに比べ、低コストで容易に形成することができる。

　現生鳥類に広く見られるもう1つの特徴が、極めて大きな胸骨である。現生の飛行する鳥類の多くは、胸骨が下面に沿った竜骨と呼ばれる細長い突起をもち船形をしている。この骨は、羽ばたく際に翼を下に引く大きな筋肉が付着する主要な部位であるため、巨大な骨化した胸骨は、非常に重要な鳥類の解剖学的特徴だと考えられてきた。大きな板状の胸骨は、非鳥類型獣脚類のドロマエオサウルス科、尾の長いジェホロルニスJeholornisや歯のないコンフシウソルニスConfuciusornisなどの初期鳥類にみられる。このことは、胸骨が鳥類史を通して存在していたという説を支持している。しかし、進化

歯のない顎

大きな鉤爪をもつ前肢

尾端骨pygostyleをもつ短い尾

▲コンフシウソルニスは、これまでに発見された中で、歯がなく尾が短い最古の鳥類の1つである。これらの特徴をもつため、現生鳥類と外見がよく似ている。一方で、現生鳥類とは異なり、前肢に湾曲した大きな鉤爪をもつ。

第 5 章　鳥類の起源

とは複雑であり、予測できないような紆余曲折を伴う場合もあることを化石
記録は私たちに教えてくれる。

　驚くべきことに、骨化した胸骨は、これまで発見されたすべてのアーケオ
プテリクスの化石で欠落しており、初期鳥類のアンキオルニスとサペオルニ
ス*Sapeornis*の化石にもみられない。これらの初期鳥類（アンキオルニスと
サペオルニス）はそれぞれ100点以上の化石が知られているので、骨化した
胸骨の欠落が彼らの本質的な解剖学的特徴だということができる。このこと
から、初期の鳥類史には、骨化した胸骨が存在しなかったと結論しなくては
ならない。このことは重要であり、最初期の鳥類には、強力な羽ばたきや、
おそらく飛行そのものが、まったく不可能だったと考えられる。さらに、鳥
尾類とその近縁の鳥類がもつ骨化した胸骨は新しく生み出された骨であり、
ドロマエオサウルス科や他の非鳥類型マニラプトル類が持っていた胸骨から
直接進化したものではないことを示している。

　鳥類史の初期から存在していたと考えられるもう1つの特徴が、大型化し
た第1趾である。現生鳥類の第1趾は大型化しており、足の低い位置に関節
し、後方を向いている。このため、現生鳥類の第1趾halluxは、人間の親指
と同様の動作が可能で、鳥類の足は、第1趾を他の趾に対向させて、ものを
つかむことができる。大型化した対向性の第1趾は、枝などに止まることが
多い生活様式に非常によく適応しているだけでなく、獲物を捕らえ、果実や
花をつかむのにも便利である。しかし、第1趾は現生鳥類のすべてがもつわ
けではない。ダチョウのように、地上を走る生活様式に特化した種speciesは、
進化の過程で第1趾を失っている。

　鳥類がその進化史を通して、他の趾に対向した大きな第1趾を
持っていたという考えは、鳥類が常に樹上生活を送っており、そ
の生活に適応するために独自の特徴を進化させたという発想と密
接に関係している。しかし、詳細な研究と保存状態が良好な化石
により、このような考えは誤りであったことが証明された。アー
ケオプテリクスと他の初期鳥類では、第1趾が前を向いており、
足に付いている位置も枝をつかむのに使えるほど低くはない。こ
のような初期鳥類の足は、他の獣脚類のものに非常によく似てい
る。このあと述べるように、このことは飛行がどのようにして始
まったかということと関係している。たとえば、エナンティオル
ニス類Enantiornithes（「逆の鳥類」を意味する学名scientific
name。199ページ参照）のような、中生代の後期に生息していた鳥類のグ
ループでは、第1趾は前向きというより内向きに付いている。後方を向いた
大型化した第1趾の獲得は、現生鳥類の起源にあたる動物が登場するのを待

▼現生鳥類は、足の内側にある
第1趾が大きく、後ろを向いて
いることで、他の獣脚類と異な
っている。中生代の鳥類の第1
趾も現生鳥類と同じような配置
であったと長く考えられてき
た。しかし、両者の第1趾の配
置は異なっていたことが明らか
になった。

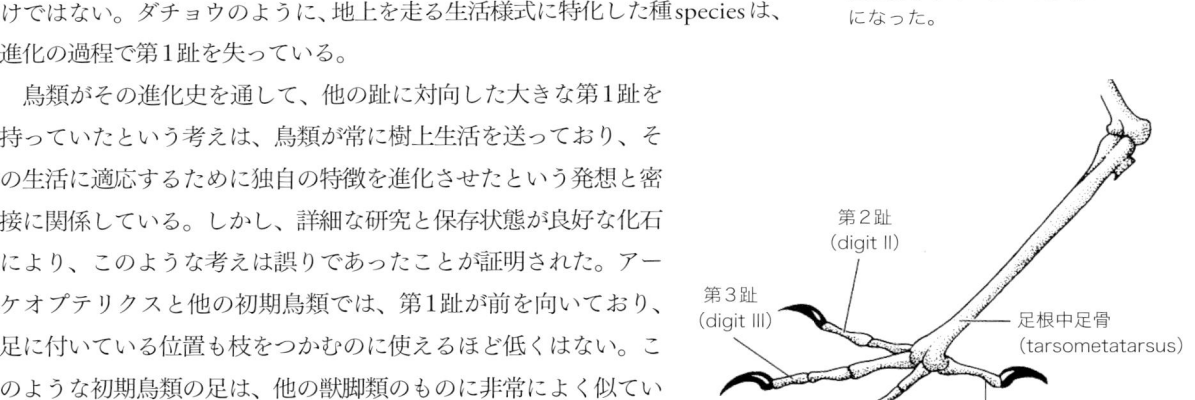

第2趾
（digit II）

第3趾
（digit III）

足根中足骨
（tarsometatarsus）

第1趾（hallux〈digit I〉）

第4趾
（digit IV）

つことになる。

　化石は鳥類に特有な内臓器官が
いつ、どのようにして進化したのかについても教えてくれる。サペ
オルニスなどの白亜紀の鳥類は、素嚢cropや砂嚢gizzardを持っ
ているので、それらの消化器官は現生鳥類と類似していたとい
うことを第3章でみてきた。他の爬虫類と現生鳥類が大きく異な
るもう1つの特徴は、現生鳥類のメスでは通常左右で1対ある卵
管oviductの両方ではなく、その片方だけを使うことである（多く
の鳥類のメスは成熟するにつれて、右の卵管が小さくなる）。非鳥類型マニラ
プトル類が一度に2個ずつ卵を産んでいたことは、これらの恐竜類の卵管は2
本あったという証拠である。では、恐竜類が使用する卵管の数を2本から1
本に切り替えた時期について、化石記録から何かヒントが得られるのだろうか。

　その答えは、おそらくイエスだと思われる。ジェホロルニスと中国で発
見された2点のエナンティオスニス類を含む、数点の白亜紀の鳥類化石で、
成長過程にあった卵細胞egg cellのようにみえる物体が体内に保存されてお
り、しかもその物体は体の左側にしか見られないのである。ジェホロルニ
スは鳥類の系統樹で最も古い枝の1つに属するため、これは2本の卵管のう
ち1本のみを使用することが鳥類史の初期、それもその起源に近い段階で出
現していた証拠になる。鳥類がなぜこのように進化したのかはまだ完全に
は明らかになっていないが、最も有力なのは、鳥類が飛行に有利なように
減量するために、右側の卵管を消失させたという説だ。

　また、鳥類は獣脚類の進化史全体を通して、長期的な進化のある一部分
をみていると考えるべきだ。約5000万年の間に、最終的に鳥類に至る系統
の獣脚類は徐々に小型化し、より細く長く軽量化した骨を獲得した。鳥類
に近い獣脚類もまた、より長い前肢と、より大きな腕と胸の筋肉を進化さ
せた。したがって、鳥類は獣脚類の進化史の中で、長期間にわたり継続し
た進化傾向の必然的な「最終産物」と見ることもできる。鳥類は最も小型
かつ軽量で、最も長い腕をもつ獣脚類だったのだ。獣脚類の1グループであ
るコエルロサウルス類Coelurosauriaが、尾の付根にある尾大腿筋
caudofemoral muscleを徐々に縮小したことで、尾が細く短くなり、軽量化
することができた過程を第3章でみてきた。エナンティオスニス類や鳥尾類、
他のいくつかの鳥類のグループが持つ極端に短い尾は、この進化傾向が最
終的にもたらした産物と言える。現生鳥類では、尾大腿筋は歩行にはほと

第 5 章　鳥類の起源

▲鳥類は獣脚類の進化史を通して、約5000万年にわたる段階的な小型化の「最終」産物とみなすことができる。いくつかの獣脚類の系統では何度も巨大な種が出現したが、鳥類へとつながるグループは一貫して小型化を続けた。

んど役に立っておらず、尾の主な役割は、飛行中の制御（方向舵として機能し、揚力を生み出す）と性的誇示sexual displayの効果であると言える。

　このように、現生鳥類が、今日私たちが鳥というと思い浮かべる特徴を持つようになった経緯は、極めて複雑である。鳥類は、大きく複雑な羽毛や大きな脳をもつ頭蓋骨、長い前肢などの、このグループに特有な特徴の多くを備えたマニラプトル類だと考えるべきだ。化石を調べると、これらの特徴はすべて、約1億7000万年前のジュラ紀中期に出現していたことがわかる。また鳥類は、叉骨や気嚢システムのような、多くの獣脚類に典型的な特徴も備えており、これらの特徴は約2億年前のジュラ紀初期に現れた。

　しかし、これらの獣脚類と共通する特徴以外のものは、鳥類の系統に固有な構造であると言える。これらのうち、いくつか（1本の卵管系）は、鳥類史の初期、おそらく約1億3000万年前の白亜紀初期に出現したのだろう。他のもの（歯がなくくちばしをもつ口先、後ろを向いた第1趾、大きな胸骨、短縮した尾）は、さらに後で出現したもので、初期鳥類にはまったく見られなかった。しかし、これらの特徴が出揃ったことで、それが非常に魅力的な組み合わせであったことが証明されている。鳥類は、最も成功した恐竜類の1グループとなったのだ。白亜紀末の大量絶滅mass extinctionを生き延びた恐竜類は鳥類だけであり、現在1万種を超える鳥類が繁栄している。

羽毛の起源という厄介な問題

　羽毛は、動物の皮膚に生える最も複雑な構造だと言われている。羽毛は最初、皮膚の表面にある窪み（羽嚢follicle）で、管状の芽として生えてくる。羽毛は中央を支える軸（羽軸rachis）と、羽軸の両側に広がるしなやかなシート（羽板vane）で構成される、平らな板を形成してまっすぐに伸びていく。

羽板は細い毛のような構造物（羽枝barb）で形成されている。羽枝からはより細く短い毛のような小羽枝barbuleが伸び、さらに、小羽枝には小鉤barbicelという小さなフックのような構造がある。小鉤と小羽枝は互いに噛み合い、羽板をシート状に保つ役割を果たしている。ここまでの説明は典型的な羽毛に関するもので、多くの鳥類がこれとは異なる羽毛を持っている。

最古の複雑な羽毛が、中国のジュラ紀後期の地層から発見されたマニラプトル類に属するアンキオルニスとシャオティンギアの化石に保存されている。多くの専門家は、両者が鳥類の系統の初期のものであると考えている。しかし、これまでに見てきたように、複雑な羽毛は鳥類だけのものではない。たとえばオヴィラプトロサウルス類のような、鳥類とは遠い関係にあるマニラプトル類にも羽毛は存在していた。したがって、羽毛は鳥類よりも古く、それ以前に生息していたマニラプトル類から鳥類が受け継いだものなのである。

どうして、そしてなぜ、羽毛が発生したかという問題は、脊椎動物学の最大の謎の1つだ。以前、羽毛は鱗がほぐれたり裂けたりして変化したもので、鱗の裂けた部分が羽板になったと考えられていた。しかし、この説は、羽毛と鱗を構成する物質が厳密には異なることから否定される。加えて、獣脚類の化石記録からは、最初に繊維filamentが出現し、それが枝分かれし複雑化した結果、羽毛になったことが示されている。では、なぜ獣脚類は繊維を持つようになったのだろうか。繊維は、最初は髭のような感覚器官として機能していたのかもしれない。もしくは、繊維は体温を維持し、性的誇示効果もあるので、その存在が有利であることが明らかになったのだろう。

複雑な羽毛が繊維も含まれる、羽毛進化の連続体の一部だということから、これらの構造の呼び名について厄介な問題が生じる。非鳥類型獣脚類の繊維が本当に複雑な羽毛の祖先に当たるのなら、繊維も羽毛と呼ぶべきなのだろうと考える専門家もいる。一方、他の専門家は、繊維という代わりに、原羽毛proto-featherという言葉を使っている。もう1つの解決策として、「羽毛」という言葉は複雑な羽毛に対してのみ使い、羽毛の祖先に当たる繊維状の羽毛をただ繊維と呼ぶという方法もある。本書ではこの最後に挙げた方法を採用する。

羽枝隆起
(barb ridge)

鞘
(sheath)

羽軸隆起
(rachis ridge)

羽嚢襟
(follicle collar)

動脈
(artery)

新しく形成された
羽枝隆起
(newly forming barb ridge)

▲羽毛は皮膚から生える他の構造物に比べて、奇妙で複雑だ。羽毛ははじめ、筆毛pinと呼ばれる硬い鞘に包まれた管状の構造物として生えてくる。筆毛が外れると、羽毛が広がる。

▼ジュラ紀と白亜紀の地層から、羽毛に覆われた小型マニラプトル類の化石が多数発見されている。アンキオルニスとシャオティンギア（右下）は、中国のジュラ紀の地層から発見されたカラス程度の大きさの恐竜類である。鳥類につながる系統の初期のものだったようだ。

第 5 章　鳥類の起源

獣脚類に属するコエルロサウルス類の進化史の中で起きた出来事について、私たちは次のように考えている。まず繊維が枝分かれし、さらにこれらの枝分かれしたものに小さな鉤状構造と側枝side branchが生じた。これらの鉤状構造と側枝のおかげで、最終的にシート状の羽板が出現した、というシナリオだ。このシナリオは、獣脚類の系統樹における、繊維の特徴の変化により支持されている。しかし、このように複雑化の一途を辿る進化がなぜ起こったかについてはよくわかっていない。羽毛の起源の最も「伝統的」な説は、羽毛が飛行能力を向上させるために進化したというものだ。つまり、初期鳥類（または鳥類の直接の祖先）が羽毛を進化させたのは、それが跳躍や滑空における優位性をもたらしたためだというのだ。このあとさらに議論するように、この説は獣脚類の多様性と生態に関して、私たちが知っていることとは矛盾している。

これとは別に、繊維と羽毛が複雑化の一途を辿ったのは、体温を保持するうえで有利に働いたためという可能性もある。おそらくこれが原因の1つなのだろう。このことは、小型獣脚類（初期鳥類も含めて）が内温性endothermy（第4章参照）であったという説と調和的であり、羽毛が持つ並外れた保温性からも支持される。最後に挙げておかねばならないのが、一部の専門家たちが提唱している複雑な羽毛の進化は、その性淘汰sexual selectionにおける役割により推し進められたという説だ。これは第4章で紹介したものである。

羽毛が保護や移動、保温、異性に対する性的誇示にも役立つのであれば、羽毛はなぜ進化したかという疑問に対する答えを専門家たちがまだ1つに絞り込めていないのも不思議ではない。もしかすると、答えは1つではないのかもしれない。羽毛の進化がどんどん進んだのは、進化するたびに、これらのすべての用途において有用性が増したからなのかもしれない。

▲上の写真のシノサウロプテリクス *Sinosauropteryx* の化石は、1996年に報告された。体に羽毛のような構造が保存された状態で発見された最初の非鳥類型恐竜である。毛のような繊維が首や背中、尾に沿って、暗いタテガミのように生えているのがはっきりわかる。他の体の部分にも同様なものが残っている。

飛行の起源

中生代のある時点、おそらく約1億6000万年前のジュラ紀の中頃に、羽毛に覆われた小型獣脚類が、空への進出を初めて可能にする一連の特徴を進化させた。数千万年、時間を早送りしよう。するとそこには、翼を羽ばたかせる真の飛行が可能で、それを餌や避難場所を探すために動き回る主な手段として使っていたと思われる鳥類が、すでに出現していた。

研究者たちは、ここ数十年にわたり、鳥類の飛行がどのようにして始まったかを巡る議論を続けている。関係する化石が多数発見された今日になっても、この議論は収束する気配がない。鳥類の祖先は、木の枝から跳躍したり、飛び立ったりすることで、飛行の進化を始めたのだろうか（「木から下へ」

シナリオ）。または、地面から直接滑空する、羽ばたいて飛ぶ、もしくは飛び立つことで飛行を習得したのだろうか（「地面から上へ」シナリオ）。それとも、この2つを組み合わせた方法だったのだろうか。あるいは、これらとはまったく違う何かが、鳥類の祖先が初めて空へ進出した背景にあったのだろうか。

　飛行の進化について最も有名な説の1つが、鳥類は腕を広げて跳躍することで滑空していた祖先から進化したというものだ。滑空する動物は、地面から跳躍するだけでは空中へと飛び上がることはできない。なぜなら、滑空には重力と加速度の両方が重要な鍵になるからだ。つまり、滑空するには高いところから落ちなければならないというわけだ。滑空が飛行の進化の一部だと考えるということは、そこには必然的に木登りと、樹上生活や断崖生活さえも伴っていなければならないのである。

　この説が直面する問題は、初期鳥類やその近縁のマニラプトル類について、私たちが知っていることと矛盾していることだ。初期鳥類やその近縁のマニラプトル類は、歩行や走行に適した後肢と足を持っている。中生代の獣脚類の大多数と同じく、これらの動物は地面での活動に特化した姿をしており、木登りや木の枝に止まること、木立の中や崖の上での活動に適した骨格を持っていたという決定的な証拠は見られない。先にも述べたが、ミクロラプトル *Microraptor* のような小型のドロマエオサウルス科は、木登りや滑空ができた可能性がある。しかし、その脚や体形、そして、腹部に魚の骨格を残す化石が発見されていることから、彼らはほとんどの時間を地面で過ごしていたということになる。

　アーケオプテリクスは、低木しか生えない乾燥した島に生息していたと考えられている。このことは、アーケオプテリクスが密林の高木の中で暮らしている様子を描いた古典的な復元図がおそらく誤りであり、彼らも主に地面で過ごしていたことを意味している。

　彼らが歩行と走行に適応した動物だったのであれば、鳥類とその飛行の始まりは地面で起こったのだろうか。鳥類が地上生活をする動物としてその進化史をスタートさせ、地面を走っているうちに最初に飛行できる鳥類が出現したという説は、一部の古生物学者たちにより支持されている。これが「地

上　滑空能力は、動物の進化史の中で何度も出現している。上の写真のムササビのような滑空する動物は、体や四肢の側面に大きな飛膜が生えていることが多い。

下　滑空するカエルも存在する。手指と足指のあいだの大きな水かきと、体に付いている皮膜を使い、パラシュート降下して危険から逃れることができる。これらの滑空する動物はマニラプトル類とは大きく異なっており、鳥類の祖先がその進化過程で、滑空に適応した段階があったとは考えにくい。

第 5 章　鳥類の起源

面から上へ」型の飛行起源説である。

　一部の専門家は、走ることが得意なアーケオプテリクスのようなマニラプトル類が翼をはためかせることで、走りを加速できた可能性があると主張している。はためかせた翼が供給する推進力により、離陸するのに十分な速度に達することができたというわけだ。この「助走して飛び立つ」モデルは理論的にはあり得るが、現生鳥類の行動からすると、その飛び立ち方をするのは、水面から飛び立たなくてはならない鳥類に限られているようだ。

　これらのマニラプトル類は助走をつけて飛び立つのではなく、おそらく、立った状態から「跳躍して」飛び立ったのだろう。この方法は、翼アシスト跳躍 wing-assisted leaping とも呼ばれ、現在の鳥類に広く見られる。これを可能とするには、強力な後肢と離陸直後に揚力を生み出すことが必要だ。この方法は、139 ページで論じたように、獲物に足で飛びかかった捕食性のマニラプトル類で最初に発達したと推測される。彼らの四肢と尾には羽毛がすでに生えていて、彼らが走ると、その羽毛により揚力が生み出された。このことは、彼らが獲物に飛びかかるのに適した経路を取りやすくしたのであろ

▲アーケオプテリクスは地面を走るだけでなく、木に登って枝から枝へとジャンプすることもできた、いわば万能選手だったようだ。想像図ではもっぱら樹上生活をしていたように描かれることが多いが、それを示す明確な証拠は存在していない。上に示した最近の復元図では、アーケオプテリクスの全身が羽毛に覆われていた様子が描かれている。

193

▲いくつかのグループに属する現生鳥類は、翼を激しくはばたかせて、急峻な斜面を駆け上がることができる。この写真は、イワシャコという狩猟対象になる鳥である。初期鳥類と鳥類に似たマニラプトル類がこの戦略を使っていたかどうかについて、専門家のあいだで議論が続いている。

う。アレックス・ドゥチェッキ（Alex Dececchi）らによる2016年の研究で、ミクロラプトルのような翼形状をなす長い羽毛を持っていたマニラプトル類では、翼アシスト跳躍が可能だったことが報告された。

それとも、四肢や尾に羽毛が生えていたことは、単に高いところまで登る際に役立っただけなのだろうか。ヤマウズラやハトなどの現生鳥類の一部のひなは、危険から逃れるとき、丘の斜面や木の幹などの急傾斜を駆け上がることができる。彼らは鉤爪と翼の羽ばたきを同時に使い、急発進して、素早く逃げることができる。翼アシスト傾斜走行Wing-Assisted Incline Running、略称WAIRと呼ばれる行動だ。飛行起源の研究では、WAIRは特に関心を集めている。それは、WAIRを行う雛たちが、中生代の非鳥類型マニラプトル類のものと比率が似た、短い翼を持っているからだ。

鳥類のようなとりわけ大きく長い翼を持たない非鳥類型マニラプトル類は、おそらくこれと同じ方法で、羽毛の生えた前肢を使っていたのだろう。ニワトリやカラス程度と小型である彼らは、斜面を駆け上がったり木に登ったりはできない、より大きな捕食者に狙われた可能性が高い。非鳥類型マニラプトル類がWAIRをすることができたのであれば、彼らはより大きな羽毛やより長い前肢、より力強い胸や腕の筋肉を進化させて、十分に優位な位置に立てたと考えられる。やがて、彼らはこれらの特徴を十分に発達させ、真の飛行を可能にしたのであろう。また、これらの恐竜類が枝から枝へと跳び回ったり、地面に跳び降りたりする必要があれば、羽毛はその点でも有利に働いたのであろう。

飛行の起源に関するさまざまな説と同様に、鳥類の祖先がWAIRを行っており、それが飛行の起源になったという説にも批判はある。WAIRを行う現生鳥類は、筋肉が発達した大きな胸骨と水平よりかなり高く上げられる翼を持っている。初期鳥類やその近縁の恐竜類には、それらのようなものはなかったようだ。すでに見たように、初期鳥類には大きな骨化した胸骨がないことから、力強く羽ばたくのに必要な大きな胸筋はなかったと推測されている。これらの理由から、鳥類の飛行に関する専門家の一部は、WAIRは鳥類の祖先には不可能だったと主張している。

飛行の進化に関して、これらの対立する説が存在する状況で、何が本当に

起きたかを明らかにするのは困難である。鳥類の飛行が特殊な滑空から進化したという説はあまり有力視されていないが、前肢を激しくはばたかせたり、速く助走したりして離陸したのが始まりだという説にしても、どのようにして鳥類が空に飛び立てたのかを説明するには、問題がいろいろとある。鳥類に似たマニラプトル類と初期鳥類の多くは、さまざまな獲物を襲う捕食者だった。多くの場合、彼らは地面で活動したが、低木や木の枝から枝へと跳躍したり、木に登ったりもできた。また、四肢の大きな翼のおかげで、彼らは跳躍の際にその位置や方向をうまくコントロールできた可能性がある。多くの非鳥類型マニラプトル類が捕食者であり、足で獲物に襲いかかっていたようである。その結果、彼らが獲物の上に立ち、うまくバランスを取りながら羽ばたく能力を高めたとも考えらえる。

　では、獲物に跳びかかり、枝から枝へと跳び移り、羽毛が生えた四肢や尾を利用していくうちに、鳥類は飛行能力を進化させたのであろうか。それは何とも言えないし、確かなことは決して言えないものなのかもしれない。

鳥類、飛び立つ

　今日、約1万種の鳥類が世界中のほぼあらゆる環境で暮らしている。現生鳥類の多様性について考えてみよう。ダチョウやエミューなどの大型で飛べない歩行性または走行性の鳥類、さまざまな海鳥、アヒル、ハクチョウ、ペリカン、ウ、カイツブリ、イソシギ、サギのような、歩いたり、泳いだり、潜ったり、水際で餌を探したり食べたりする鳥類がいる。そして、捕食性のタカ、ワシ、ハヤブサ、フクロウ、死肉をあさるハゲワシやコンドル、木登りをして果物を食べるオウム、ネズミドリ、エボシドリ、木の枝に止まるカラス、ミソサザイ、ウグイス、フィンチ、スズメなどの無数の小さな鳥類がいる。化石記録から、これらのグループの大部分が約4000万年前、新生代の始新世と呼ばれる時代には、すでに出現していたことが知られている。では、現生鳥類が出現する前の鳥類史はどのようなものだったのだろうか。

　真の原始的な鳥類について私たちが初めて知ったのは、1860年代に「Urvogel」（ウルフォーゲル）（「始祖鳥」を意味するドイツ語）とも呼ばれる、有名な、歯があり、尾が長いアーケオプテリクスが、ドイツのバイエルン州ゾルンホーフェンにあるジュラ紀後期の石灰岩から発見されたときのことだ。アーケオプテリクスは、非鳥類型マニラプトル類に属する近縁種に非常によく似ており、専門家からアーケオプテリクスは「真の」鳥類というよりむしろ、これらの非鳥類型マニラプトル類のどれかに属する可能性が高いという説が出てくるほどだ。アーケオプテリクスは鳥類に似ているが、他の全身が羽毛で覆われ

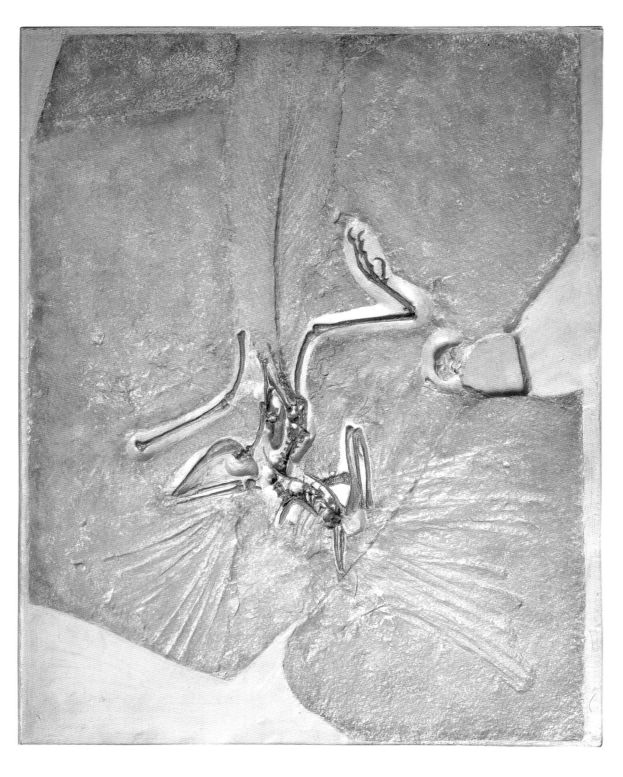

たジュラ紀の小型マニラプトル類に比べ、より鳥類に似ているとは断言できない。実際のところ、鳥類の進化に関する私たちの考えを構築していくうえで、アーケオプテリクスが重要な役割を持っているのは、それが古生物学の歴史の初期に発見されたからだ。しかし、鳥類の起源がアーケオプテリクスに似たマニラプトル類にあったことの重要性は変わらない。

アーケオプテリクスの化石は少なくとも12点が知られており、3つの異なる種が含まれる。そのうち数点は、見事に保存されたほぼ完璧な化石で、骨格もしっかりとつながっている。つまり、私たちはアーケオプテリクスの解剖学的特徴について、多くを知ることができるのである。アーケオプテリクスは、浅い三角形の口先と浅い下顎を持っており、3本の指の鉤爪は強く湾曲し、先端はどれも尖っている。第2趾の鉤爪は、他の趾のものよりも少し大きく、より強く湾曲している。第2趾の付け根の関節は、この趾が地面よりも高く持ち上げられたことを示唆している。これは鳥類には珍しい特徴だが、他のいくつかのマニラプトル類のグループには見られるものだ。

アーケオプテリクスのいくつかの化石において、羽毛（または羽毛の印象）が本来の場所に保存されているのは、よく知られている事実だ。腕と手には長い羽毛が生えており、翼のように見える。また、先端まで骨に支えられた長い尾の両側には、1対の羽毛が生えている。細く短い羽板をもつ羽毛が体と首を覆っていて、脛からも長い羽毛が生えている。

最近までアーケオプテリクスは、先端まで骨に支えられた長い尾を持っていることが知られている唯一の鳥類の化石だった。しかし、今では、いくつかの尾が長い鳥類の化石が知られており、そのほとんどが中国の白亜紀前期の地層で発見されたものだ。それらは、ジェホロルニス科 Jeholornithidae と呼ばれる歯を持つグループで、顎骨と足ががっしりしていることから、地面で過ごし、木の枝には止まらない生活をしていたことがわかる。胃 stomach のあたりに植物の種子が多数残っているジェホロルニス科の化石もある。また、別の化石では、尾の先端に羽毛が扇のように並んでいるほか、これとは別の短い扇状の羽毛が尾の付け根に上向きに生えている。尾の先端の扇状の羽毛はマニラプトル類に典型的な特徴であるが、尾の付け根にある扇状の羽毛はそうではなく、珍しい特徴である。

最もよく理解されている白亜紀の鳥類の1つが、中国の白亜紀前期の地層か

前ページ　前ページに示されている、ロンドンの自然史博物館所蔵のアーケオプテリクスの化石は1861年に発見されたもので、前肢の骨の周囲に大きな翼状の羽毛の印象がはっきりと保存されている。長い尾の骨格の両側には1対の長い羽毛の印象がみられる。

▲アーケオプテリクスの上下の顎には小さな尖った歯が生えている。これらの歯は、アーケオプテリクスが雑食性だったという説と一致している。この小さな捕食者は、植物から昆虫、甲殻類、おそらく魚類まで、さまざまな獲物を食べることができたのだ。

▲多くの現生鳥類のオスとメス
は、羽毛が異なっており、さら
に体の大きさやくちばしの形が
違うこともある。白亜紀の鳥類
のいくつかの種もそうであった
ようだ。コンフシウソルニスの
オスの化石には長い尾羽がある
が、メスにはみられない。

ら発見されたコンフシウソルニスだ。この鳥類は、コンフシウソルニス科 Confuciusornithidae（中国の有名な哲学者にちなんで、「孔子鳥」という意味の名前）という小さなグループに属している。このグループは、尾の骨が短くなった最も古い鳥類の1つで、長い尾をもつジェホロルニス科の祖先から進化したと考えられている。コンフシウソルニスは数百点の化石が知られており、その多くは、火山噴火の直後に死んで、湖や池の底で泥に埋もれて保存されたものである。この鳥の第1指と第3指には特に大きな鉤爪があり、より古い鳥類とは対照的に、顎には歯がない。

　コンフシウソルニスには、エナンティオルニス類と鳥尾類を結びつける解剖学的特徴が見られないため、この鳥類は系統樹の中でも基盤的な位置に近いと考えられる。そのため、コンフシウソルニスは、現生鳥類を生み出した大きなグループには属していないと言える。しかし、コンフシウソルニスよりも進化した鳥類の多くがまだ歯を持っていた。このことから、コンフシウソルニスは、他のグループに見られる歯の消失とは独立して、歯のない顎を進化させたに違いない。このような歯のないくちばしが葉や種子を食べるのに適していたと述べる専門家もいるが、胃の内容物から、コンフシウソルニスが植物だけでなく、魚も食べていたことがわかる。

　コンフシウソルニスには、他にも特異な点がある。この鳥は、現生鳥類に典型的な短くなった尾と、尾の先端には癒合した椎骨vertebra（尾端骨 pygostyle）を持っているにもかかわらず、尾に扇状の羽毛がない。さらに、この尾には、1対の長いリボン状の構造が保存された化石もあり、ますます興味深い。このようなリボン状構造が現生鳥類のいくつかの種のオスに見られる尾の吹き流しに似ているため、これらはディスプレイのためのもので、おそらく性淘汰圧 sexual selection pressure の下で進化したのだろう（第4章を参照）。この説を直接的に支持する証拠が化石から見つかっている。尾の吹き流しがない化石から骨髄骨medullary bone（先に紹介した、産卵と関連した特別な種類の骨）が発見され、メスの化石と特定されたのだ。

　コンフシウソルニスにみられる特徴はもたないが、それと似た鳥類から白

第 5 章　鳥類の起源

亜紀の多様な鳥類の主流となる2つのグループが出現した。1つ目はエナンティオルニス類だ。最初に発見されたエナンティオルニス類は、アルゼンチンでみつかった遊離した骨化石で、1981年に化石鳥類の専門家、シリル・ウォーカー（Cyril Walker）によって記載された。このグループは奇妙な解剖学的特徴をもっており、いくつかの骨は、まるで現生鳥類の鏡像のような方法で組み立てることができる。ウォーカーがこのグループを「逆の鳥類」と名付けた理由はこのためである。

　現在、エナンティオルニス類は100を超える種が報告されており、その多くで交連した状態の化石が知られている。最初に保存状態の良い標本が発見されたエナンティオルニス類（スペインのイベロメソルニス Iberomesornis とコンコルニス Concornis、中国のシノルニス Sinornis など）は、水辺で獲物を探していた雑食性か肉食性の鳥類で、甲殻類やぜん虫、小さな魚を食べていた。エナンティオルニス類の化石が次々と発見されるにつれ、彼らが鳥尾類と平行して、体の

▲◀コンフシウソルニスは、歯がなく、翼が長く、尾が短い白亜紀の鳥類で、足の形状から、木の枝に止まることができたとされる。飛行能力については議論が続いている。この鳥が滑空しかできなかったと言う専門家もいるが、それは湖面に急降下して魚を捕っていたという生活様式とは矛盾している。コンフシウソルニスは、世界で最もよく知られている鳥類化石の1つだ。これまでに数百点の化石が発見されており、左の写真のように2、3体が同時に見つかることもある。社会性が高く、おそらく群れで暮らし、餌を探していたのかもしれない。

大きさや生活様式を爆発的に多様化させていたことが明らかになった。長い頭蓋骨をもつ捕食性の種や、樹皮に吸い付くような特殊な足をもつ木登りが得意な種、おそらく水生動物を捕食した長い顎と小さな歯をもつ種が存在した。多くのものがスズメやムクドリと同じくらいの大きさであるが、最大のものは翼開長が1mを超えていた。

最後に、現生鳥類や白亜紀の歯があるものやないものの多くを含むグループである、鳥尾類の話をしよう。鳥尾類には、アメリカ合衆国の白亜紀後期の地層から発見されたカモメにやや似たイクチオルニスや、ヘスペロルニス形類Hesperornithiformesと呼ばれる飛べない潜水性の鳥類が属している。

初期のヘスペロルニス形類は小型で、飛行できた可能性もあるが、のちに出現したものは海で潜水する生活様式に合わせて、体型をかなり変化させていた。彼らの翼は、尺骨ulnaや橈骨radius、手の骨が失われ、著しく退化していた。また、彼らは長く狭い骨盤pelvisに関節する大きく力強い脚や足と、歯を持った上下の細長い顎を持っていた。こ

▲白亜紀のエナンティオルニス類の多くは、現代のフィンチやスズメと同じくらいの大きさだった（上の写真は中国で発見されたもの）。彼らの小さく繊細な骨格は、細かい泥がこの小動物を素早く埋没させるような場所でのみ保存されている。

▶鳥類は、その進化史のなかで何度も飛べないものへと進化した。ヘスペロルニスは白亜紀にいた、歯がある飛べない大型の海鳥だった。その翼は著しく退化しており、生きていたときにはほとんど見えなかったに違いない。趾のあいだには大きな水かきが付いており、泳ぐ際の推進力を発生させた。

れらの進化したヘスペロルニス形類は大型で、2mほどであった。なかでも最もよく知られているのは、アメリカ合衆国やカナダ、ロシアの白亜紀後期の地層から発見されたヘスペロルニス *Hesperornis* である。彼らは、泳ぎに非常に特化していて、陸上では限られた動きしかできなかったであろう。

現生鳥類の出現

イクチオルニスやヘスペロルニス形類のような鳥尾類は、現生鳥類を生み出した種に近縁であったに違いない。現生鳥類の祖先、つまり白亜紀末期の大量絶滅を生き延びた恐竜類の1グループに近い、白亜紀の小型鳥類（泳ぐ鳥類、岸部に生息する鳥類、陸上生活をする鳥類）は数種類が知られている。次に述べる特徴から、現生鳥類は、他の鳥類のグループと比べて例外的な存在となっている。それは、歯がないことや、頭蓋骨により複雑な柔軟性がある部分があること、左右の下顎が先端部で硬く融合していること（他の多くの恐竜類では、両下顎の接合部は柔軟性をもつ）などだ。骨の微細構造のデータは、現生鳥類が他の鳥類のグループよりも早く成長し、早く成熟することを示している。

現生鳥類が出現した正確な時期については意見が分かれている。遺伝学研究に基づき、現生鳥類は約1億3000万年前の白亜紀初期に出現したと主張する専門家もいる。まったく正反対の意見として、その出現は、白亜紀末期の大量絶滅のあとになってからだというものがあり、その場合、鳥類史が「たったの」6600万年程度しかないことになる。化石記録は、後者の説とは矛盾しているようだ。初期のカモ、猟鳥、潜水性の鳥もしくはアビの化石は、白亜紀後期の地層から発見されており、また初期のオウムもしくはウやペリカンの近縁種と考えられる白亜紀の化石まで存在しているのだ。たとえこれらの化石の同定に誤りがあったとしても、白亜紀の次の時代である暁新世の地層から知られている鳥類の化石の多くは、現生鳥類が白亜紀末以前に多様化しはじめた可能性が最も高いことを示しているのである。少なくとも鳥類の4つの系統が白亜紀末期の大量絶滅を生きながらえた。この件については212ページで詳しく述べる。

第6章 大量絶滅とその後

THE GREAT EXTINCTION AND BEYOND

恐竜類Dinosauriaは、約1億6000万年にわたり陸上を支配し、なかでも巨大な種speciesは中生代の後期を通して、世界中の生物の生息地と生態系の中で、群を抜いて大きく、重要な動物だった。しかし、6600万年前に大量絶滅mass extinctionが起こり状況は一変した。このとき、すべての非鳥類型恐竜non-avian dinosaursは死に絶え、翼竜類Pterosauria、海生爬虫類の大半、鳥類Avesやトカゲ、哺乳類の一部のグループ、プランクトンplanktonや海生無脊椎動物の多くのグループも絶滅した。この大量絶滅により白亜紀は終わりを迎え、中生代そのものが幕を閉じた。その後に始まる新生代という時代の最初の地質時代区分は、古第三紀と呼ばれる。この大量絶滅は、「K-Pg境界大量絶滅K-Pg mass extinction event」と名付けられていて、「K」は白亜紀Cretaceousを表し（「C」は、5億4100万年前から4億8500万年前までのカンブリア紀Cambrianの公式記号にすでに使われているので、白亜紀には使えない）、「Pg」は古第三紀Paleogeneを表している。このときに何が起こったのだろうか。そして、恐竜類がこれほど深刻な影響を受けたのはなぜなのだろうか。

絶滅extinctionは進化と同じく、生命史の一要素だ。種は進化するが、絶滅もする。地質記録は長い時間をかけて、数百あるいは数千ものグループが、完全に消滅してしまったことを示している。地質記録からは、生命史のなかで何度かの大量絶滅が起こっており、なかには他のものよりも格段に規模が大きなものがあったことがわかる。とりわけ深い謎に包まれたものがいくつかある。気候や生態系に起きた出来事が絶滅そのものと関係しているのかについて、そのデータがほとんど存在せず、専門家たちは今なお、その立証に挑戦し続けているのである。その1つとして、約3億6000万年前のデボン紀

▲6600万年前のK-Pg境界大量絶滅が起こるずっと昔、約2億5200万年前に、はるかに大きな絶滅が起こっていた。この復元図に示されている、単弓類Synapsidaの多くを含んだ動物種のグループ全体が完全に絶滅した。

末の大量絶滅は、依然として大きな謎である。その主な原因は、気候変化や海水準変動、大気の成分変化の相互作用だったと考えられている。約2億5200万年前のペルム紀末に起こった、より大規模な大量絶滅も単純には説明できない。

その重要性にもかかわらず、デボン紀末とペルム紀末の大量絶滅は、古生物学の世界以外ではあまり知られていない。このことをK-Pg境界大量絶滅と比べてみよう。科学に興味のある人はK-Pg境界大量絶滅について聞いたことがあり、科学者たちの間で、その原因がまだ不確実であり、議論の的になっていることを知っているのである。

ある意味、K-Pg境界大量絶滅が広く知られていることは、あまりありがたいことではない。絶滅の原因になりそうなものであれば、次々に提案していくという状況が長く続いている。その結果として、60以上のK-Pg境界大量絶滅の原因が提案されている。その一部を挙げると、病気、気温変動による性転換、悪い菌類、寄生生物や性病の蔓延、大食漢の毛虫、新種の有毒植物、適応性が低く絶滅せざるを得ない種へと恐竜類が進化したこと、気候の過度の寒冷化や温暖化、乾燥化、湿潤化などだ。

これらのほぼすべての説は、K-Pg境界大量絶滅について、私たちが納得できる説明をすることができない。多くは単なる思い付きでしかなく、裏付けもないのである。K-Pg境界大量絶滅の研究が、単なる推測の領域から、起きた出来事を探る手掛かりを与えてくれる地質学的証拠に基づくものへと変化したのは、1980年代になってからのことだった。

地球外物体の衝突

　K-Pg境界大量絶滅の説明として、長年の間に提案された多くの説のなかで、最も信憑性の高いものの1つが、彗星や小惑星といった外宇宙から飛来した物体が地球に衝突し、世界的な破壊をもたらしたというものだ。このような衝突が地球史を通して常に起こってきたことは、以前から知られていたのである。月の表面には、有史以前にできたクレーターが至るところにあり、そのうち最大のものは直径50km以上になる。地球の表面にも、はっきりと認識できるクレーターがいくつか存在する。北米の例を挙げれば、アメリカのアリゾナ州のメテオ・クレーター Meteor Crater と、カナダのケベック州のマニクアガン・クレーター Manicouagan Crater がある。しかし、白亜紀末に隕石が衝突したという説は、1980年代までは興味深い推論にすぎなかった。

　1980年、物理学者のルイス・アルヴァレズ（Luis Alvarez）らは、イタリアとデンマークにおける白亜紀末の地層から、イリジウム iridium という金属が発見されたことを報告した。イリジウムは地表には極めて稀な存在であるが、宇宙から飛来した隕石の中に含まれていることがある。さらに彼らは、白亜紀末の地層の中に存在するイリジウムが、地球上の堆積物ではなく、地球外から飛来した岩石に典型的な化学的特徴をもっていることを示した。このデータに基づき、アルヴァレズの研究チームは、白亜紀末に宇宙から飛来した巨大な物体が地球に衝突し、大量絶滅を引き起こしたのだという説を提唱した。彼らはまた、その衝突が、どのようにして大量の岩石の粉を大気中に飛散させたのかということや、何年間にもわたり空を暗くし、植物の生育を妨げたということを記述した。植物が死滅すれば、生態系の多くは停止してしまい、やがて、あらゆる生物のグループが絶滅してしまうというのである。この説は発表されるとすぐに、他の科学者たちだけでなく、一般市民からも注目され、アルヴァレズ仮説 Alvarez Hypothesis として知られるようになった。

　間もなく、アルヴァレズ仮説を支持するさらなる地質学的証拠がいくつも発見された。隕石が衝突した地点から遠く離れたところまで衝撃により飛ばされた、テクタイト tektite と呼ばれる、融けたガラスが冷えて固まったものが白亜紀末

▼6600万年前に隕石が地球に衝突したことを示す、さまざまな証拠が存在する。無数の亀裂がある石英の破片が、非常に多くの白亜紀末の岩石中に存在している。これらは隕石衝突時の衝撃力により、遠く広く飛び散ったに違いない。

第6章　大量絶滅とその後

の地層中から発見されたのである。また、大爆発もしくは隕石衝突asteroid impactに特有の非常に細かい亀裂がある石英quartzの破片も報告されたのだ。

　そしてついに、最も説得力のある証拠といえ、まさに期待される年代の地層中に保存された巨大クレーターがメキシコのユカタン半島で発見され、チチュルブ・クレーター Chicxulub Craterと名付けられた。この有力な証拠は、新しい油田を探していた地質学者が1978年に発見したものだが、アルヴァレズらが収集した隕石衝突に関するデータと正確に関連づけられた

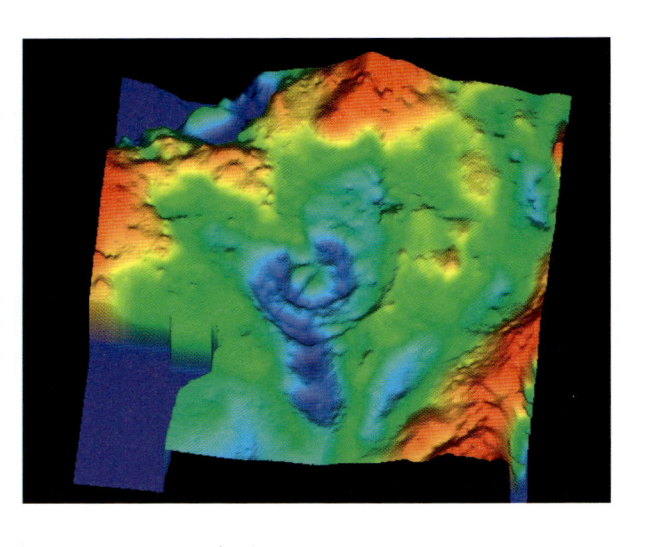

▲コンピュータで作成された、メキシコのユカタン半島周辺の海底地形画像。中央の巨大な円形の窪みは、6600万年前に巨大隕石が衝突した地点である。

のは1990年になってからのことだった。チチュルブ・クレーターは、白亜紀末に起きた衝突と関連づけるにふさわしい年代のもので、直径180km以上という大きさも適切であり、このことから衝突した隕石の直径は約10kmであったと推定された。さらに、発見された地点も適切だった。それは、隕石衝突に関連していると考えられる地質学的証拠（テクタイトや衝撃石英shocked quartzなど）が、主にカリブ海や北米大陸のカリブ海に面する地域に分布していたからだ。

　白亜紀末、ユカタン半島が海に覆われていたことから、チチュルブ・クレーターを作り出した隕石は、乾いた大地に衝突したのではなく、「着水」したのだろう。その後、高さ100〜300mの大津波が、付近の北米と南米の海岸に押し寄せた。カリブ海とテキサス州にみられる乱雑で切り裂かれた地層が、これらの出来事を刻んだ地質学的証拠である。隕石衝突により誘発された大地震の証拠も、メキシコにある崩落した地層から得られている。

　付近の大陸に飛び散った、衝突により生じた岩屑は、森林火災を起こすに十分な熱さであったと考えられる。一部の専門家らは、地層から発見された木炭が世界各地に広がった猛火の証拠であると考えている。また、衝突で生じた熱波は、動物を熱で殺してしまうほど高温であったのであろう。壊滅的な森林火災と「地球規模の熱波」という2つの説には異論も多く、地質学的証拠や隕石衝突の影響を解析するコンピュータモデルのいずれの側面からも十分には支持されていない。たしかに、木炭は白亜紀末の堆積物中（落雷で生じた過去の森林火災の証拠が保存されている）だけでなく、中生代の岩石記録を通して含まれている。また、実際のところ、白亜紀末の堆積物中の木炭は、それより古い堆積物中のものよりも豊富であるとは言えない。

　チチュルブ・クレーターができたのと同じ時期に、別の場所でも隕石が衝

205

突したのではないかと示唆する科学者もいる。北海にあるシルバーピット・クレーター Silverpit Crater や、ウクライナにあるボルティッシュ・クレーター Boltysh Crater は、チチュルブのものよりも小さい隕石が衝突してできた可能性があるというのだ。インドにある、それらよりも大きなシヴァ・クレーター Shiva Crater は、白亜紀末に隕石が衝突した場所とされてきた。しかし、その形状が隕石の衝突によるものだと判断する根拠となった地質学的証拠は、チチュルブ・クレーターのものほどの説得力がない。しかし、ほぼ同時期に複数の衝突が起こったかもしれないという説は、不合理であるとは言えない。1994年には、シューメーカー・レヴィ第9彗星 comet Shoemaker-Levy 9 が20個以上の破片に分裂したあと、木星に衝突した例もあるためだ。

　森林火災や熱波、同時期に発生した複数の隕石衝突については異論もあるが、メキシコで起きた一度の衝突には説得力のある証拠が存在する。チチュルブ・クレーターの正確な年代にはいくつかの説が提唱されているが、それはこの領域の堆積物がいくつもの異なる方法で何度も分析されてきたからだ。しかし私たちが知る限り、チチュルブ・クレーターを形成した隕石衝突がK-Pg境界大量絶滅と同時期に起こったことは間違いない。

恐竜受難の時代

　地球外の物体の衝突という壊滅的な出来事が白亜紀末に起きたという説に強い疑問は存在せず、この出来事が当時の生物に深刻な影響を及ぼしたという説も十分なデータにより支持されている。しかし、この出来事がK-Pg境界大量絶滅をもたらした唯一の要因ではなく、他のもっと長期的ないくつかの出来事が非鳥類型恐竜の絶滅に寄与したと考えることができるのである。

　白亜紀最末期の恐竜群集は、それ以前のものに比べて不可解であると長い間考えられてきた。約7600万年前、白亜紀後期のカンパニアン期と呼ばれる時代には、多様性に富んだいくつかのグループの恐竜たちが繁栄していた。この時代の最もよく知られる恐竜化石群集が発見される場所の1つである北米西部には、5種のアンキロサウルス類 Ankylosauria、10種ものケラトプス類 Ceratopsia、7種以上のハドロサウルス科 Hadrosauridae、そして、3種以上のティラノサウルス科 Tyrannosauridae が生息していた。

　この恐竜群集が衰退もしくは窮地に陥っていたという証拠はまったく存在しない。カンパニアン期の群集を、約6800万年前の白亜紀最末期のマーストリヒチアン期後期に同じ地域に生息していた群集と比較すると、まったく異なっていることがわかる。マーストリヒチアン期後期には、大型のケラト

第6章　大量絶滅とその後

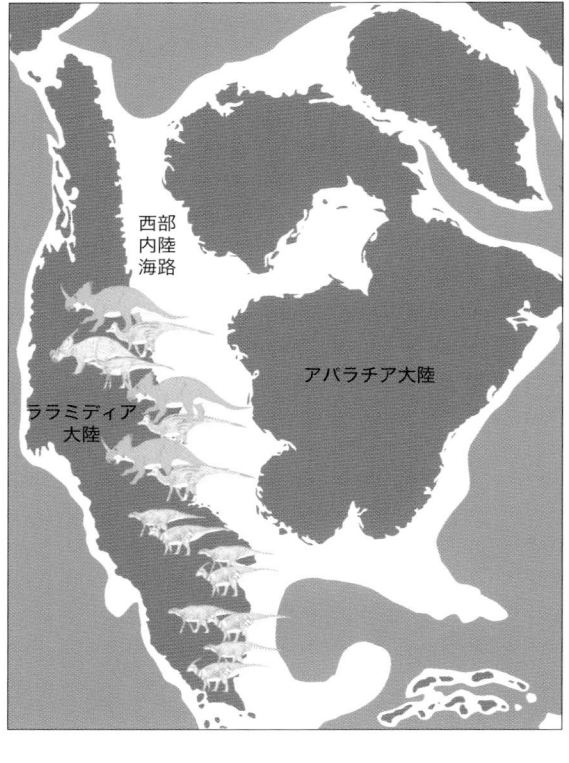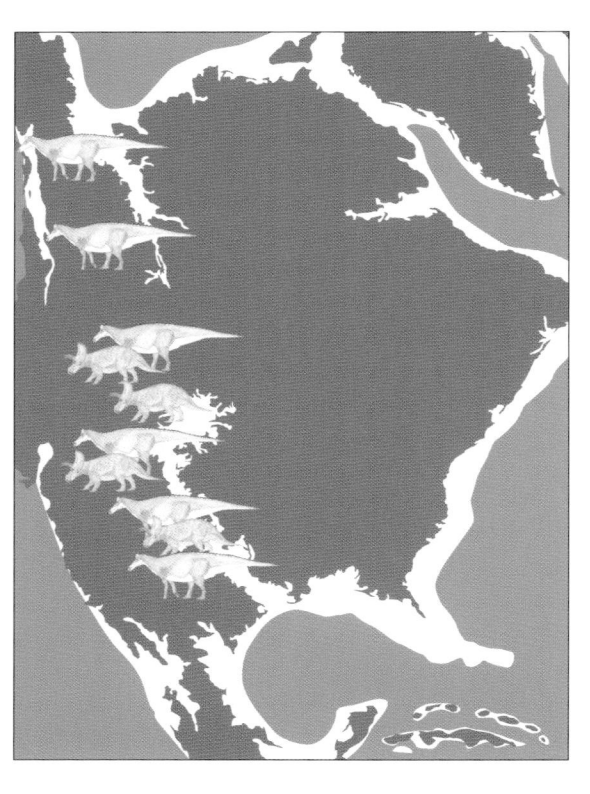

プス類はトリケラトプス *Triceratops* とトロサウルス *Torosaurus* しか存在せ
ず、ハドロサウルス科はエドモントサウルス *Edmontosaurus* しかいない。
カンパニアン期にエドモントサウルスに似たハドロサウルス科の恐竜の傍ら
で生息していた、もう1つの頭頂部にとさかをもつハドロサウルス科の系統
も途絶えていた。生き残った大型捕食者は、悪名高いティラノサウルス・レ
ックス *Tyrannosaurus rex* の1種のみであり、この恐竜がかつて生息してい
たすべての大型捕食者に相当するのである。

　白亜紀最末期に何が起こったにしろ、ケラトプス類、ハドロサウルス科、
ティラノサウルス科、そして他のグループはすべて、ほんの数百万年前に比
べ、多様性がはるかに低下していた。

　多様性が低下した理由の1つは、生息環境の変化と喪失にあったのかもし
れない。マーストリヒチアン期最末期には大陸の縁から海が後退し、海水位
が下がった。このような現象は海退 marine regression と呼ばれているが、
このマーストリヒチアン期の海退により全世界で約2900万 km^2 もの陸地が
新たに出現した。広大な乾燥地が新たに現れたことは、恐竜類のような陸生
動物にとっては良いことのように思われるかもしれない。実際には、この海
退が沿岸環境にもたらした変化は、大型動物の多様性低下につながるもので

▲北米西部において、約7600
万年前のカンパニアン期には、
さまざまなとさかをもつハドロ
サウルス科やケラトプス類を含
む、多様性に富んだ恐竜群集
が生息していた（左上図）。約
6800万年前、マーストリヒチ
アン期末期までには、恐竜類の
多様性は著しく低下し、いくつ
かのあまり装飾がない種だけし
か生息しない状態になっていた
（右上図）。

あり、肥沃な沿岸環境の喪失、新しい陸橋landbridgeの形成、そして地球規模の寒冷化などを引き起こしたと推測される。

多様性が低い動物ほど、絶滅の危険性が高くなるのは当然だ。ただ1種のみになってしまった集団は、数種が同時に生息している集団よりも死滅する危険性が高い。それゆえ、マーストリヒチアン期後期の北米西部に生息していた恐竜群集は、「絶滅傾向にある」群集と言えそうだ。

しかし、はたして当時の恐竜群集のすべてがこのような状況であったのだろうか。また、K-Pg境界大量絶滅の際に消滅した他の動物のグループについてはどうだったのだろうか。実際のところ、その状況は複雑である。ヨーロッパとアジアの恐竜群集は健全であったようで、絶滅までの間に多様性の低下を示す明白な証拠はない。他の動物では、特定の海洋性プランクトンおよび軟体動物が白亜紀末期に衰退していたようだ。海洋性爬虫類については、最近記載された種が急激に増加したことで、白亜紀末期の動物の多様性に関する私たちの知識はまだ完璧から遠いということと、海生のモササウルス類とプレシオサウルス類は小惑星衝突前にはまだ繁栄していたことがわかる。

火山活動の影響

マーストリヒチアン期後期、少なくとも世界の何ヵ所かで、動物の集団は変化しつつあった。その理由はおそらく海水準変動により、生息環境や生態系の分布が変化したからだろう。しかし、次に述べる、もう1つの要因が動物と植物の群集に強い影響を及ぼしていたのかもしれない。

マーストリヒチアン期は、極めて火山活動が活発な時期であった。活火山が太平洋周辺やグリーンランド各地、南大西洋の島々に存在していた。火山活動が長期にわたって続いたため、世界全体で二酸化炭素（CO_2）濃度carbon dioxide levelが上昇し、大気中の微粒子の量も増加した。どちらのプロセスも気候変動の原因として知られている。しかし、これらの火山活動をすべて考慮しても、インド中部で起きた巨大で長期間続いた火山活動にはとうてい及ばない。数十万年にわたり、おびただしい量の溶岩が流れ出し、デカン・トラップDeccan Trapsとして知られる台地を生み出した。この台地は、200万km^3ほどの溶岩が火山亀裂や火道から噴出し、ついには、フランス、ドイツ、スペインを合わせた面積よりも広く、メキシコと同等の面積を覆うことで形成された。デカン・トラップを形成した溶岩流の中には厚さ50mのものもあり、一部では信じがたいが、厚さ150mに達するものもあった。

デカン・トラップは突然起こった1回の噴火でできたものではなく、チチュルブでの隕石衝突が瞬間的に及ぼした影響とは本当に対照的だ。この継続

第 6 章 大量絶滅とその後

的な火山活動により、大量の二酸化炭素と二酸化硫黄（SO_2）が放出された
に違いない。これらのガスは、白亜紀後期に起こった地球規模の温暖化の一
因となった可能性がある。どちらのガスも大気に熱を封じ込め、今日の地球
温暖化にも寄与している。また、これらのガスは酸性雨の一因となった可能
性もある。酸性雨は陸上と海の生態系に被害を与え、陸上では植物を死滅さ
せ、海では水の化学的性質を変えて、海生動物の骨格を脆く分解することで、
海生動物を殺してしまうのである。

　火山活動は、大気中に撒き散らされた塵が太陽光を反射し、気温を低下さ
せることで、地球規模の寒冷化も引き起こした。このように大規模な火山活
動が温暖化と寒冷化を引き起こしたため、マーストリヒチアン期後期に地球
の温度が大きく変動した。徐々に進む寒冷化、急激な温暖化、そして急激な
寒冷化のすべてが、白亜紀最後の150万年間に起こったのだ。このような変

▲白亜紀後期のインド各地では
火山活動が驚くほど活発だっ
た。数kmに及ぶ巨大な地割れ
が随所に生じ、そこからマグマ
や高温ガスが盛んに噴出してい
た。

209

▲白亜紀後期の火山活動によって生じた大気汚染は、気候変動や有害な酸性雨をもたらしたようだ。現代の酸性雨は森林を壊滅してしまう。

化は、世界各地で動物の繁殖reproductionや移動の周期を乱し、植物の成長を予測できないものにしてしまい、生態系を大混乱に陥れたことだろう。

どうやら、マーストリヒチアン期の火山活動、とりわけ、デカン・トラップの形成時のものは、地球規模の気候変動をもたらし、酸性雨を降らせ、世界各地で環境悪化を引き起こしたらしい。そのため、多種多様な環境に生息する生物たちがストレスを受け、衰退せざるをえなかっただろう。この考えの直接的証拠が、インド洋で発見されたマーストリヒチアン期のプランクトンから得られている。これらのプランクトンは、全体としては多様性が低下している一方で、低酸素下でストレスを受けた群集に適応したプランクトンは多様性が上昇していることがわかる。

だが、これらの知見にもかかわらず、2020年に出版されたアレッサンドロ・キアレンツァらによる論文は、白亜紀末期の火山活動による影響が小惑星衝

突による影響に比べてかなり小さかったと主張した。じつのところ、火山ガスは温室効果をもたらし、小惑星衝突の際に起こったガス放出による寒冷化を多少弱めていた。火山活動は小惑星衝突の影響を「緩和」したのである。

「複合要因シナリオ」

　1980年代から1990年代にかけて、火山活動がK-Pg境界大量絶滅の原因だとする考えは、隕石衝突が原因だとするアルヴァレズ仮説と真っ向から対決するものとみなされていた。当時、K-Pg境界大量絶滅に興味をもっていた研究者たちは、これら2つの出来事のどちらか一方が絶滅を引き起こしたのだと主張し、火山仮説の支持者のなかには、隕石衝突が起こったこと自体を否定したものもいた。今日では、チチュルブでの隕石衝突と大規模な火山活動が同時期にあったことが広く受け入れられている。これらの出来事が結びついて、絶滅を引き起こしたのではないだろうか。

▲白亜紀最末期の堆積物から、プランクトンがどのようにして、その個体数や多様性に大きな変化を受けていたのか知ることができる。この写真は、マーストリヒチアン期に典型的なプランクトンの種のいくつかを示したものである。

　チチュルブでの出来事は大量の動物を一瞬にして抹殺し、衝突地点から数百km以内の生息環境に直接的に大きな影響を及ぼした。その影響は、後の数百年、もしくはそれ以上にわたり、生息環境や動物群集に対して長期的なものだったことだろう。しかし、小惑星衝突が白亜紀末期の大量絶滅の唯一の原因だったとする説を巡っては論争が絶えない。いくつの種が存在したかを調べた研究に基づき、一部の古生物学者は、恐竜は小惑星衝突の以前にすでに衰退しつつあったと主張している。では、なぜそもそも恐竜は衰退傾向にあったのだろうか？

　一部の専門家は、森林で覆われた低地がなくなり、温帯気候へと推移したために白亜紀末期の恐竜は衰退したのだと考えている。また、白亜紀末期の火山活動が気候と生態系に悪影響を及ぼしたことを指摘する専門家たちもいる。おそらく、さまざまな条件が悪化して恐竜の多様性が危険なまでに低下していたところへ、チチュルブに小惑星が衝突したことが止めの一撃——

すでにストレスを受けて衰退しつつあった生物に大打撃を与えた恐ろしい出来事——となったのだろう。これを「複合要因シナリオ」と呼ぶことができるのかもしれない。

　だが、この衝突の詳細を物語るさまざまなデータの収集が進み、白亜紀末期の大量絶滅の正確な時期と当時の動物の多様性に関する知識が向上するにつれて、白亜紀末期の恐竜が徐々に衰退したという説はデータに支持されていないことが明らかになってきた。恐竜は小惑星衝突の直前まで高い多様性を維持し繁栄していた。そして小惑星衝突は、それ単独で絶滅を引き起こすだけの壊滅的な出来事だったのである。

生き残った恐竜たち

　当然のことながら、白亜紀末に起こった絶滅は、恐竜類にとって悲劇的な出来事とされてきた。このときに絶滅した恐竜類の系統にとっては、間違いなくそうである。しかし、本書で見てきたとおり、恐竜類は絶滅していない。いくつかの鳥類の系統が生き残ったので、全体として見れば、恐竜類は絶滅していないのである。

　他の恐竜類が生き延びられなかったのに、鳥類が生き延びることができたのはなぜだろう、というのは良い質問だ。これに対する満足な答えは未だに見つかっていないが、いくつかの説が提案されている。鳥類の多くが小型で高い移動性をもっているため、地面で生活する巨大な鳥類よりも容易に退避できたのであろう。鳥類はある地域で存続が難しくなったら、新しい地域に飛んでいくこともできただろう。小動物と同様に、小型の鳥類は、大型のものよりも食糧が少なくて良いという利点をもっている。もう1つ提唱されているのが、生き残った鳥類の多くが主に南半球に生息しており、そこではK-Pg境界大量絶滅による影響があまり厳しくなかったかもしれないという説だ。

　鳥類がなぜ存続したかという問題は、特定の鳥類グループだけが大量絶滅を生き延びたことで、複雑になっている。エナンティオルニス類Enantiornithesや歯をもつ海鳥もすべて絶滅した。生き残った鳥類はすべての現生鳥類が含まれるグループである新鳥類に属していた。実際、新鳥類の少なくとも4つの系統が絶滅を乗り越えた。古顎類（ダチョウとエミュが含まれるグループ）の系統、野鳥の系統、狩猟鳥の系統、そして、海鳥、タカ、スズメ目へとつながる系統である。

　では、他の鳥類は絶滅したのに新鳥類が生き延びたのはなぜだろう？　それに、エナンティオルニス類のような絶滅した鳥類の生物学的な特徴や行動

第6章　大量絶滅とその後

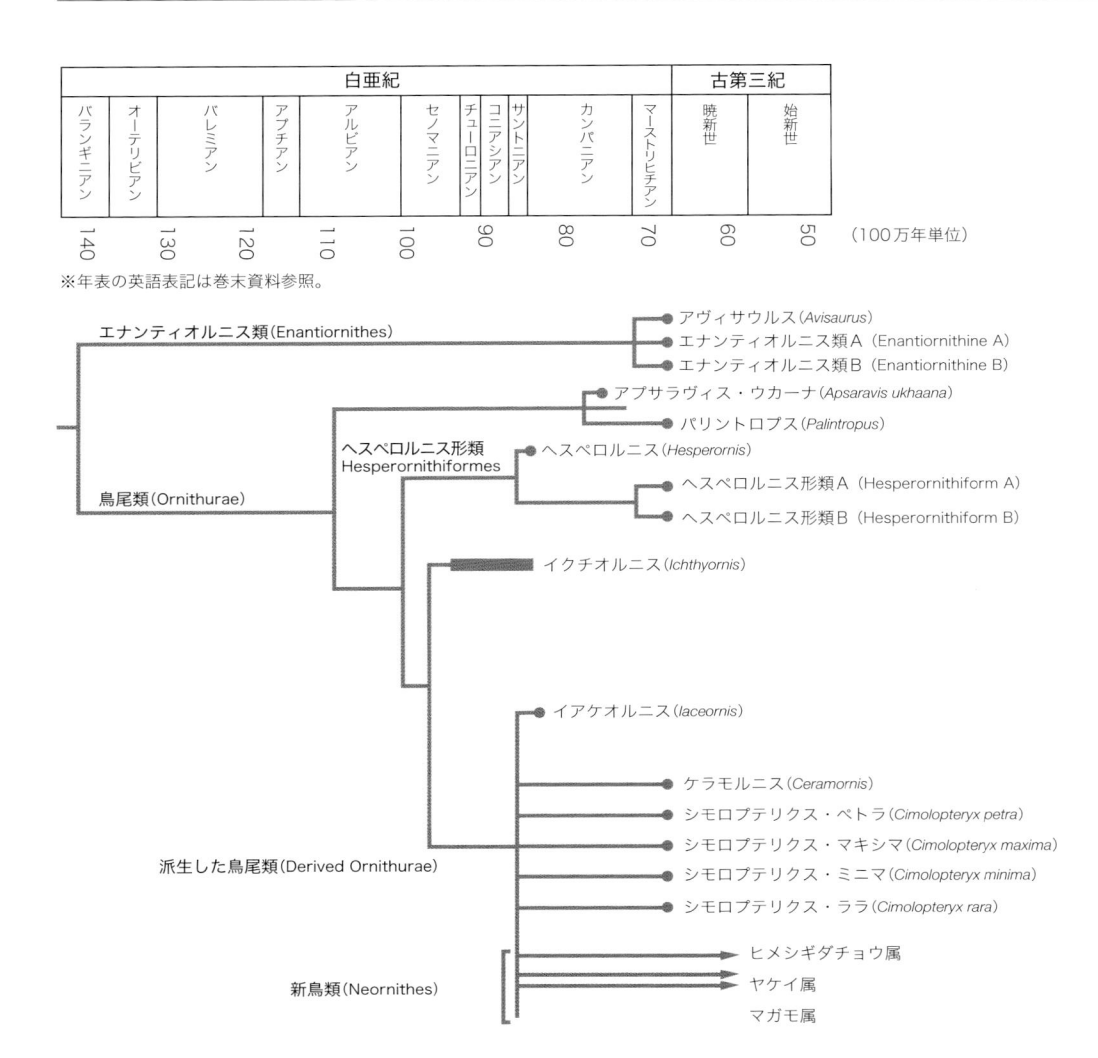

※年表の英語表記は巻末資料参照。

は、現生鳥類とまったく同じではなかったことも忘れてはならない。現生鳥類はエナンティオルニス類のようなグループよりも成長や成熟が早い。現生鳥類に見られる特徴（最も注目すべきは、歯のないくちばし）もまた、餌の種類を切り替えられるようにするものだった。現生鳥類の適応性の高いくちばしは、軽視できないものである。ミヤコドリのような鳥類は、数週間のうちにくちばしの形状を変化させることができる。このように短時間でくちばしを変化させることができないグループでさえ、1つの種が新しいくちばしの形状を進化させるには、数世代で十分だった可能性がある。絶滅してしまった他の鳥類には、この高い適応性がなかったのだろう。絶滅してしまった鳥類のほとんどが歯を持っている一方、現生鳥類に特有な、角質で覆われた大きなくちばしは持っていなかったのである。

▲白亜紀最末期に生息していたすべての恐竜類の中で、鳥類だけが生き延びた。しかし、鳥類は決して困難なく大量絶滅を生き延びたわけではない。上の図が示すように、鳥類の系統の多くが絶滅し、新鳥類というグループに属するものだけが存続した。

213

白亜紀以降の恐竜たち

　大型の非鳥類型恐竜が存在しない世界では、K-Pg境界大量絶滅を生き延びた動物たちが、より大きな体へと素早く進化を始めた。ハドロサウルス科やケラトプス類、その他のグループにより、それまで占有されてきた生態学的地位ecological nicheが空き、いくつかの鳥類の系統がそこに侵出しようと進化した。古顎類は始新世（約5500万年前）までに、体重数百kgの大型種を進化させ、ガストルニス科Gastornithidaeと呼ばれる、完全に絶滅してしまったグループも同時期までに、巨大な体へと進化した。この飛べない鳥類は、北米やヨーロッパ、アジアに生息していた。彼らの上下に厚くがっしりした頭蓋骨skullと下顎を、骨を噛み砕く捕食者の証拠だとみなす専門家がいるが、木の実を砕き、枝を切り取っていた証拠とする専門家もいる。

　これらの鳥類はすべて、他の大多数の鳥類と比べて大きく、当時の哺乳類や多くの他の動物と比べても大きかった。とはいえ、中型の種で全長5m以上、体重数百kgと、ジュラ紀や白亜紀に生息していた大型の非鳥類型恐竜の大きさに匹敵することはなかった。他の恐竜類が占有して成功を収めていた「巨大」という生態学的地位に鳥類が侵出しなかったのはなぜだろうか。

▶巨大化した最初の鳥類の1つが、ヨーロッパ、アジア、北米に生息していた飛べない鳥、ガストルニス Gastornis だ。ガストルニスは以前、肉食性と考えられていたが、むしろ雑食性もしくは植物食性であったようだ。ガストルニスは、しばしばディアトリマ Diatryma とも呼ばれる。

鳥類の体形は、飛行に専念する生活に特化されすぎていたため、巨大で重い体になれなかったのかもしれない。すべての鳥類は2本脚で、飛行に特化した前肢をもっており、巨大化できる体型を実現するのは簡単ではなかった。もう1つの理由として、鳥類は、他の恐竜類が体を巨大化させたときと同じ進化圧evolutionary pressureにさらされたことが一度もなかったということかもしれない。

　大型の飛べない鳥類は、始新世に登場して以来、鳥類史の中で常に存在し続けている。今日でもなお、巨大な飛べない鳥類は、南米（レア）やアフリカ（ダチョウ）、オーストラララシアAustralasia（エミューとヒクイドリ）に生息している。巨大で飛べない古顎類は、マダガスカル（エピオルニス）とニュージーランド（モア）に生息し、捕食者がいない環境で、ゆっくりとした成長速度と低い繁殖率をもつ生活様式を進化させた。残念ながら、これらの特性のおかげで、飛べない鳥類は、人間のような新たに侵入してきた捕食者たちの餌食になってしまった。エピオルニスとモアは乱獲され、この数百年のうちに絶滅した。

　数の上では、現生鳥類の第2のグループである新顎類Neognathaeのほうが、古顎類を圧倒的に上回っている。新顎類に属する数千の種は、約30のグループに分けられており、鳥類学者たちはこの数十年間にわたり、新顎類の複雑な進化史を明らかにし、理解しようと努力を続けている。数百種の鳥類からDNAサンプルを採集し分析するという多大な努力のおかげで、専門家たちは、新顎類の新しい系統樹phylogenetic treeを構築することができている。

　これらの研究により提案されている新顎類の系統関係の中には、解剖学的および行動学的データに基づいて、以前に提案されていたものに比べると、著しく奇妙なものもある。たとえば、脚が長く、ろ過摂食をするフラミンゴと、足で水を掻いて潜水するカイツブリは、非常に近縁であるようだ。また、オウムやハヤブサ、鳴鳥も互いに近縁であり、このことは、ハヤブサが、長年近縁だと考えられていたタカやワシ、コンドルと近い関係ではないことを意味している。これらの発見は、素晴らしい新事実であることに違いないが、解剖学的なデータのみに基づいて、動物の進化を研究している人々にとっては、少し厄介なものだ。一見したところ、説得力があり合理的なさまざまな仮説が、完全に誤っているかもしれないということを指摘しているのである。

　しかし、悲観的になる必要はない。DNA研究によって特定された他の系統関係の仮説には、別の証拠に基づき、以前

▼モアは、ニュージーランドに固有の植物食性の飛べない鳥類だが、飛ばないことに特化した結果、骨格に翼の痕跡がまったく残っていなかった。この写真は、ディノルニスDinornisという最大級のモアである。モアは、この1000年間に人間によって乱獲され、絶滅した。

▶解剖学や行動学、特に遺伝学に関する膨大な研究により、鳥類学者たちは新鳥類の系統樹を構築することができた。これにより鳥類の種間関係について、従来説の多くが誤りであることが証明された。

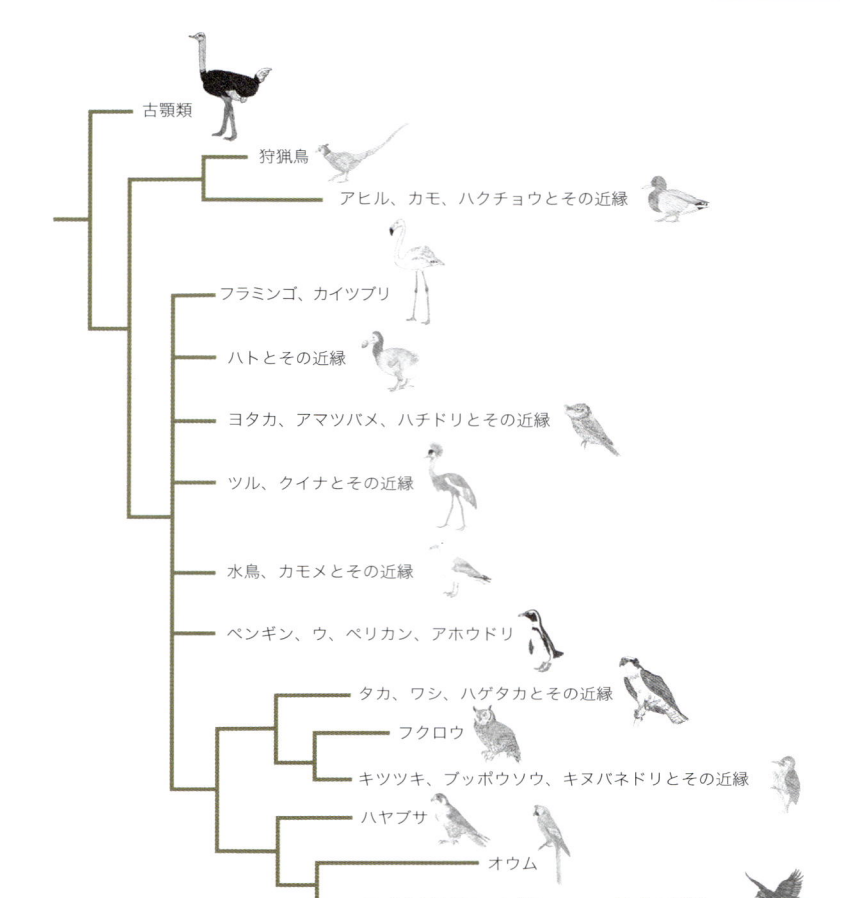

古顎類

狩猟鳥

アヒル、カモ、ハクチョウとその近縁

フラミンゴ、カイツブリ

ハトとその近縁

ヨタカ、アマツバメ、ハチドリとその近縁

ツル、クイナとその近縁

水鳥、カモメとその近縁

ペンギン、ウ、ペリカン、アホウドリ

タカ、ワシ、ハゲタカとその近縁

フクロウ

キツツキ、ブッポウソウ、キヌバネドリとその近縁

ハヤブサ

オウム

スズメ目(カラス、ツグミ、フィンチとその近縁)

▼約6000万年前、アホウドリに近縁な泳ぎの得意な海鳥のグループが飛行能力を失い、寒い極地環境で潜水能力を向上させ、餌を探し繁殖できるようになった。彼らがペンギンであり、今日も約18種が存続している。

から提案されていたものと一致するものも多いからだ。野鳥と猟鳥は、共に新顎類の系統樹に中の大きな1本の枝に属する。別の枝には海鳥や水鳥の大部分が含まれ、さらに別の枝にはワシやタカ、ハゲワシ、コンドル、キツツキとその近縁種、そしてオウムやハヤブサ、鳴鳥のグループも属している。これらの鳥類の多くは、中生代の非鳥類型恐竜が採用しなかった生活様式に適応している。

本書ですでに見てきたように、一部の非鳥類型恐竜は泳ぎ、浅瀬を歩いて渡り、魚を捕食した可能性があるが、カツオドリやペンギン、ウミツバメ、アホウドリのような水辺での生活に特化した姿へと進化を遂げたものはいなかった。鳥類は、外界から断熱できる羽毛に覆われた小型の体と飛行能力をもつおかげで、魚やイカを探して広大な海を移動できる動物へと進化した。

第6章　大量絶滅とその後

　さらに鳥類は、海中の獲物を追跡できるように、潜水したり、飛び込んだり、水中を早く泳いだりする能力を身につけ、中生代には存在しなかった極寒の極地環境でも狩猟や繁殖が可能になった。鳥類の多くは、恐竜類の物語における、まったく新しい展開であり、獣脚類Theropodaの系統樹で驚異的な繁栄を見せる1本の枝と考えることができる。この繁栄は、ジュラ紀から白亜紀に生息していた、地上を走る小型で羽毛に覆われたマニラプトル類Maniraptoraからは予測できなかったものである。

　小型で飛行能力がある鳥類は、飛んでいる昆虫を捕らえたり、高所から垂れ下がっている植物や、小動物しか接近できない植物に接近したりする生活様式をとることができていた。最も特化した奇妙な鳥類として、広い口や大鎌型の翼、小型化した脚と足をもち、空中での狩りに特化した昆虫食のアマツバメと、長い舌で蜜を吸うハチドリがいる。解剖学や遺伝学、化石の研究から、この2つのグループは近縁で、ほとんど夜行性で、高い隠密性を持つ、ヨタカ、タチヨタカ、アブラヨタカ、オーストラリアズクヨタカを含む、より大きなグループに属することがわかる。この大きなグループである、ヨタカ目は、最も奇妙な恐竜のグループの1つとみなされるべきであろう。

　また、飛行、優れた視力と聴力、他の動物を力強く捕まえるのに適した足をもつ鳥類がいる。最大級のワシは、シカのような大きな獲物を殺すことができる。フクロウは、しばしば夜行性に特化した捕食者で、他のあらゆる種類の動物を捕らえる。そして、タカやクマタカ、トビ、チュウヒは、昆虫やカタツムリから、トカゲ、哺乳類、他の鳥類まで、あらゆるものを捕食する。ある意味、現生の捕食性鳥類は、中生代の前半の、2億年前に始まった生活様式を続けているのである。アフリカに生息するヘビクイワシが最も良い例の1つだが、地上で狩りをする鳥類は、行動と外見が非鳥類型獣脚類に少し似ている。しかし、鳥類は、比較的容易に長距離を飛行し、樹上で巣作り

▲左　アホウドリは、遠洋に棲む急上昇を得意とする鳥類で、波上の上昇気流や突風を利用する細長い翼をもつ。彼らは、管鼻（上のくちばしの付け根にある管状の付属物で、先端に鼻孔nostrilがある）をもつ海鳥で、ミズナギドリ、ウミツバメ、モグリウミツバメと同じグループに属する。

▲右　他の海鳥は素早く海に潜って、魚や他の海生動物を捕らえる。カツオドリは、この行動に特化しており、頭から海に突入するのが得意だ。この写真のシロカツオドリのようなカツオドリは、秒速24mで水面にぶつかる。

217

▲左　いくつかの鳥類のグループには、空中で昆虫を捕獲することに特化した種が含まれる。最も変化した種の1つがアマツバメだ。アマツバメは化石記録が豊富で、4000万年前に生息していた種は本質的に現生のものと同じである。

▲右　ハチドリはアマツバメと近縁で、最も特化した鳥類の1つだ。現在、ハチドリはアメリカにしか生息していないが、化石から4000万年以上前にヨーロッパで出現したことがわかる。この写真はチャカザリハチドリである。

nestingや狩りをし、山脈や崖を飛べるという飛行能力のおかげで、中生代の祖先には利用できなかった生息環境や獲物が活用できるのである。そう、彼らは捕食性の獣脚類だが、まったく新しい種類で、離れ業を使い、彼らの祖先には不可能だった生活様式を続けている。

　ついに、キツツキとその近縁種、オウム、ハヤブサ、スズメ目を含む、新顎類の系統樹の大きな枝に辿りついた。このグループには、木の幹を登る種、枝の細い先端部で餌を探す種、果実や木の実、種子を食べる種、落ち葉くずや樹皮の下、土中、小川の中で、無脊椎動物を狩る種など、数百種が属している。系統樹のこの枝に位置する鳥類について、最も注目すべきことの1つは、いかにして脳が大きくなり、複雑になったのかということだ。カラスはスズメ目の鳥類だが、カラスもオウムも体の大きさと比較して、霊長類と同じくらいの大きさの脳を持っている。これらは、優れた記憶力を持ち、複雑な仕事を学び習得し、（一部の種は）道具を作り使用する先天的な能力を持ち、サルや類人猿と同等の複雑な社会生活を送る「賢い恐竜」と言える。いくつかの研究により、特定のオウムの種、とりわけ、ヨウムは人間の4歳児と同程度の知能であることが示されている。

　DNAに基づく鳥類進化の研究で明らかになった驚くべき事実の1つは、主に南米に生息する脚の長い捕食性の鳥類のグループもスズメ目に属するということだ。このグループの唯一現存している種がノガンモドキであるが、絶滅種にはフォルスラコス科Phorusrhacidaeが含まれている。フォルスラコス科は、約5000万年前から200万年前までの間、草原や森林で狩りをしていた、鉤のように湾曲したくちばしをもつ飛べない捕食性鳥類である。アルゼンチンの1500万年前の地層から発見されたケレンケンKelenkenのような最大級のフォルスラコス科は、体高が2mを超え、頭の長さは70cm以上あった。これらは、これまでに出現した最も見応えのある鳥類であり、もし

第6章　大量絶滅とその後

も今日まで生き残っていたなら、私たちの暮らす世界は、未だに獣脚類恐竜が最も強力で、見応えがあり、危険な捕食者である場所だったであろう。

　フォルスラコス科とは非常に対照的に、この独特の枝に属する鳥類の大多数が、全長20cm以下、体重わずか数十gと小型のものだ。ほとんどの鳥類がこのグループに含まれ、すべての現生種の約60％が小型のスズメ目の一員になるわけだ。小型であること、飛行能力、熱帯から極地までの環境に生息できる生理学的および解剖学的特徴により、スズメ目は最も成功した鳥類であり、かつ最も成功した恐竜類と言える。カマドムシクイ、コトドリ、ニワシドリ、フウチョウ（ゴクラクチョウ）、コウライウグイス、モズ、カラス、シジュウカラ、レンジャク、ミソサザイ、ツバメ、ムナジロカワガラス、ツ

▲左　ヴェロキラプトル *Velociraptor* のような陸上生活をする捕食者であるマニラプトル類がかつて占有していた生態学的地位の大部分は、今日では哺乳類に奪われている。しかし、空ではマニラプトル類が優勢だ。大型のワシは、非常に強力な足と巨大な鉤爪を使い、哺乳類や他の鳥類、魚を含む獲物をつかんで殺している。

▲右　ミサゴは、足に生えている湾曲した鉤爪や器用な足、ザラザラした足裏の皮膚を利用して、水面から魚をつかみ取る。一部のフクロウやワシを含む、他の捕食性鳥類も足で魚をつかむのに特化していた。

◀オウムはハヤブサと共通の祖先を持つことが明らかになった。この発見から、ハヤブサはタカやワシと特に近縁ではないことがわかる。世界中に生息する370種以上のオウムの大部分は森林に生息し、湾曲した力強いくちばしで果実や種子を割って中身を食べている。

219

▶南米に生息するノガンモドキは、陸生鳥類のグループに属する。このグループは、かつては今よりはるかに広範囲に生息し、多様性にも富んでいた。大部分が肉食性だが、初期の種は雑食性もしくは植物食性だった可能性がある。

▼化石鳥類の中で最も見応えがあるのが、フォルスラコス科だ。非常に大きな湾曲したくちばし、巨大な体、長く力強い脚を持つことから、大型哺乳類や他の獲物を餌とする肉食性だったことがわかる。この頭蓋骨の複製（右下）は、約1500万年前にアルゼンチンに生息していたフォルスラコス科のフォルスラコス *Phorusrhacos* のものである。ケレンケン（下）の頭蓋骨は、さらに長く、低かった。体高は2mを超えていた。

グミ、オオアメリカムシクイ、アメリカムシクイ、ヒタキ、クロムクドリモドキ、ムクドリ、ヒバリ、タヒバリ、セキレイ、スズメ、ハタオリドリ、ショウジョウコウカンチョウ、フィンチ、その他の鳥類はすべてスズメ目に属する。

本書を通して、恐竜類には豊かで多様性に富み、複雑な歴史があることを見てきた。新しい化石が発見されるたび、新しい科学的手法を学んだり見出したりするたび、そして、技術の進歩により化石をよりよく研究し理解することができるようになるたびに、過去についての私たちの知識が次第に向上することも見てきた。しかし今日、私たちは、恐竜が現在も生息している動物であることを知っている。この数十年間の恐竜研究で明らかになった重要な事実の1つが、恐竜は6600万年前に絶滅していないということだ。彼らは、

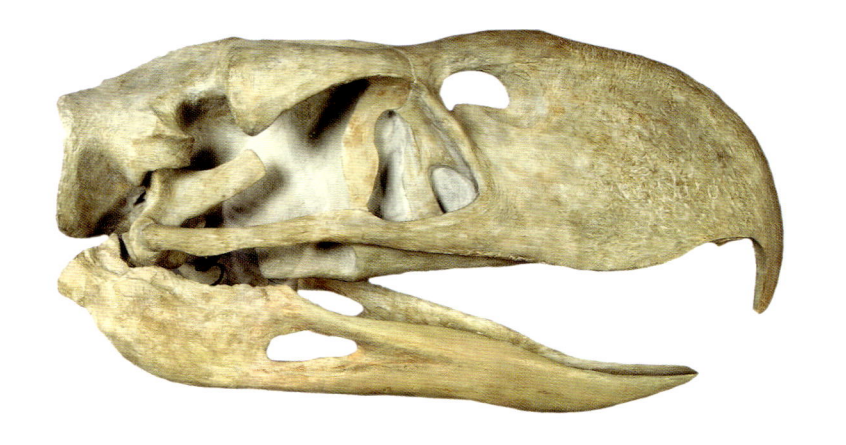

第 6 章　大量絶滅とその後

◀現在、家畜化されたニワトリは世界中に200億羽以上存在する。ニワトリは、人間の経済と食糧にとって不可欠な要素になっている。すべてのニワトリは、熱帯アジアの森林に生息するヤケイを祖先とする。

私たちのそばで暮らしており、私たちを取り巻く環境の中で重要な存在だ。そして、いくつかの種は、私たちがペットとして飼ったり、気分転換のために眺めたり、食料にしたりしていて、日常生活において重要な位置を占めている。

　今日の恐竜、つまり鳥類は、非常に個体数が多く、極めて広範囲に分布しており、多様性も非常に豊かだ。そのため、多くのグループに属する種が将来にわたって存続し、恐竜類が今後何百万年もの間、重要な動物であり続けることは間違いないと思われる。一方、気候変動、野生領域の破壊、人間の狩猟や貪欲さ、愚かさが、数百もの種を絶滅に追いやってしまうだろうということも、私たちはわかっている。その結果として、解剖学的および遺伝的特徴の希少な組み合わせをもつ、少数の種だけからなるグループも含め、多くの鳥類が今後数十年のうちに完全に消滅してしまうだろう。恐竜類に未来はあるが、大いに皮肉なことに、それは私たちの手中にあると言える。

221

資料 *Appendix*

年代層序表

（累）界／代 Eonothem/Eon	界／代 Erathem/Era	系／紀 System/Period	統／世 Series/Epoch	階／期 Stage/Age	年代／百万年前
顕生(累)界／代 Phanerozoic	新生界／代 Cenozoic	第四系／紀 Quaternary	完新統／世 Holocene		現在
					0.0117
			更新統／世 Pleistocene		
					2.58
		新第三系／紀 Neogene	鮮新統／世 Pliocene		
					5.333
			中新統／世 Miocene		
					23.03
		古第三系／紀 Paleogene	漸新統／世 Oligocene		
					33.9
			始新統／世 Eocene		
					56.0
			暁新統／世 Paleocene		
					66.0
	中生界／代 Mesozoic	白亜系／紀 Cretaceous	上部／後期 Upper ／ Late	マーストリヒチアン Maastrichtian	
					72.1 ± 0.2
				カンパニアン Campanian	
					83.6 ± 0.2
				サントニアン Santonian	
					86.3 ± 0.5
				コニアシアン Coniacian	
					89.8 ± 0.3
				チューロニアン Turonian	
					93.9
				セノマニアン Cenomanian	
					100.5
			下部／前期 Lower ／ Early	アルビアン Albian	
					113.0
				アプチアン Aptian	
					121.4
				バレミアン Barremian	
					125.77
				オーテリビアン Hauterivian	
					132.6
				バランギニアン Valanginian	
					139.8
				ベリアシアン Berriasian	
					145.0

資料

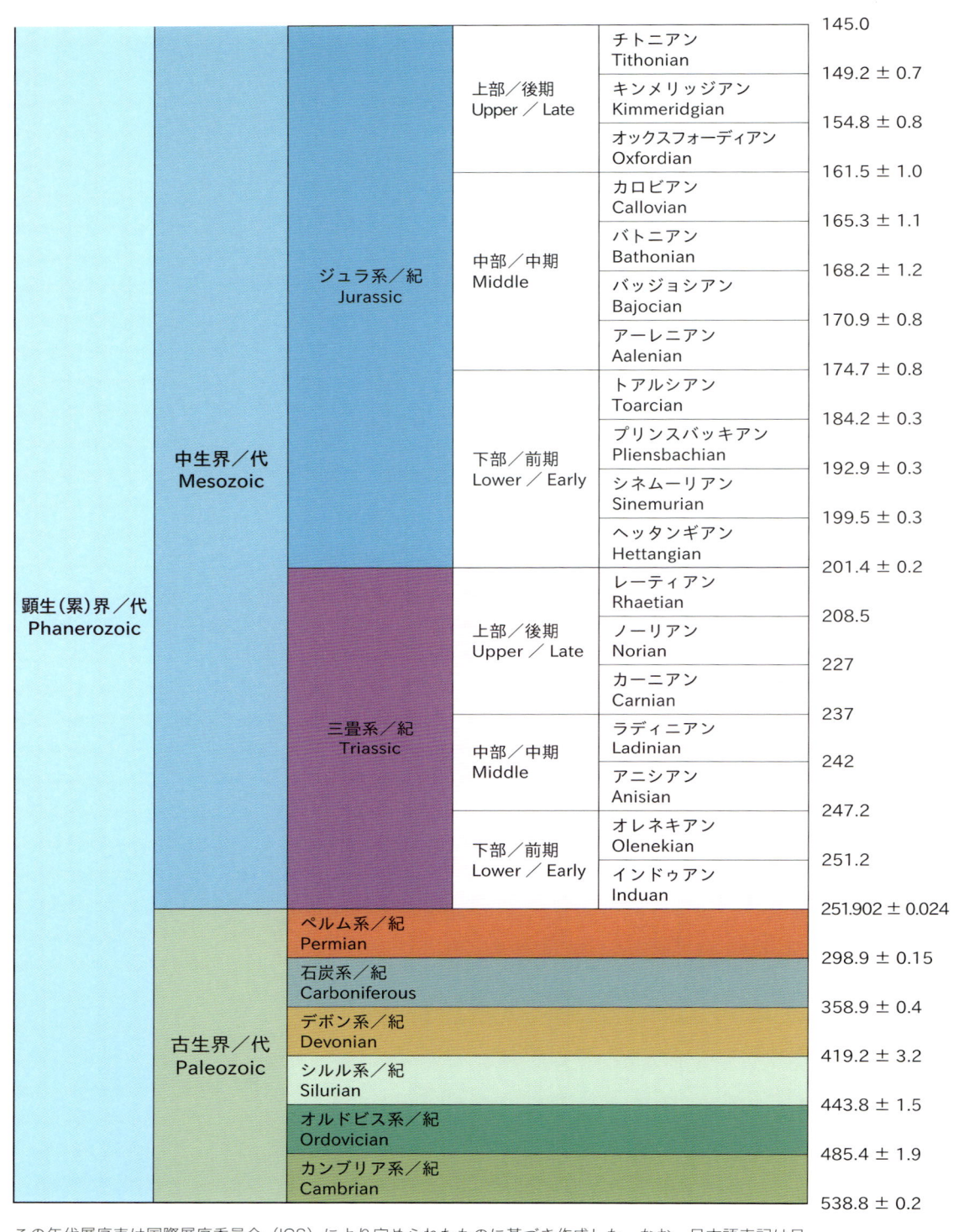

					145.0
顕生（累）界／代 Phanerozoic	中生界／代 Mesozoic	ジュラ系／紀 Jurassic	上部／後期 Upper／Late	チトニアン Tithonian	
					149.2 ± 0.7
				キンメリッジアン Kimmeridgian	
					154.8 ± 0.8
				オックスフォーディアン Oxfordian	
					161.5 ± 1.0
			中部／中期 Middle	カロビアン Callovian	
					165.3 ± 1.1
				バトニアン Bathonian	
					168.2 ± 1.2
				バッジョシアン Bajocian	
					170.9 ± 0.8
				アーレニアン Aalenian	
					174.7 ± 0.8
			下部／前期 Lower／Early	トアルシアン Toarcian	
					184.2 ± 0.3
				プリンスバッキアン Pliensbachian	
					192.9 ± 0.3
				シネムーリアン Sinemurian	
					199.5 ± 0.3
				ヘッタンギアン Hettangian	
					201.4 ± 0.2
		三畳系／紀 Triassic	上部／後期 Upper／Late	レーティアン Rhaetian	
					208.5
				ノーリアン Norian	
					227
				カーニアン Carnian	
					237
			中部／中期 Middle	ラディニアン Ladinian	
					242
				アニシアン Anisian	
					247.2
			下部／前期 Lower／Early	オレネキアン Olenekian	
					251.2
				インドゥアン Induan	
					251.902 ± 0.024
	古生界／代 Paleozoic	ペルム系／紀 Permian			
					298.9 ± 0.15
		石炭系／紀 Carboniferous			
					358.9 ± 0.4
		デボン系／紀 Devonian			
					419.2 ± 3.2
		シルル系／紀 Silurian			
					443.8 ± 1.5
		オルドビス系／紀 Ordovician			
					485.4 ± 1.9
		カンブリア系／紀 Cambrian			
					538.8 ± 0.2

この年代層序表は国際層序委員会（ICS）により定められたものに基づき作成した。なお、日本語表記は日本地質学会が作成した日本語版の国際年代層序表（2023年9月版）による。
引用：Cohen, K.M., Finney, S.C., Gibbard, P.L. and Fan, J.-X. (2013. updated) The ICS International Chronostratigraphic Chart Episodes, 36: 199-204.

用語解説 *Glossary*

アパラチア大陸 Appalachia
白亜紀から古第三紀にかけて存在した、現在のアメリカ合衆国とカナダの東側に当たる、不規則な形をした大陸。

解剖学、解剖学的特徴
Anatomy
動物と植物の構造や、各部や各構造の機能に関する全て。この用語は、各部の構造や機能を指す場合と、科学的な研究分野を指す場合がある。

仮説 Hypothesis
ある観察事実が正しいことを検証するために、得られた情報を用いた説明として提案された説。

行跡 Trackway
ある一個体の動物が、ある地層の上を移動した際に残した一連の足跡。行跡化石は短い傾向があるが、最長の恐竜の行跡は、130mに達するものもある。

恐竜形類 Dinosauromorpha
恐竜類や、それに近縁な恐竜に似たいくつかのグループを含む、主竜類のグループ。翼竜類と合わせて、鳥頸類という主竜類のグループを形成する。

クレード Clade
同じ共通の祖先に由来する種の全てからなる生物のグループ。

系統発生 Phylogeny
ある生物の進化史。この用語は、進化に係る関係性を表した仮説を示した系統樹を指す場合もある。

古生物学 Palaeontology
過去の生命を研究する科学分野。それを研究するものを古生物学者と呼ぶ。古生物学の研究対象は、微化石や植物、動物、生物が残した痕跡、古環境、古生態にも及ぶ。

ゴンドワナ大陸 Gondwana
ジュラ紀と白亜紀を通して存在した、南の超大陸。白亜紀には、この超大陸は、南極、オーストラレーシア、アフリカ、インド、マダガスカル、南米に分裂した。別名として、ゴンドワナランドが使われる場合がある。

三畳紀 Triassic
2億5200万年前から2億100万年前まで続いた、中生代の時代区分。恐竜は三畳紀に出現した。世界は暑く、当時唯一の超大陸だったパンゲアのほぼ全域を巨大な砂漠が覆っていた。

CTスキャン CT-scanning
CTは、コンピュータ断層撮影法の略。物体の内部を調べるために、さまざまな角度から照射されたX線を利用し、得られた情報からデジタル・モデルを作成し、電子ファイル化する。古生物学者が化石内部の解剖学的特徴を理解する上で、非常に重要であることが証明されている技術。

写真測量法 Photogrammetry
風景や物体を視覚化し、研究に用いる技術。対象物を異なる角度から撮影し、対象物上の任意の測量点同士を結合させることで、対象物の大きさや形状を復元することができる。

種 Species
ある生物の個体群で、すべての個体が他の個体群には存在しない特徴を共有しており、総じて外見がよく似ており、互いに繁殖可能なもの。

獣脚類 Theropoda
竜盤類の主要なグループで、肉食恐竜と呼ばれることもあり、すべての二足歩行の肉食恐竜と鳥類が含まれる。中生代のよく知られている獣脚類には、メガロサウルス、アロサウルス、ティラノサウルスなどがいる。

周飾頭類 Marginocephalia
パキケファロサウルス類とケラトプス類を含む鳥盤類のグループ。このグループの恐竜たちは、頭蓋骨の後ろに骨質の棚を持つ傾向がある。頭蓋骨が角、フリル、骨質のドームなどで装飾されているものが多い。

ジュラ紀 Jurassic
2億100万年前から1億4500万年前まで続いた、中生代の時代区分。大型から小型まで、多様な恐竜がジュラ紀の世界に君臨した。気候の季節変化はあったが、ほぼ通年熱帯性だった。パンゲア大陸が、北のローラシアと南のゴンドワナという2つの大陸に分裂した。

主竜類 Archosauria
ワニ類と、その近縁種の全てと、鳥類とその近縁種の全て（非鳥類型恐竜類）を含む、双弓類爬虫類の主要なグループ。

進化 Evolution
生物が世代を経て変化する過程で、その変化が遺伝性となり、親から子へと伝えられるもの。変化の持続期間は、自然淘汰の過程によって異なる。

新生代 Cenozoic
6600万年前から現在まで続く、大きな地質区分で、「哺乳類の時代」もしくは「新しい生物の時代」とも呼ばれる。新生代を通して、数の上では、鳥類が哺乳類を上回っているので、「鳥類の時代」と呼んだほうがいいかもしれない。

生理学 Physiology
生物の機能を維持するすべての事柄で、体温、水分と塩分のバランス、エネルギーの使用法、成長過程などを含む、体内の働きの調整や維持に係ること。英語では、生物学的過程そのものと、科学的な研究分野の両方の意味として使われる。

窓 Fenestra
骨格にある、骨に囲まれた大きな開口部を指す解剖学用語。複数形は fenstrae。

双弓類 Diapsida
トカゲ類、ヘビ類、それらの近縁種の全てと、主竜類とその近縁種の全てを含む、爬虫類の主要なグループ。双弓類とは2つの穴を意味し、これらの動物の眼窩の後方に2つの穴があることに由来する。

中生代 Mesozoic Era
2億5200万年前から6600万年前まで続いた大きな地質区分で、「爬虫類の時代」または「中間的な生物の時代」とも呼ばれる。中生代は、三畳紀、ジュラ紀、白亜紀に細分される。

鳥盤類 Ornithischia
装盾類、鳥脚類、周飾頭類を含む、恐竜類の主要なグループで、主に植物食性で、下顎の前方に前歯骨 predentary という独特の骨がある。鳥盤類は、「鳥類のような腰をした恐竜類 bird-hipped dinosaurs」とも呼ばれ、

224

用語解説

腰の骨のうち、恥骨が坐骨に沿うようにして後方に伸びており、それが鳥類のものと類似していることに由来する。しかし、鳥類はこのグループに含まれない。

転子 Trochanter
骨の隆起部で、筋肉または靭帯が付着する場所となるもの。

白亜紀 Cretaceous
1億4500万年前から6600万年前まで続いた、中生代の時代区分。この時期に、ローラシア大陸とゴンドワナ大陸が分裂しはじめ、現代の大陸配置に近くなっていった。多くの環境が現代のものと似ていたが、気温は今よりも高かった。

爬虫類 Reptile
脊椎動物の主要なグループで、カメ、トカゲ、ヘビ、主竜類、そしてこれらの近縁種すべてを含む。この用語の科学的な意味は、日常的なものとは少し異なり、鳥類も含まれる。

パンゲア大陸 Pangaea
古生代後期から三畳紀まで存在した超大陸のこと。ジュラ紀に

なると、南北に分断した（ローラシア大陸とゴンドワナ大陸）。

微小咬耗 Microwear
動物の生涯のうちに、歯に残される微小な（通常は顕微鏡レベルの）傷跡。歯の咬合や、歯と食糧の相互作用に関係している。

有限要素解析法
FEA（finite element analysis）
工学分野で開発された手法で、構造物が応力や振動、運動などを受けるとどのように変形するかについて、数学的原理を使って解析するもの。

翼竜類 Pterosauria
中生代を通して生息していた、絶滅した主竜類Archosauriaのグループ。「プテロダクティルスPterodactylus」と呼ばれる、有名な皮膜状の翼をもつ爬虫類が含まれる。このグループは、鳥頸類Ornithodiraと呼ばれる主竜類のなかで、恐竜形類と近縁である。

ララミディア大陸 Laramidia
白亜紀後期に存在し、現在のアメリカ合衆国とカナダの西部に当たる、細長い大陸。ティラノ

サウルス科、ケラトプス類、ハドロサウルス類などの、よく知られている白亜紀の恐竜たちが生息していた。

竜脚形類 Sauropodomorpha
竜盤類の主要なグループで、おなじみの竜脚類や、三畳紀とジュラ紀前期に生息していた、二足歩行で雑食性の恐竜たちが含まれる。非公式に古竜脚類'Prosauropoda'と呼ばれることもある。

竜脚類 Sauropoda
三畳紀後期からジュラ紀、白亜紀を通して生息した、四足歩行をする首の長い竜脚形類。竜脚類は巨大なものが多く、史上最大の陸上動物たちが含まれる。よく知られている竜脚類には、ディプロドクス、ブロントサウルス、ブラキオサウルスなどがいる。

遼寧省 Liaoning
黄海に面する中国北東部の省。恐竜化石を含む白亜紀の産地が多く存在し、古生物学者には有名な場所。これまでに発見された、ほぼ全ての羽毛に覆われた

非鳥類型恐竜類を含む、保存状態の良い白亜紀の恐竜化石（および他の化石生物）が多数、この場所から発見されている。

ローラシア大陸 Laurasia
ジュラ紀と白亜紀を通して存在した、北の超大陸。南のゴンドワナ大陸とは、テチス海により隔てられていた。白亜紀に生じた大西洋の拡大により、ローラシア大陸は、北米大陸とユーラシア大陸（ヨーロッパとアジアを合わせた大陸）に分裂した。

幼体 Juvenile
その種において完全な成体にまだ到達していない個体。

ワニ類 Crocodylia
現生のクロコダイル科Crocodylidaeやアリゲーター科Alligatoridae、ガビアル科Gavialidaeと、それらの近縁の化石種を含む、主竜類のグループ。ワニ類は、ワニの系統に属する主竜類のうち、唯一の現生のグループである。

参考文献 *Further information*

Brett-Surman, Michael, Holtz Jr., Thomas R. and Farlow, James. *The Complete Dinosaur, Second Edition.* Indiana University Press, 2012.

Brusatte, Stephen. *Dinosaur Paleobiology.* Wiley-Blackwell, 2012.

Currie, Philip J., and Padian, Kevin (Eds). *Encyclopedia of Dinosaurs.* Academic Press, 1997.

Dodson, Peter. *The Horned Dinosaurs.* Princeton University Press, 1996.

Holtz Jr., Thomas R. *Dinosaurs: The Most Complete, Up-to-Date Encyclopedia for Dinosaur Lovers of All Ages.* Random House, 2007.（小畠郁生（監訳）（2010）『ホルツ博士の最新恐竜辞典』朝倉書店）

Martill, Dave, and Naish, Darren. *Walking With Dinosaurs: The Evidence.* BBC Worldwide, 2000.

Naish, Darren. *The Great Dinosaur Discoveries.* A & C Black, 2009.

Norman, David. *Dinosaurs: A Very Short Introduction.* Oxford University Press, 2005.（冨田幸光（監訳）（2014）『恐竜——化石記録が示す事実と謎』丸善出版）

Weishampel, David, and White, Nadine. *The Dinosaur Papers 1676–1906.* Smithsonian Books, 2003.

Naish, Darren. *Dinopedia.* Princeton University Press, 2021.

和英索引 *Index*

索引は「恐竜名・分類群名」「学術用語・その他の専門用語」「人名」に分けて記載している。複数形が不規則に変化する単語は（　）内に複数形を記載している。

【恐竜名・分類群名】

あ行

アーケオプテリクス　*Archaeopteryx*　12, 20, 24, 95, 124-125, 152, 157, 182, 184-185, 187, 192-193, 195, 197
アヴィサウルス　*Avisaurus*　213
アエトサウルス類　Aetosauria　38
アノドントサウルス　*Anodontosaurus*　76
アパトサウルス　*Apatosaurus*　21, 69, 99-100, 113, 157, 177-178
アプサラヴィス　*Apsaravis*　213
アベリサウルス科　Abelisauridae　49, 51, 90
アマルガサウルス　*Amargasaurus*　69
アルヴァレスサウルス科　Alvarezsauridae　59-60, 90, 97, 162
アルヴァレスサウルス上科　Alvarezsauroidea　13, 55
アルゼンチノサウルス　*Argentinosaurus*　70
アルバートサウルス　*Albertosaurus*　91, 95, 173
アルバロフォサウルス　*Albalophosaurus*　83
アロサウルス　*Allosaurus*　9-10, 35, 51, 53, 102-104, 127, 140, 177
アロサウルス科　Allosauridae　46, 52
アロサウルス上科　Allosauroidea　46-47, 51, 53-54, 90, 97, 127
アンキオルニス　*Anchiornis*　124, 185, 187, 190
アンキケラトプス　*Anchiceratops*　149-150
アンキロサウルス　*Ankylosaurus*　75
アンキロサウルス科　Ankylosauridae　75-76, 110, 133, 135
アンキロサウルス類　Ankylosauria　32, 45, 71-72, 74-77, 87, 89, 95, 108-109, 124, 133, 144, 167, 179-180, 206
アンキロポレクス類　Ankylopollexia　79
アンテトニトルス　*Antetonitrus*　64
アンモサウルス　*Ammosaurus*　144
イアケオルニス　*Iaceornis*　213
イー　*Yi*　59
イグアノドン　*Iguanodon*　19, 78-80, 90, 97, 103
イグアノドン類　Iguanodontia　72, 78-80, 89-90, 96-97, 103, 131, 143, 151, 167
イクチオルニス　*Ichthyornis*　185, 200-201, 213

イサノサウルス　*Isanosaurus*　66
イベロメソルニス　*Iberomesornis*　199
インロン　*Yinlong*　82
ヴェロキラプトル　*Velociraptor*　54, 57, 121-122, 148, 153, 219
ウネンラギア亜科　Unenlagiinae　13, 55, 59, 128
ウネンラギア科　Unenlagiidae　13
ヴルカノドン　*Vulcanodon*　66
エウオプロケファルス　*Euoplocephalus*　75, 135
エウストレプトスポンディルス　*Eustreptospondylus*　52
エウドロマエオサウルス類　Eudromaeosauria　13, 55
エウヘロプス科　Euhelopodidae　179
エウマニラプトル類　Eumaniraptora　13
エオクルソル　*Eocursor*　72
エオティラヌス　*Eotyrannus*　54-55
エオドロマエウス　*Eodromaeus*　46-48
エオラプトル　*Eoraptor*　47, 86
エッフィギア　*Effigia*　39
エドモントサウルス　*Edmontosaurus*　80, 94, 98, 120, 131, 133, 179, 207
エドモントニア　*Edmontonia*　180
エナンティオルニス類　Enantiornithes　187, 198-200, 212-213
エルリコサウルス　*Erlikosaurus*　60
オヴィラプトル　*Oviraptor*　143
オヴィラプトロサウルス類　Oviraptorosauria　13, 54-55, 59, 108, 115, 121, 134, 161-164, 170, 183, 185, 190
オウラノサウルス　*Ouranosaurus*　27
オスニエロサウルス　*Othnielosaurus*　79
オリクトドロメウス　*Oryctodromeus*　167
オルニトミモサウルス類　Ornithomimosauria　54-56, 92, 94, 115, 120, 122, 134, 143, 146
オルニトレステス　*Ornitholestes*　177
オロドロメウス　*Orodromeus*　79

か行

カウディプテリクス　*Caudipteryx*　170
ガストルニス　*Gastornis*　214
ガストルニス科　Gastornithidae　214
ガスパリニサウラ　*Gasparinisaura*　79
カスモサウルス　*Chasmosaurus*　83, 180
カマラサウルス　*Camarasaurus*　61, 70-71, 140, 178
カルカロドントサウルス　*Carcharodontosaurus*　53
カルカロドントサウルス類　Carcharodontosauria

46, 53-54
カルノタウルス　*Carnotaurus*　49, 140
カンプトサウルス　*Camptosaurus*　79, 177
ギガノトサウルス　*Giganotosaurus*　54
恐竜形類　Dinosauromorpha　37-38, 40-42, 111
恐竜類　Dinosauria　8, 10, 13, 19-20, 37-45, 111, 182, 185, 188-190, 194, 201-203, 207, 210-213, 215, 217, 219-221
ギラファティタン　*Giraffatitan*　66, 70, 97
グアンロン　*Guanlong*　55
グリポサウルス　*Gryposaurus*　80
クリンダドロメウス　*Kulindadromeus*　123
クルロタルシ類　Crurotarsi　36-37
クンバラサウルス　*Kunbarrasaurus*　145
ケティオサウルス　*Cetiosaurus*　61, 65, 67-68, 98
ケラトサウルス　*Ceratosaurus*　26, 49, 51, 55, 119-120, 127, 149-150, 177
ケラトサウルス類　Ceratosauria　51
ケラトプス科　Ceratopsidae　12-13, 24, 83, 133, 149
ケラトプス上科　Ceratopsoidea　13
ケラトプス類　Ceratopsia　37, 45, 71-72, 81-83, 89, 94, 97-98, 102, 119-120, 123, 131-132, 146, 148-149, 151, 156, 160, 166-167, 169, 176, 179-180, 206-207, 214
ケラモルニス　*Ceramornis*　213
ケレンケン　*Kelenken*　218, 220
原鳥類　Paraves　13, 55
ケントロサウルス　*Kentrosaurus*　78, 100
コエルロサウルス類　Coelurosauria　46-47, 54-56, 108, 121-122, 143, 167, 188, 191
コエロフィシス　*Coelophysis*　48-49, 140, 143
コエロフィシス上科　Coelophysoidea　46-48, 51, 128
古顎類　Palaeognathae　157, 212, 214-216
コリトサウルス　*Corythosaurus*　80
古竜脚類　Prosauropoda　37, 62, 111
ゴルゴサウルス　*Gorgosaurus*　173, 180
コンコルニス　*Concornis*　199
コンフシウソルニス　*Confuciusornis*　186, 198-199
コンフシウソルニス科　Confuciusornithidae　198
コンプソグナトゥス　*Compsognathus*　20, 143
コンプソグナトゥス科　Compsognathidae　55, 122, 142

さ行

サウロロフス　*Saurolophus*　80

サトゥルナリア　*Saturnalia*　63
サペオルニス　*Sapeornis*　187-188
サルタサウルス　*Saltasaurus*　70
ジェホロサウルス　*Jeholosaurus*　79-80
ジェホロルニス　*Jeholornis*　186, 188, 197-198
ジェホロルニス科　Jeholornithidae　197-198
シチパチ　*Citipati*　164
シノカリオプテリクス　*Sinocalliopteryx*　143
シノサウロプテリクス　*Sinosauropteryx*　124, 142-143, 191
シノルニス　*Sinornis*　199
シノルニトサウルス　*Sinornithosaurus*　10, 96, 124
シノルニトミムス　*Sinornithomimus*　167
シミリカウディプテリクス　*Similicaudipteryx*　170
シモロプテリクス　*Cimolopteryx*　213
シャオティンギア　*Xiaotingia*　185, 190
ジャカピル　*Jakapil*　74
シャントゥンゴサウルス　*Shantungosaurus*　78
獣脚類　Theropoda　9, 13, 19, 24-26, 34, 37, 41, 45-49, 51-57, 59-60, 63, 67, 72-73, 85, 88, 90-95, 99-100, 102-104, 108, 111-112, 114, 119-124, 127-128, 130, 132, 134, 137-140, 142-143, 145, 147-151, 155, 161-163, 167, 169, 172-173, 177-178, 182-183, 186-192, 217-219
周飾頭類　Marginocephalia　72, 74, 79, 81
シュノサウルス　*Shunosaurus*　61, 67, 70
ジュラヴェナトル　*Juravenator*　122
ジュラタイラント　*Juratyrant*　55
主竜類　Archosauria　36-44, 86, 111, 123, 143, 182
シレサウルス　*Silesaurus*　40
シレサウルス科　Silesauridae　40-41
新顎類　Neognathae　215-216, 218
新鳥類　Neornithes　212-213, 216
ジンフェンゴプテリクス　*Jinfengopteryx*　121
スーパーサウルス　*Supersaurus*　27, 35
スカンソリオプテリクス科　Scansoriopterygidae　55, 59
スキウルミムス　*Sciurumimus*　122
スキピオニクス　*Scipionyx*　115-117, 145, 167
スクテロサウルス　*Scutellosaurus*　74
スクレロモクルス　*Scleromochlus*　37-38
スケリドサウルス　*Scelidosaurus*　72, 74-75, 135
スコロサウルス　*Scolosaurus*　76
スティギモロク　*Stygimoloch*　174-175
スティラコサウルス　*Styracosaurus*　83, 169, 180
ステゴケラス　*Stegoceras*　81, 180
ステゴサウルス　*Stegosaurus*　8, 11, 14, 21, 26, 35, 77-78, 88, 90, 105-106, 177
ステゴサウルス類　Stegosauria　71-72, 74, 77-78, 89, 95, 99-100, 102, 109, 132, 136, 151, 156-157

ステノニコサウルス　*Stenonychosaurus*　57
ズニケラトプス　*Zuniceratops*　13
スピノサウルス　*Spinosaurus*　52-53, 149
スピノサウルス科　Spinosauridae　46-47, 51-53, 127-128, 140, 143, 169
ゼフィロサウルス　*Zephyrosaurus*　79
双弓類　Diapsida　86
装盾類　Thyreophora　37, 71-72, 74-75, 77-78, 88, 92, 94, 131, 135

た行

ダスプレトサウルス　*Daspletosaurus*　173
タニコラグレウス　*Tanycolagreus*　177
タルボサウルス　*Tarbosaurus*　120
単弓類　Synapsida　203
鳥脚類　Ornithopoda　37, 71-72, 78-81, 83, 93-94, 97-98, 107-108, 131-132, 177
鳥群　Avialae　13, 55, 57, 59, 124
鳥頭類　Ornithodira　37, 111
鳥肢類　Ornithoscelida　45-46
鳥盤類　Ornithischia　9, 37, 41, 45-46, 71-74, 78-79, 82-83, 89-90, 92, 95, 98-99, 103, 108, 111, 115, 119, 123, 131-132, 134, 144-145, 150-151, 167, 172, 174
鳥尾類　Ornithurae　185-188, 198, 200-201, 213
鳥類　Aves　9-10, 14, 20-21, 23-26, 28, 34-35, 37, 45-47, 51, 54-55, 57, 61-63, 88, 90, 92-93, 95-97, 102-103, 105, 107-109, 111-115, 117-119, 121-122, 124-125, 134, 138, 143, 145, 147-148, 151-158, 160-167, 169-170, 177, 182-191, 197-202, 212-221
ディアトリマ　*Diatryma*　214
ティアンユロン　*Tianyulong*　73, 123
ディクラエオサウルス科　Dicraeosauridae　69, 179
ティタノサウルス類　Titanosauria　30, 61, 70-71, 112, 146, 161, 164, 179
デイノケイルス　*Deinocheirus*　27, 56, 92, 143
デイノニクス　*Deinonychus*　24-25, 28, 57, 59, 95, 138-139, 153, 182, 184
ディノルニス　*Dinornis*　215
ディプロドクス　*Diplodocus*　8-9, 21-22, 61, 69-70, 93, 95, 99-100, 109, 112, 120, 135-137, 140, 177-178
ディプロドクス科　Diplodocidae　136, 177, 179
ディプロドクス上科　Diplodocoidea　61, 68-71, 108, 112, 130, 136-137
ティラノサウルス　*Tyrannosaurus*　8, 10, 12, 18-19, 21, 23, 32, 51, 54, 89, 101-103, 106-107, 110, 128, 130, 140-141, 145-148, 157, 172-176, 179, 207
ティラノサウルス科　Tyrannosauridae　13, 55,

90-91, 95, 97, 109, 120, 128, 141, 143, 174, 180, 206-207
ティラノサウルス上科　Tyrannosauroidea　13, 54-55, 60, 94, 122, 138
ティラノティタン　*Tyrannotitan*　54
ディロフォサウルス　*Dilophosaurus*　46, 49, 51
ディロング　*Dilong*　55
テスケロサウルス　*Thescelosaurs*　79
テスケロサウルス科　Thescelosauridae　79
テノントサウルス　*Tenontosaurus*　79, 103-104, 157, 167
テリジノサウルス　*Therizinosaurus*　60
テリジノサウルス類　Therizinosauria　13, 55, 60, 92, 108, 134, 161
テルマトサウルス　*Telmatosaurus*　32
トゥラノケラトプス　*Turanoceratops*　13
トゥリアサウルス　*Turiasaurus*　68
トゥリアサウルス類　Turiasauria　61, 67
ドラコレックス　*Dracorex*　174-176
ドリオサウルス科　Dryosauridae　79
ドリオモルファ類　Dryomorpha　79
トリケラトプス　*Triceratops*　12, 21, 24, 32, 71, 81, 83, 120, 132, 169, 176, 179, 207
トルヴォサウルス　*Torvosaurus*　52, 177
ドレッドノータス　*Dreadnoughtus*　106
トロオドン　*Troodon*　57
トロオドン科　Troodontidae　13, 55-57, 59, 121, 127, 138, 162, 164, 172, 185
トロサウルス　*Torosaurus*　176, 207
ドロマエオサウルス　*Dromaeosaurus*　57, 92
ドロマエオサウルス科　Dromaeosauridae　13, 54-55, 57, 59, 94, 96, 121, 138, 143-144, 153, 184-187, 192

な行

ナノティラヌス　*Nanotyrannus*　174-176
ニアササウルス　*Nyasasaurus*　41-42
ニジェールサウルス　*Nigersaurus*　69
ネオケラトサウルス類　Neoceratosauria　46-49, 51, 90
ネドケラトプス　*Nedoceratops*　176
ノアサウルス科　Noasauridae　49
ノドサウルス科　Nodosauridae　75-76, 144

は行

パキケファロサウルス　*Pachycephalosaurus*　81, 174-176
パキケファロサウルス類　Pachycephalosauria　37, 72, 81-82, 174-176, 180
パキリノサウルス　*Pachyrhinosaurus*　83, 169
パタゴティタン　*Patagotitan*　70
ハドロサウルス科　Hadrosauridae　16, 24, 45, 71-72, 79-80, 90, 96-97, 109, 115, 119-120, 131, 133, 135, 143-145, 156, 161-163, 165,

169, 179-180, 206-207, 214
ハドロサウルス上科　Hadrosauroidea　32,
78-79
パラアンキロサウルス類　Parankylosauria 76, 145
パラサウロロフス　Parasaurolophus　80
バリオニクス　Baryonyx 52, 85, 128, 140, 143
バリオニクス亜科　Baryonychinae　52-53
パリントロプス　Palintropus　213
ハルシュカラプトル　Halszkaraptor　59, 149
ハルシュカラプトル亜科　Halszkaraptorinae
59
パンパドロマエウス　Pampadromaeus　62
パンファギア　Panphagia　62
非鳥群型恐竜　non-avialan dinosaurs　10
非鳥類型恐竜　non-avian dinosaurs　10, 13-14,
17-18, 21-22, 24, 26, 28-29, 34, 51, 84, 86,
93-94, 97, 100-102, 104, 107-115, 117-122,
124, 126, 130, 132-133, 144-149, 151-152,
154-174, 176-177, 182, 191, 202, 206,
214-216
ピナコサウルス　Pinacosaurus　167
ヒプシロフォドン　Hypsilophodon　20, 22, 72,
78-79, 107
ヒプシロフォドン科　Hypsilophodontidae　79
ヒラエオサウルス　Hylaeosaurus　19
フアリアンケラトプス　Hualianceratops　82
ファルカリウス　Falcarius　167
フィトディノサウルス類　Phytodinosauria
45-46
フォルスラコス　Phorusrhacos　220
フォルスラコス科　Phorusrhacidae　218-220
プシッタコサウルス　Psittacosaurus　83, 123,
149-150, 163, 166-167, 172
ブラキオサウルス　Brachiosaurus　51, 61,
65-66, 70, 98, 171
ブラキオサウルス科　Brachiosauridae　61, 66,
179
ブラキトラケロパン　Brachytrachelopan　65
ブラキロフォサウルス　Brachylophosaurus
80, 115, 144, 180
プラテオサウルス　Plateosaurus　61-64, 66,
87, 99, 134
ブリオレステス　Buriolestes　61-63
フルイタデンス　Fruitadens　73
プレシオサウルス類　Plesiosauria　208
プレノケファレ　Prenocephale　82, 175-176
プロケラトサウルス　Proceratosaurus　55
プロトケラトプス　Protoceratops 83, 149-150,
160-162, 167
ブロントサウルス　Brontosaurus　69
ベイピアオサウルス　Beipiaosaurus　60
ヘスペロルニス　Hesperornis　93-94, 185,
200-201, 213
ヘスペロルニス形類　Hesperornithiformes
200-201, 213
ヘテロドントサウルス　Heterodontosaurus
27, 72-74

ヘテロドントサウルス科　Heterodontosauridae
72-74, 81, 123
ペナラプトル類　Pennaraptora　13
ペレカニミムス　Pelecanimimus　56, 120
ヘレラサウルス　Herrerasaurus　47
ヘレラサウルス科　Herrerasauridae　47
ホマロケファレ　Homalocephale　82, 175-176
ポラカントゥス　Polacanthus　76-77
ポラカントゥス科　Polacanthidae　76
ボレアロペルタ　Borealopelta　76, 124, 144

ま行

マイアサウラ　Maiasaura　80, 145, 162-163,
165, 172, 174
マクロナリス類　Macronaria　61, 69-71
マジャーロサウルス　Magyarosaurus　70
マジュンガサウルス　Majungasaurus　49
マッソスポンディルス　Massospondylus
62-63, 88, 134, 165, 172
マニラプトル類　Maniraptora　13, 55-57,
59-61, 72, 90, 92, 94-96, 108, 121-122, 124,
128, 138-139, 149, 151-154, 162-164, 170,
182-185, 187-190, 192-195, 197, 217, 219
マプサウルス　Mapusaurus　54
マメンチサウルス　Mamenchisaurus 68-69, 98
マメンチサウルス科　Mamenchisauridae
61, 67-68
マラスクス　Marasuchus　40-41, 111
マンテリサウルス　Mantellisaurus 80, 97, 108
ミクロラプトル　Microraptor　59, 95,
124-125, 143-144, 153, 192, 194
ミクロラプトル亜科　Microraptorinae　13, 55
ミンミ　Minmi　145
ムスサウルス　Mussaurus　103, 160
メイ　Mei　56
メガラプトル類　Megaraptora　54, 60
メガロサウルス　Megalosaurus　19-20, 28,
51-52, 108
メガロサウルス科　Megalosauridae　46-47,
51-52, 127
メガロサウルス上科　Megalosauroidea　46,
51-52, 54, 90
メラノロサウルス　Melanorosaurus　61, 64, 66
モササウルス類　Mosasauridae　208
モノニクス　Mononykus　59

や行

ユウティラヌス　Yutyrannus　55, 122
有鱗類　Squamata　157
ユタラプトル　Utahraptor　59
翼竜類　Pterosauria 37-38, 41, 111, 123, 202

ら行

ラウイスクス類　Rauisuchia　39

ラキンタサウラ　Laquintasaura　72-73
ラゲルペトン科　Lagerpetidae　41
ラゴスクス　Lagosuchus　40-41
ラテニヴェナトリクス　Latenivenatrix　57, 157
ラブドドン科　Rhabdodontidae　79
ラペトサウルス　Rapetosaurus　71
ランベオサウルス亜科　Lambeosaurinae　80
リムサウルス　Limusaurus　90
竜脚形類　Sauropodomorpha　9, 41, 45-47,
61-64, 66-67, 72, 87-88, 92, 99, 103, 111,
120, 123, 131-132, 134, 144, 161, 165, 172
竜脚類　Sauropoda　22, 32, 37, 41, 45, 54,
61-62, 64-71, 78, 87, 89, 92-95, 97-100, 102,
104, 106, 108-109, 111-113, 115-116,
119-120, 130, 132, 134-136, 140,
145-148, 150-151, 155, 157, 162,
164, 171-173, 178-179
竜盤類　Saurischia　37, 45, 62, 88, 111
リンコサウルス類　Rhynchosauria　42
レソトサウルス　Lesothosaurus　72, 79
レッセムサウルス　Lessemsaurus　64
レッバキサウルス科　Rebbachisauridae　69, 87,
136, 179
レプトケラトプス　Leptoceratops　119
ロトサウルス　Lotosaurus　39

わ行

ワニ類　Crocodylia　20, 23, 26, 36, 38, 43,
86, 88, 107-109, 114, 119, 127-128, 140,
147, 156-160, 162, 165, 171, 182

和英索引

【学術用語・その他の専門用語】

あ行

r 戦略　r-selection		158
足関節　ankle		37, 46
アパラチア（大陸）　Appalachia		32, 207
アルヴァレズ仮説　Alvarez Hypothesis		204, 211
胃　stomach　14, 62, 113-115, 126, 128, 134, 142-144, 163, 167, 197-198		
EFS（External Fundamental System）　EFS （External Fundamental System）		101
胃石　gastrolith		114, 134
イリジウム　iridium		204
隕石衝突　asteroid impact　204-206, 208, 211-212		
烏口骨　coracoid		86-88, 98-99
羽枝　barb		190
羽軸　rachis		189
羽軸隆起　rachis ridge		190
羽嚢　follicle		189
羽嚢襟　follicle collar		190
羽板　vane		189-191, 197
羽柄痕　quill knob		122
ウルフォーゲル（「始祖鳥」を意味するドイツ語）　Urvogel		195
営巣→巣作りを見よ　nesting		
エナメル質　enamel		85, 186
FEA法→有限要素解析法も見よ　FEA　140-141, 178		
横突起　transverse process		109
横突棘筋　m. transversospinalis		110
オーストララシア（大陸）　Australasia		78, 215
親による卵や子の世話→子育てを見よ　parental care		
温血　warm-blooded		24-26, 35, 154-155

か行

科　family		12-13
外温性　ectothermy		154-157
外関節突起　epipophysis（epipophyses）		44
外側側頭窓　laterotemporal fenestra（fenestrae）		36, 86-87
海退　marine regression		207
回腸　ileum		115
外鼻孔　external naris		36, 86-87
下顎窓　mandibular fenestra（fenestrae）		36
学名　scientific name		12, 187
下層足跡　undertrack		150
カモフラージュ　camouflage		60, 163
眼窩　orbit		36, 74, 86-87, 125
含気孔　pneumatic pocket		62, 110-111
含気骨（空気を含んだ骨）→気嚢も見よ　pneumaticity, skeletal		111
寛骨臼　acetabulum		44, 75, 153

肝臓　liver		114
肝臓・右葉　liver〈right lobe〉		115
気管　trachea		112-113
気嚢　air-filled sac		62, 67, 87, 110-113
機能形態学　functional morphology 11, 14, 28, 96, 100		
嗅覚　smell, sense of		66, 84
胸郭　ribcage		88-89, 97
胸気嚢　thoracic air sac		112
胸骨　sternum　86, 88, 113, 185-187, 189, 194		
共同巣　communal nest		164
強膜輪　sclerotic ring		125
胸肋骨　thoracic rib		86, 88
距骨　astragalus		44, 93
鋸歯　serration　48, 52, 57, 80, 127-128, 134		
筋間線　intermuscular line		107
空腸　jejunum		115
屈筋小結節　flexor tubercle		46
クラッチ（卵が集まった状態）　clutch　162, 166		
クレード　clade　13, 15, 23, 37, 41, 44-45, 51-55, 57, 62, 70-72, 74, 76, 78-79, 81-83		
群集生態学　community ecology		177
脛骨　tibia（tibiae）　93-94, 102, 107-108		
脛骨稜　cnemial crest		107-108
憩室　diverticula		110-111
K 戦略　K-selection		158
頸椎　cervical vertebra（vertebrae）　40, 44, 67, 98-100, 111-113		
系統樹→分岐図も見よ　phylogenetic tree　9, 11-13, 15-16, 23, 44-45, 51, 55, 62, 107, 111, 146, 157, 182, 188, 191, 198, 215-218		
系統ブラケッティング法　phylogenetic bracketing　16, 23, 35, 107, 114-115, 118, 157, 159, 165		
系統分類学→分岐学も見よ　phylogenetics　13, 44		
K-Pg 境界大量絶滅　K/Pg mass extinction event　202-204, 206, 208, 211-212, 214		
血道弓　chevron		109
ケラチン　keratin		71-72, 76, 186
原羽毛　proto-feather		190
肩甲烏口骨　scapulocoracoid		99
肩甲骨　scapula（scapulae）		86-87
肩帯　shoulder girdle　84, 87-88, 91, 97-98, 112, 183		
綱　class		12
後胸気嚢　caudal thoracic air sac		112
構造色性　iridescence		125
硬組織　hard tissue		96
後腸発酵　hindgut fermentation		116
交尾　mating　67, 103-104, 157-158, 168, 171		
交連骨格　articulated skeleton　90-91, 98, 120		
呼吸　respiration		11, 110
子育て　parental care　104, 158-160, 162, 165-167		
個体発生　ontogeny		172-173

骨髄骨　medullary bone		102-104, 164, 198
骨線維　bone fiber		101
骨盤　pelvis　41, 54, 60, 86, 92, 103, 110, 153, 158, 161, 200		
骨板　plate, bony		8, 26, 49, 74, 77, 168
古肺　palaeopulmo		112
小鉤　barbicel		190
こぶ　knob　75, 80-81, 83, 102, 110, 120, 122, 175		
混合フィーダー　mixed feeder		132
ゴンドワナ（大陸）　Gondwana 29-30, 42, 51, 55, 59, 72, 76		

さ行

再構築（骨の）　remodelling		11, 164
鎖骨　clavicle		88
又骨　furcula（furculae）　88, 111-112, 185, 189		
鎖骨気嚢　clavicular air sac		112
坐骨尾筋　m. ischiocaudalis		110
砂嚢　gizzard		114-115, 188
鞘　sheath		190
三角筋稜　deltopectral crest		44
ジェネラリスト　generalist		133-134, 137
趾行性　digitigrade		93-94
指骨　phalanx（phalanges）		88-90
趾骨　phalanx（phalanges）		47, 57, 94-95
歯状突起　denticle		127
自然淘汰　natural selection		171, 182
歯帯　cingula		131
膝蓋骨　kneecap		93-94
シヴァ・クレーター　Shiva Crater		206
ジフォドント　ziphodont		126-128
社会的行動　communal behaviour		14
尺骨　ulna（ulnae）		88, 121-122, 200
種　species　8, 10, 12-16, 18, 20, 22-23, 28-29, 32, 40-41, 43-44, 46-47, 49, 52, 56-57, 60-61, 64-66, 69-72, 74-76, 78, 81-83, 90-92, 96, 100, 104-105, 110-111, 120-123, 132-135, 140, 144-147, 149, 151-152, 154, 156-162, 165, 168, 170-171, 173-179, 182, 187, 189, 198-203, 206-208, 210-216, 218, 220-221		
十二指腸　duodenum		115
シューメーカー・レヴィ第 9 彗星　comet Shoemaker-Levy 9		206
収斂進化　convergence		54, 71
手根骨　carpal		88
シュリンク包装復元　shrink-wrapping		118
小羽枝　barbule		190
消化器系　digestive system　62, 84, 113-117, 145		
上顎骨　maxilla（maxillae）		97
衝撃石英　shocked quartz		205
踵骨　calcaneum		93
上側頭窓　supratemporal fenestra（fenestrae）		36
上腕骨　humerus（humeri）		40, 44, 88

食道　oesophagus　114-115
初列雨覆羽　primary covert　125
シルバーピット・クレーター　Silverpit Crater　206
歯列（バッテリー）　battery　8, 131
進化圧　evolutionary pressure　83, 168, 215
進化論　theory of evolution　182
神経インパルス　nerve impulse　107
神経棘　neural spine　109
心臓　heart　35, 107, 114
腎臓　kidney　114
新肺　neopulmo　112
髄腔　medulla　102
膵臓　pancreas　115
「スー」（ティラノサウルス）　'Sue' (*Tyrannosaurus*)　172
頭蓋キネシス　cranial kinesis　86, 97, 100
頭蓋骨　skull　36, 38-39, 47-49, 54-55, 59-60, 64, 66, 68-71, 74-78, 80-83, 85-87, 97, 118-119, 126-128, 132-133, 137, 140-142, 173-176, 178-179, 183, 185, 189, 200-201, 214, 220
頭蓋より後方の骨格　postcranial skeleton　87
巣作り　nesting　14, 157, 160, 162-163, 217
生痕化石　trace fossil　91
生殖→繁殖も見よ　reproduction　12
生殖器官　reproductive system　35
生殖腺　gonad　114
性成熟　sexually mature　102-103
生態学的地位　ecological niche　214, 219
成長線　growth line　101, 135, 155
成長段階　growth stage　14, 175-176
成長停止線　line of arrested growth　101
成長率　growth rate　156-157
性的誇示　sexual display　122, 169-170, 189-191
性的二型　sexual dimorphism　170
性淘汰　sexual selection　168-170, 191
性淘汰圧　sexual selection pressure　198
生物地理学　biogeography　30
性別の特定　sex identification　103, 164
声門　glottis　112
生理機能　physiology　24, 154-156
石英　quartz　204-205
蹠行性　plantigrade　93
脊髄　spinal cord　85, 107
脊柱　vertebral column　85, 112
絶滅　extinction　10, 43, 159, 202, 206, 208, 211-212, 221
セレクティブ・フィーダー　selective feeder　132
繊維（体を覆うもの）　filament, body covering　28, 55, 73, 123-124, 190-191
前胃　proventriculus　114-115
線維骨　fibrous bone　174
線維層板骨　fibrolamellar bone　101
前眼窩窓　antorbital fenestra (fenestrae)　36, 78, 86-87

前胸気嚢　cranial thoracic air sac　112
前歯骨　predentary　71, 78
仙椎　sacral　110
仙尾椎　sacrocaudal　110
象牙質　dentine　85, 186
相互性淘汰　mutual sexual selection　171
早成性鳥類　precocial birds　156
総排出腔　cloaca　114-115
総排出腔口　vent　115
属　genus　12, 28, 55, 69, 174, 176, 178
側枝　side branch　191
側頭窓　temporal fenestra (fenestrae)　86
側腹腔　pleurocoel　62
組織学　histology　101
足根中足骨　tarsometatarsus　187
素嚢　crop　114-115, 188

た行

第1趾　hallux　46-47, 94, 187-189
代謝　metabolism　126, 145, 156
大腿骨　femur (femora)　36, 44, 92-94, 105, 108, 153
大腸　large intestine　115
第4転子　fourth trochanter　36, 93, 108
大陸の分裂　continental splitting　30-32, 34, 44
大量絶滅　mass extinction　9, 37, 43, 146, 159, 189, 201-204, 212-213
WAIR →翼アシスト傾斜走行も見よ　WAIR　194
恥骨　pubis (pubes)　40, 57, 72
地質時代　geological time　18-19
チチュルブ・クレーター（メキシコ）　Chicxulub Crater, Mexico　205-206
中温性　mesothermy　156-157
中手骨　metacarpal　66, 88-90
中足骨　metatarsal　46-47, 66, 93-95
腸　intestine　14, 72, 107, 113-118, 142, 145, 167
腸間膜　mesentery　115
腸骨尾筋　m. iliocaudalis　110
腸骨　ilium (ilia)　75, 92-93, 110
長尾大腿筋　m. caudofemoralis longus　36, 108, 110, 148
椎骨　vertebra (vertebrae)　68-69, 75, 81, 88, 97, 100, 108-109, 111-112, 198
柄　handle　110
翼アシスト傾斜走行　wing-assisted incline running　194
翼アシスト跳躍　wing-assisted leaping　193-194
「ディッピー」（ディプロドクス）　'Dippy' (*Diplodocus*)　21
デカン・トラップ（インド）　Deccan Traps, India　208, 210
テクタイト　tektite　204-205
デンタル・バッテリー　dental battery　72, 79,

橈骨　radius (radii)　64, 88, 200
動脈　artery　190
凸包法　convex hulling　105-106
止まる（枝などに）　perching　170, 185, 187, 192, 195, 199, 212, 216
共食い　cannibalism　143
鳥系統主竜類　bird-line archosaurs　37-38, 40-41

な行

内温性　endothermy　154-157, 191
軟骨　cartilage　96, 99
軟組織　soft tissue　28, 96, 99-100, 104-106, 109, 118-119, 121, 141
二酸化炭素濃度　carbon dioxide level　34, 208
ニッチ分割　niche partitioning　178-179
二名法　binomial system　12
年代層序区分　chronostratigraphic units　18-19
ノード　node　15

は行

胚　embryo　161, 173
肺　lung　104, 110, 112, 151
バルク・フィーダー　bulk feeder　132
パンゲア（大陸）　Pangaea　29-30, 32
パンサラッサ　Panthalassa　29
繁殖→生殖も見よ　reproduction　104, 126, 156-157, 164, 166, 168, 171, 210, 216-217
晩成性鳥類　altricial birds　156
鼻孔　nostril　60, 65-66, 70-71, 107, 118-119, 217
鼻孔下溝　subnarial gap　48
腓骨　fibula (fibulae)　44, 93
皮骨　osteoderm　8, 37-38, 74-75, 110
尾最長筋　m. longissimus caudae　110
尾脂腺　uropygial gland　23
微小咬耗（マイクロウェア）　microware　135-136
脾臓　spleen　115
尾端骨　pygostyle　198
尾椎　caudal vertebra (vertebrae)　108-110
「ビッグ・ママ」（シチパチ）　'Big Mamma' (*Citipati*)　164
腹気嚢　abdominal air sac　112
腹肋　gastralia　88-89
腹郭　gastral basket　88
筆毛　pin　190
ブラケッティング法 → 系統ブラケッティング法を見よ　bracketing
プランクトン　plankton　202, 208, 210-211
フリル　frill　81-83, 119-120, 151, 168-170, 173, 176, 179
プレウロキネシス　pleurokinesis　98
プロパリニー　propaliny　135

131-132

分岐学　cladistics　11, 13, 15, 44
分岐図　cladogram　13, 15, 46, 51, 61, 72, 111
吻骨　rostral　83
糞石　coprolite　144-146
分布（恐竜の）　distribution, dinosaur　30-32,
　40, 42, 49, 111, 221
噴門部　cardiac sac　114
旁気管支　parabronchus　112
抱卵　brooding　59, 160, 163
ポッド　pod　167
ボルティッシュ・クレーター　Boltysh Crater
　206

ま行

末節骨　ungual　88, 90
マニクアガン・クレーター　Manicouagan Crater
　204
メテオ・クレーター　Meteor Crater　204
メラノソーム　melanosome　124-125, 142
目　order　12
門　phylum　12

や行

有限要素解析法　finite element analysis　140
幽門部　pyloric region　114
幼体　juvenile　14, 82, 115, 122, 137, 143,
　158-160, 162-168, 170, 173-177
腰帯　pelvic girdle　41, 72, 84, 92-93, 147

ら行

ララミディア（大陸）　Laramidia　32, 207
卵管　oviduct　161, 188-189
卵細胞　egg cell　188
陸橋　landbridge　30-31, 208
冷血　cold-blooded　35, 154
ローラシア（大陸）　Laurasia　29-30
肋骨　rib　56, 88, 101-102, 107

わ行

ワニ系統主竜類　crocodile-line archosaurs
　37-38, 41-43

【人名】

あ行

アーバー，ヴィクトリア　Arbour, Victoria　109
アルヴァレズ，ルイス　Alvarez, Luis　204
アンドリュース，ロイ・チャップマン
　Andrews, Roy Chapman　160
ヴァリッキオ，ディヴィッド　Varricchio, David
　164
ウィトマー，ラリー　Witmer, Larry　97, 119
ウェデル，マシュー　Wedel, Mathew　112
ウォーカー，シリル　Walker, Cyril　199
オーウェン，リチャード　Owen, Richard
　17, 20, 65, 67
オストロム，ジョン　Ostrom, John　24-25,
　182-183

か行

カー，トーマス　Carr, Thomas　174
カーネギー，アンドリュー　Carnegie, Andrew
　21
グッドウィン，マーク　Goodwin, Mark　175
コープ，エドワード　Cope, Edward　65

さ行

スティーブンス，ケント　Stevens, Kent　99
センター，フィル　Senter, Phil　91

た行

ダーウィン，チャールズ　Darwin, Charles
　171, 182
ダイク，ガレス　Dyke, Gareth　153
ドゥチェッキ，アレックス　Dececchi, Alex
　194

な行

ノーマン，ディヴィッド　Norman, David
　96, 98

は行

バッカー，ロバート　Bakker, Robert　25, 149
ハッチンソン，ジョン　Hutchinson, John
　110, 147
バットン，ディヴィッド　Button, David　178
パリッシュ，マイク　Parrish, Mike　99
バロン，マシュー　Baron, Matthew　45
フィリップ，ジョン　Phillips, John　65
ブラッシー，シャーロット　Brassey, Charlotte
　106
ヘニッヒ，ヴィリー　Hennig, Willi　15
ヘンダーソン，ドナルド　Henderson, Donald

113, 151
ホーナー，ジャック　Horner, Jack　162, 174
ホリディ，ケーシー　Holliday, Casey　97

ま行

マーシュ，オスニエル　Marsh, Othniel　65
マーティン，ジョン　Martin, John　98
マケラ，ボブ　Makela, Bob　162
マリゾン，ハインリヒ　Mallison, Heinrich　99
マンテル，ギデオン　Mantell, Gideon　65

ら行

ライス，ロバート　Reisz, Robert　165
リッグス，エルマー　Riggs, Elmer　65
リンネ，カール　Linnaeus, Carl　12
レイフィールド，エミリー　Rayfield, Emily
　140

わ行

ワイシャンペル，ディヴィッド　Weishampel,
　David　96

英和索引 *Index*

索引は「恐竜名・分類群名 Dinosaur Index」「学術用語・その他の専門用語 Technical term Index」「人名 Biographical dictionary」に分けて記載している。複数形が不規則に変化する単語は（ ）内に複数形を記載している。

【Dinosaur Index】

A

Abelisauridae　アベリサウルス科　　49, 51, 90
Aetosauria　アエトサウルス類　　　　　38
Albalophosaurus　アルバロフォサウルス　83
Albertosaurus　アルバートサウルス　91, 95,
　　　　　173
Allosauridae　アロサウルス科　　46, 52
Allosauroidea　アロサウルス上科　46-47, 51,
　　　　　53-54, 90, 97, 127
Allosaurus　アロサウルス　　9-10, 35, 51, 53,
　　　　　102-104, 127, 140, 177
Alvarezsauridae　アルヴァレスサウルス科
　　　　　59-60, 90, 97, 162
Alvarezsauroidea　アルヴァレスサウルス上科
　　　　　13, 55
Amargasaurus　アマルガサウルス　　69
Ammosaurus　アンモサウルス　　144
Anchiceratops　アンキケラトプス　149-150
Anchiornis　アンキオルニス　　124, 185,
　　　　　187, 190
Ankylopollexia　アンキロポレクス類　79
Ankylosauria　アンキロサウルス類　32, 45,
　　　71-72, 74-77, 87, 89, 95, 108-109, 124, 133,
　　　　　144, 167, 179-180, 206
Ankylosauridae　アンキロサウルス科　75-76,
　　　　　110, 133, 135
Ankylosaurus　アンキロサウルス　75
Anodontosaurus　アノドントサウルス　76
Antetonitrus　アンテトニトゥルス　64
Apatosaurus　アパトサウルス　　21, 69,
　　　　　99-100, 113, 157, 177-178
Apsaravis　アプサラヴィス　　213
Archaeopteryx　アーケオプテリクス　12, 20,
　　24, 95, 124-125, 152, 157, 182, 184-185, 187,
　　　　　192-193, 195, 197
Archosauria　主竜類　　36-44, 86, 111, 123,
　　　　　143, 182
Argentinosaurus　アルゼンチノサウルス
　　　　　70
Aves　鳥類　　　9-10, 14, 20-21, 23-26, 28,
　　34-35, 37, 45-47, 51, 54-55, 57, 61-63,
　　88, 90, 92-93, 95-97, 102-103, 105,
　　107-109, 111-115, 117-119, 121-122,
　　124-125, 134, 138, 143, 145, 147-148,
　　　151-158, 160-167, 169-170, 177,
　　　182-195, 197-202, 212-221
Avialae　鳥群　　　　13, 55, 57, 59, 124
Avisaurus　アヴィサウルス　　213

B

Baryonychinae　バリオニクス亜科　　52-53
Baryonyx　バリオニクス　52, 85, 128, 140, 143
Beipiaosaurus　ベイピアオサウルス　76, 124, 60
Borealopelta　ボレアロペルタ　76, 124, 144
Brachiosauridae　ブラキオサウルス科
　　　　　61, 66, 179
Brachiosaurus　ブラキオサウルス　51, 61,
　　　　　65-66, 70, 98, 171
Brachylophosaurus　ブラキロフォサウルス
　　　　　80, 115, 144, 180
Brachytrachelopan　ブラキトラケロパン　65
Brontosaurus　ブロントサウルス　69
Buriolestes　ブリオレステス　61-63

C

Camarasaurus　カマラサウルス　61, 70-71,
　　　　　140, 178
Camptosaurus　カンプトサウルス　79, 177
Carcharodontosauria　カルカロドントサウルス類
　　　　　46, 53-54
Carcharodontosaurus　カルカロドントサウルス
　　　　　53
Carnotaurus　カルノタウルス　　49, 140
Caudipteryx　カウディプテリクス　170
Ceramornis　ケラモルニス　　213
Ceratopsia　ケラトプス類　37, 45, 71-72,
　　81-83, 89, 94, 97-98, 102, 119-120, 123,
　　131-132, 146, 148-149, 151, 156, 160, 166-167,
　　　169, 176, 179-180, 206-207, 214
Ceratopsidae　ケラトプス科　12-13, 24, 83,
　　　　　133, 149
Ceratopsoidea　ケラトプス上科　　13
Ceratosauria　ケラトサウルス類　　51
Ceratosaurus　ケラトサウルス　26, 49, 51,
　　　55, 119-120, 127, 149-150, 177
Cetiosaurus　ケティオサウルス　61, 65,
　　　　　67-68, 98
Chasmosaurus　カスモサウルス　83, 180
Cimolopteryx　シモロプテリクス　213
Citipati　シチパチ　　164
Coelophysis　コエロフィシス　48-49, 140, 143
Coelophysoidea　コエロフィシス上科　46-48,
　　　　　51, 128
Coelurosauria　コエルロサウルス類　46-47,
　　54-56, 108, 121-122, 143, 167, 188, 191

Compsognathidae　コンプソグナトゥス科
　　　　　55, 122, 142
Compsognathus　コンプソグナトゥス　20, 143
Concornis　コンコルニス　　199
Confuciusornis　コンフシウソルニス
　　　　　186, 198-199
Confuciusornithidae　コンフシウソルニス科
　　　　　198
Corythosaurus　コリトサウルス　80
Crocodylia　ワニ類　　20, 23, 26, 36, 38, 43,
　　86, 88, 107-109, 114, 119, 127-128, 140,
　　　147, 156-160, 162, 165, 171, 182
Crurotarsi　クルロタルシ類　　36-37

D

Daspletosaurus　ダスプレトサウルス　173
Deinocheirus　ディノケイルス　27, 56, 92, 143
Deinonychus　ディノニクス　24-25, 28, 57,
　　59, 95, 138-139, 153, 182, 184
Diapsida　双弓類　　86
Diatryma　ディアトリマ　214
Dicraeosauridae　ディクラエオサウルス科
　　　　　69, 179
Dilong　ディロング　　55
Dilophosaurus　ディロフォサウルス
　　　　　46, 49, 51
Dinornis　ディノルニス　215
Dinosauria　恐竜類　　8, 10, 13, 19-20, 37-45,
　　111, 182, 185, 188-190, 194, 201-203, 207,
　　　210-213, 215, 217, 219-221
Dinosauromorpha　恐竜形類　37-38, 40-42,
　　　　　111
Diplodocidae　ディプロドクス科　136, 177,
　　　　　179
Diplodocoidea　ディプロドクス上科
　　　61, 68-71, 108, 112, 130, 136-137
Diplodocus　ディプロドクス　8-9, 21-22, 61,
　　69-70, 93, 95, 99-100, 109, 112, 120,
　　　135-137, 140, 177-178
Dracorex　ドラコレックス　174-176
Dreadnoughtus　ドレッドノータス　106
Dromaeosauridae　ドロマエオサウルス科　13,
　　54-55, 57, 59, 94, 96, 121, 138, 143-144,
　　　153, 184-187, 192
Dromaeosaurus　ドロマエオサウルス　57, 92
Dryomorpha　ドリオモルファ類　79
Dryosauridae　ドリオサウルス科　79

E

Edmontonia　エドモントニア　180
Edmontosaurus　エドモントサウルス　80, 94,
　　98, 120, 131, 133, 179, 207

Effigia エッフィギア　39

Enantiornithes　エナンティオルニス類　187, 198-200, 212-213

Eocursor　エオクルソル　72

Eodromaeus　エオドロマエウス　46-48

Eoraptor　エオラプトル　47, 86

Eotyrannus　エオティラヌス　54-55

Erlikosaurus　エルリコサウルス　60

Eudromaeosauria　エウドロマエオサウルス類　13, 55

Euhelopodidae　エウヘロプス科　179

Eumaniraptora　エウマニラプトル類　13

Euoplocephalus　エウオプロケファルス　75, 135

Eustreptospondylus　エウストレプトスポンディルス　52

F

Falcarius　ファルカリウス　167

Fruitadens　フルイタデンス　73

G

Gasparinisaura　ガスパリニサウラ　79

Gastornis　ガストルニス　214

Gastornithidae　ガストルニス科　214

Giganotosaurus　ギガノトサウルス　54

Giraffatitan　ギラファティタン　66, 70, 97

Gorgosaurus　ゴルゴサウルス　173, 180

Gryposaurus　グリポサウルス　80

Guanlong　グアンロング　55

H

Hadrosauridae　ハドロサウルス科　16, 24, 45, 71-72, 79-80, 90, 96-97, 109, 115, 119-120, 131, 133, 135, 143-145, 156, 161-163, 165, 169, 179-180, 206-207, 214

Hadrosauroidea　ハドロサウルス上科　32, 78-79

Halszkaraptor　ハルシュカラプトル　59, 149

Halszkaraptorinae　ハルシュカラプトル亜科　59

Herrerasauridae　ヘレラサウルス科　47

Herrerasaurus　ヘレラサウルス　47

Hesperornis　ヘスペロルニス　93-94, 185, 200-201, 213

Hesperornithiformes　ヘスペロルニス形類　200-201, 213

Heterodontosauridae　ヘテロドントサウルス科　72-74, 81, 123

Heterodontosaurus　ヘテロドントサウルス　27, 72-74

Homalocephale　ホマロケファレ　82, 175-176

Hualianceratops　フアリアンケラトプス　82

Hylaeosaurus　ヒラエオサウルス　19

Hypsilophodon　ヒプシロフォドン　20, 22, 72, 78-79, 107

Hypsilophodontidae　ヒプシロフォドン科　79

I

Iaceornis　イアケオルニス　213

Iberomesornis　イベロメソルニス　199

Ichthyornis　イクチオルニス　185, 200-201, 213

Iguanodon　イグアノドン　19, 78-80, 90, 97, 103

Iguanodontia　イグアノドン類　72, 78-80, 89-90, 96-97, 103, 131, 143, 151, 167

Isanosaurus　イサノサウルス　66

J

Jakapil　ジャカピル　74

Jeholornis　ジェホロルニス　186, 188, 197-198

Jeholornithidae　ジェホロルニス科　197-198

Jeholosaurus　ジェホロサウルス　79-80

Jinfengopteryx　ジンフェンゴプテリクス　121

Juratyrant　ジュラタイラント　55

Juravenator　ジュラヴェナトル　122

K

Kelenken　ケレンケン　218, 220

Kentrosaurus　ケントロサウルス　78, 100

Kulindadromeus　クリンダドロメウス　123

Kunbarrasaurus　クンバラサウルス　145

L

Lagerpetidae　ラゲルペトン科　41

Lagosuchus　ラゴスクス　40-41

Lambeosaurinae　ランベオサウルス亜科　80

Laquintasaura　ラキンタサウラ　72-73

Latenivenatrix　ラテニヴェナトリクス　57, 157

Leptoceratops　レプトケラトプス　119

Lesothosaurus　レソトサウルス　72, 79

Lessemsaurus　レッセムサウルス　64

Limusaurus　リムサウルス　90

Lotosaurus　ロトサウルス　39

M

Macronaria　マクロナリス類　61, 69-71

Magyarosaurus　マジャーロサウルス　70

Maiasaura　マイアサウラ　80, 145, 162-163, 165, 172, 174

Majungasaurus　マジュンガサウルス　49

Mamenchisauridae　マメンチサウルス科　61, 67-68

Mamenchisaurus　マメンチサウルス　68-69, 98

Maniraptora　マニラプトル類　13, 55-57, 59-61, 72, 90, 92, 94-96, 108, 121-122, 124, 128, 138-139, 149, 151-154, 162-164, 170, 182-185, 187-190, 192-195, 197, 217, 219

Mantellisaurus　マンテリサウルス　80, 97, 108

Mapusaurus　マプサウルス　54

Marasuchus　マラスクス　40, 41, 111

Marginocephalia　周飾頭類　72, 74, 79, 81

Massospondylus　マッソスポンディルス　62-63, 88, 134, 165, 172

Megalosauridae　メガロサウルス科　46-47, 51-52, 127

Megalosauroidea　メガロサウルス上科　46, 51-52, 54, 90

Megalosaurus　メガロサウルス　19-20, 28, 51-52, 108

Megaraptora　メガラプトル類　54, 60

Mei　メイ　56

Melanorosaurus　メラノロサウルス　61, 64, 66

Microraptor　ミクロラプトル　59, 95, 124-125, 143-144, 153, 192, 194

Microraptorinae　ミクロラプトル亜科　13, 55

Minmi　ミンミ　145

Mononykus　モノニクス　59

Mosasauridae　モササウルス類　208

Mussaurus　ムスサウルス　103, 160

N

Nanotyrannus　ナノティラヌス　174-176

Nedoceratops　ネドケラトプス　176

Neoceratosauria　ネオケラトサウルス類　46-49, 51, 90

Neognathae　新顎類　215-216, 218

Neornithes　新鳥類　212-213, 216

Nigersaurus　ニジェールサウルス　69

Noasauridae　ノアサウルス科　49

Nodosauridae　ノドサウルス科　75-76, 144

non-avialan dinosaurs　非鳥型類恐竜　10

non-avian dinosaurs　非鳥類型恐竜　10, 13-14, 17-18, 21-22, 24, 26, 28-29, 34, 51, 84, 86, 93-94, 97, 100-102, 104, 107-115, 117-122, 124, 126, 130, 132-133, 144-149, 151-152, 154-174, 176-177, 182, 191, 202, 206, 214-216

Nyasasaurus　ニアササウルス　41-42

O

Ornithischia　鳥盤類　9, 37, 41, 45-46, 71-74, 78-79, 82-83, 89-90, 92, 95, 98-99, 103, 108, 111, 115, 119, 123, 131-132, 134, 144-145, 150-151, 167, 172, 174

Ornithodira　鳥頚類　37, 111

Ornitholestes　オルニトレステス　177

Ornithomimosauria　オルニトミモサウルス類　54-56, 92, 94, 115, 120, 122, 134, 143, 146

Ornithopoda　鳥脚類　37, 71-72, 78-81, 83, 93-94, 97-98, 107-108, 131-132, 177

Ornithoscelida　鳥肢類　45-46

Ornithurae　鳥尾類　185-188, 198, 200-201, 213

Orodromeus　オロドロメウス　79

Oryctodromeus　オリクトドロメウス　167

Othnielosaurus　オスニエロサウルス　79

Ouranosaurus　オウラノサウルス　27

Oviraptor　オヴィラプトル　143

Oviraptorosauria　オヴィラプトロサウルス類　13, 54-55, 59, 108, 115, 121, 134, 161-164,

170, 183, 185, 190

P

Pachycephalosauria　パキケファロサウルス類
　　37, 72, 81-82, 174-176, 180
Pachycephalosaurus　パキケファロサウルス
　　81, 174-176
Pachyrhinosaurus　パキリノサウルス　83, 169
Palaeognathae　古顎類　157, 212, 214-216
Palintropus　パリントロプス　213
Pampadromaeus　パンパドロマエウス　62
Panphagia　パンファギア　62
Parankylosauria　パラアンキロサウルス類
　　76, 145
Parasaurolophus　パラサウロロフス　80
Paraves　原鳥類　13, 55
Patagotitan　パタゴティタン　70
Pelecanimimus　ペレカニミムス　56, 120
Pennaraptora　ペナラプトル類　13
Phorusrhacidae　フォルスラコス科　218-220
Phorusrhacos　フォルスラコス　220
Phytodinosauria　フィトディノサウルス類
　　45-46
Pinacosaurus　ピナコサウルス　167
Plateosaurus　プラテオサウルス　61-64, 66,
　　87, 99, 134
Plesiosauria　プレシオサウルス類　208
Polacanthidae　ポラカントゥス科　76
Polacanthus　ポラカントゥス　76-77
Prenocephale　プレノケファレ　82, 175-176
Proceratosaurus　プロケラトサウルス　55
Prosauropoda　古竜脚類　37, 62, 111
Protoceratops　プロトケラトプス　83, 149-150,
　　160-162, 167
Psittacosaurus　プシッタコサウルス　83, 123,
　　149-150, 163, 166-167, 172
Pterosauria　翼竜類　37-38, 41, 111, 123, 202

R

Rapetosaurus　ラペトサウルス　71
Rauisuchia　ラウイスクス類　39
Rebbachisauridae　レッバキサウルス科
　　69, 87, 136, 179
Rhabdodontidae　ラブドドン科　79
Rhynchosauria　リンコサウルス類　42

S

Saltasaurus　サルタサウルス　70
Sapeornis　サペオルニス　187-188
Saturnalia　サトゥルナリア　63
Saurischia　竜盤類　37, 45, 62, 88, 111
Saurolophus　サウロロフス　80
Sauropoda　竜脚類　22, 32, 37, 41, 45, 54,
　　61-62, 64-71, 78, 87, 89, 92-95, 97-100, 102,
　　104, 106, 108-109, 111-113, 115-116,
　　119-120, 130, 132, 134-136, 140,
　　145-148, 150-151, 155, 157, 162,

164, 171-173, 178-179
Sauropodomorpha　竜脚形類　9, 41, 45-47,
　　61-64, 66-67, 72, 87-88, 92, 99, 103, 111,
　　120, 123, 131-132, 134, 144, 161, 165, 172
Scansoriopterygidae　スカンソリオプテリクス科
　　55, 59
Scelidosaurus　スケリドサウルス　72, 74-75,
　　135
Scipionyx　スキピオニクス　115-117, 145, 167
Sciurumimus　スキウルミムス　122
Scleromochlus　スクレロモクルス　37-38
Scolosaurus　スコロサウルス　76
Scutellosaurus　スクテロサウルス　74
Shantungosaurus　シャントゥンゴサウルス　78
Shunosaurus　シュノサウルス　61, 67, 70
Silesauridae　シレサウルス科　40-41
Silesaurus　シレサウルス　40
Similicaudipteryx　シミリカウディプテリクス
　　170
Sinocalliopteryx　シノカリオプテリクス　143
Sinornis　シノルニス　199
Sinornithomimus　シノルニトミムス　167
Sinornithosaurus　シノルニトサウルス
　　10, 96, 124
Sinosauropteryx　シノサウロプテリクス
　　124, 142-143, 191
Spinosauridae　スピノサウルス科　46-47,
　　51-53, 127-128, 140, 143, 169
Spinosaurus　スピノサウルス　52-53, 149
Squamata　有鱗類　157
Stegoceras　ステゴケラス　81, 180
Stegosauria　ステゴサウルス類　71-72, 74,
　　77-78, 89, 95, 99-100, 102, 109, 132, 136,
　　151, 156-157
Stegosaurus　ステゴサウルス　8, 11, 14, 21,
　　26, 35, 77-78, 88, 90, 105-106, 177
Stenonychosaurus　ステノニコサウルス　57
Stygimoloch　スティギモロク　174-175
Styracosaurus　スティラコサウルス　83, 169,
　　180
Supersaurus　スーパーサウルス　27, 35
Synapsida　単弓類　203

T

Tanycolagreus　タニコラグレウス　177
Tarbosaurus　タルボサウルス　120
Telmatosaurus　テルマトサウルス　32
Tenontosaurus　テノントサウルス　79,
　　103-104, 157, 167
Therizinosauria　テリジノサウルス類　13, 55,
　　60, 92, 108, 134, 161
Therizinosaurus　テリジノサウルス　60
Theropoda　獣脚類　9, 13, 19, 24-26, 34, 37,
　　41, 45-49, 51-57, 59-60, 63, 67, 72-73, 85,
　　88, 90-95, 99-100, 102-104, 108, 111-112,
　　114, 119-124, 127-128, 130, 132, 134,
　　137-140, 142-143, 145, 147-151, 155,

161-163, 167, 169, 172-173, 177-178,
　　182-183, 186-192, 217-219
Thescelosauridae　テスケロサウルス科　79
Thescelosaurs　テスケロサウルス　79
Thyreophora　装盾類　37, 71-72, 74-75,
　　77-78, 88, 92, 94, 131, 135
Tianyulong　ティアンユロン　73, 123
Titanosauria　ティタノサウルス類　30, 61,
　　70-71, 112, 146, 161, 164, 179
Torosaurus　トロサウルス　176, 207
Torvosaurus　トルヴォサウルス　52, 177
Triceratops　トリケラトプス　12, 21, 24, 32,
　　71, 81, 83, 120, 132, 169, 176, 179, 207
Troodon　トロオドン　57
Troodontidae　トロオドン科　13, 55-57, 59,
　　121, 127, 138, 162, 164, 172, 185
Turanoceratops　トゥラノケラトプス　13
Turiasauria　トゥリアサウルス類　61, 67
Turiasaurus　トゥリアサウルス　68
Tyrannosauridae　ティラノサウルス科　13, 55,
　　90-91, 95, 97, 109, 120, 128, 141, 143,
　　174, 180, 206-207
Tyrannosauroidea　ティラノサウルス上科
　　13, 54-55, 60, 94, 122, 138
Tyrannosaurus　ティラノサウルス　8, 10, 12,
　　18-19, 21, 23, 32, 51, 54, 89, 101-103,
　　106-107, 110, 128, 130, 140-141,
　　145-148, 157, 172-176, 179, 207
Tyrannotitan　ティラノティタン　54

U

Unenlagiidae　ウネンラギア科　13
Unenlagiinae　ウネンラギア亜科　13, 55, 59,
　　128
Utahraptor　ユタラプトル　59

V

Velociraptor　ヴェロキラプトル　54, 57,
　　121-122, 148, 153, 219
Vulcanodon　ヴルカノドン　66

X

Xiaotingia　シャオティンギア　185, 190

Y

Yi　イー　59
Yinlong　インロン　82
Yutyrannus　ユウティラヌス　55, 122

Z

Zephyrosaurus　ゼフィロサウルス　79
Zuniceratops　ズニケラトプス　13

英和索引

【Technical term Index】

A

abdominal air sac　腹気囊　　112
acetabulum　寛骨臼　　44, 75, 153
air-filled sac　気囊→含気骨 pneumaticity も見よ　　62, 67, 87, 110-113
altricial birds　晩成性鳥類　　156
Alvarez Hypothesis　アルヴァレズ仮説　　204, 211
ankle　足関節　　37, 46
antorbital fenestra (fenestrae)　前眼窩窓　　36, 78, 86-87
Appalachia　アパラチア（大陸）　　32, 207
artery　動脈　　190
articulated skeleton　交連骨格　　90-91, 98, 120
asteroid impact　隕石衝突　　204-206, 208, 211-212
astragalus　距骨　　44, 93
Australasia　オーストラララシア（大陸）　　78, 215

B

barb　羽枝　　190
barbicel　小鉤　　190
barbule　小羽枝　　190
battery　歯列（バッテリー）　　8, 131
'Big Mamma' (*Citipati*)「ビッグ・ママ」（シチパチ）　　164
binomial system　二名法　　12
biogeography　生物地理学　　30
bird-line archosaurs　鳥系統主竜類　　37-38, 40-41
Boltysh Crater　ボルティッシュ・クレーター　　206
bone fiber　骨線維　　101
bracketing　ブラケッティング法 → 系統ブラケッティング法 phylogenetic bracketing を見よ
brooding　抱卵　　59, 160, 163
bulk feeder　バルク・フィーダー　　132

C

calcaneum　踵骨　　93
camouflage　カモフラージュ　　60, 163
cannibalism　共食い　　143
carbon dioxide level　二酸化炭素濃度　　34, 208
cardiac sac　噴門部　　114
carpal　手根骨　　88
cartilage　軟骨　　96, 99
caudal thoracic air sac　後胸気嚢　　112
caudal vertebra (vertebrae)　尾椎　　108-110
cervical vertebra (vertebrae)　頸椎　　40, 44, 67, 98-100, 111-113
chevron　血道弓　　109
Chicxulub Crater, Mexico　チチュルブ・クレーター（メキシコ）　　205-206

chronostratigraphic units　年代層序区分　18-19
cingula　歯帯　　131
clade　クレード　　13, 15, 23, 37, 41, 44-45, 51-55, 57, 62, 70-72, 74, 76, 78-79, 81-83
cladistics　分岐学→系統分類学 phylogenetics も見よ　　11, 13, 15, 44
cladogram　分岐図→系統樹 phylogenetic tree も見よ　　13, 15, 46, 51, 61, 72, 111
class　綱　　12
clavicle　鎖骨　　88
clavicular air sac　鎖骨気嚢　　112
cloaca　総排出腔　　114-115
clutch　クラッチ（卵が集まった状態）　　162, 166
cnemial crest　脛骨稜　　107-108
cold-blooded　冷血　　35, 154
comet Shoemaker-Levy 9　シューメーカー・レヴィ第9彗星　　206
communal behaviour　社会的行動　　14
communal nest　共同巣　　164
community ecology　群集生態学　　177
continental splitting　大陸の分裂　30-32, 34, 44
convergence　収斂進化　　54, 71
convex hulling　凸包法　　105-106
coprolite　糞石　　144-146
coracoid　烏口骨　　86-88, 98-99
cranial kinesis　頭蓋キネシス　　86, 97, 100
cranial thoracic air sac　前胸気嚢　　112
crocodile-line archosaurs　ワニ系統主竜類　　37-38, 41-43
crop　素嚢　　114-115, 188

D

Deccan Traps, India　デカン・トラップ（インド）　　208, 210
deltopectoral crest　三角筋稜　　44
dental battery　デンタル・バッテリー　　72, 79, 131-132
denticle　歯状突起　　127
dentine　象牙質　　85, 186
digestive system　消化器系　　62, 84, 113-117, 145
digitigrade　趾行性　　93-94
'Dippy' (*Diplodocus*)「ディッピー」（ディプロドクス）　　21
distribution, dinosaur　分布（恐竜の）　30-32, 40, 42, 49, 111, 221
diverticula　憩室　　110-111
duodenum　十二指腸　　115

E

ecological niche　生態学的地位　　214, 219
ectothermy　外温性　　154-157
EFS (External Fundamental System)　EFS (External Fundamental System)　　101
egg cell　卵細胞　　188

embryo　胚　　161, 173
enamel　エナメル質　　85, 186
endothermy　内温性　　154-157, 191
epiphysis (epiphyses)　外関節突起　　44
evolutionary pressure　進化圧　　83, 168, 215
external naris　外鼻孔　　36, 86-87
extinction　絶滅　　10, 43, 159, 202, 206, 208, 211-212, 221

F

family　科　　12-13
FEA　FEA法→有限要素解析法 Finite Element Analysis も見よ　　140-141, 179
femur (femora)　大腿骨　　36, 44, 92-94, 105, 108, 153
fibrolamellar bone　線維層板骨　　101
fibrous bone　線維骨　　174
fibula (fibulae)　腓骨　　44, 93
filament, body covering　繊維（体を覆うもの）　　28, 55, 73, 123-124, 190-191
Finite Element Analysis　有限要素解析法　　140
flexor tubercle　屈筋小結節　　46
follicle　羽嚢　　189
follicle collar　羽嚢襟　　190
fourth trochanter　第4転子　　36, 93, 108
frill　フリル　　81-83, 119-120, 151, 168-170, 173, 176, 179
functional morphology　機能形態学　　11, 14, 28, 96, 100
furcula (furculae)　叉骨　　88, 111-112, 185, 189

G

gastral basket　腹郭　　88
gastralia　腹肋　　88-89
gastrolith　胃石　　114, 134
generalist　ジェネラリスト　　133-134, 137
genus　属　　12, 28, 55, 69, 174, 176, 178
geological time　地質時代　　18-19
gizzard　砂嚢　　114-115, 188
glottis　声門　　112
gonad　生殖腺　　114
Gondwana　ゴンドワナ（大陸）　29-30, 42, 51, 55, 59, 72, 76
growth line　成長線　　101, 135, 155
growth rate　成長率　　156-157
growth stage　成長段階　　14, 175-176

H

hallux　第1趾　　46-47, 94, 187-189
handle　柄　　110
hard tissue　硬組織　　96
heart　心臓　　35, 107, 114
hindgut fermentation　後腸発酵　　116
histology　組織学　　101
humerus (humeri)　上腕骨　　40, 44, 88

I

ileum　回腸　　　115
ilium (ilia)　腸骨　　　75, 92-93, 110
intermuscular line　筋間線　　　107
intestine　腸　　　14, 72, 107, 113-118, 142, 145, 167
iridescence　構造色性　　　125
iridium　イリジウム　　　204

J

jejunum　空腸　　　115
juvenile　幼体　　　14, 82, 115, 122, 137, 143, 158-160, 162-168, 170, 173-177

K

K/Pg mass extinction event　K-Pg 境界大量絶滅　　　202-204, 206, 208, 211-212, 214
keratin　ケラチン　　　71-72, 76, 186
kidney　腎臓　　　114
kneecap　膝蓋骨　　　93-94
knob　こぶ　　　75, 80-81, 83, 102, 110, 120, 122, 175
K-selection　K 戦略　　　158

L

landbridge　陸橋　　　30-31, 208
Laramidia　ララミディア（大陸）　　　32, 207
large intestine　大腸　　　115
laterotemporal fenestra (fenestrae)　外側側頭窓　　　36, 86-87
Laurasia　ローラシア（大陸）　　　29-30
line of arrested growth　成長停止線　　　101
liver　肝臓　　　114
liver〈right lobe〉　肝臓・右葉　　　115
lung　肺　　　104, 110, 112, 151

M

m. caudofemoralis longus　長尾大腿筋　　　36, 108, 110, 148
m. iliocaudalis　腸骨尾筋　　　110
m. ischiocaudalis　坐骨尾筋　　　110
m. longissimus caudae　尾最長筋　　　110
m. transversospinalis　横突棘筋　　　110
mandibular fenestra (fenestrae)　下顎窓　　　36
Manicouagan Crater　マニクアガン・クレーター　　　204
marine regression　海退　　　207
mass extinction　大量絶滅　　　9, 37, 43, 146, 159, 189, 201-204, 212-213
mating　交尾　　　67, 103-104, 157-158, 168, 171
maxilla (maxillae)　上顎骨　　　97
medulla　髄腔　　　102
medullary bone　骨髄骨　　　102-104, 164, 198
melanosome　メラノソーム　　　124-125, 142
mesentery　腸間膜　　　115

mesothermy　中温性　　　156-157
metabolism　代謝　　　126, 145, 156
metacarpal　中手骨　　　66, 88-90
metatarsal　中足骨　　　46, 47, 66, 93-95
Meteor Crater　メテオ・クレーター　　　204
microware　微小咬耗（マイクロウェア）　　　135-136
mixed feeder　混合フィーダー　　　132
mutual sexual selection　相互性淘汰　　　171

N

natural selection　自然淘汰　　　171, 182
neopulmo　新肺　　　112
nerve impulse　神経インパルス　　　107
nesting　巣作り・営巣　　　14, 157, 160, 162-163, 217
neural spine　神経棘　　　109
niche partitioning　ニッチ分割　　　178-179
node　ノード　　　15
nostril　鼻孔　　　60, 65-66, 70-71, 107, 118-119, 217

O

oesophagus　食道　　　114-115
ontogeny　個体発生　　　172-173
orbit　眼窩　　　36, 74, 86-87, 125
order　目　　　12
osteoderm　皮骨　　　8, 37-38, 74-75, 110
oviduct　卵管　　　161, 188-189

P

palaeopulmo　古肺　　　112
pancreas　膵臓　　　115
Pangaea　パンゲア（大陸）　　　29-30, 32
Panthalassa　パンサラッサ　　　29
parabronchus　旁気管支　　　112
parental care　子育て・親による卵や子の世話　　　104, 158-160, 162, 165-167
pelvic girdle　腰帯　　　41, 72, 84, 92-93, 147
pelvis　骨盤　　　41, 54, 60, 86, 92, 103, 110, 153, 158, 161, 200
perching　止まる（枝などに）　　　170, 185, 187, 192, 195, 199, 212, 216
phalanx (phalanges)　指骨・趾骨　　　47, 57, 88-90, 94-95
phylogenetic bracketing　系統ブラケッティング法　　　16, 23, 35, 107, 114-115, 118, 157, 159, 165
phylogenetic tree　系統樹　　　9, 11-13, 15-16, 23, 44-45, 51, 55, 62, 107, 111, 146, 157, 182, 188, 191, 198, 215-218
phylogenetics　系統分類学　　　13, 44
phylum　門　　　12
physiology　生理機能　　　24, 154-156
pin　筆毛　　　190
plankton　プランクトン　　　202, 208, 210-211
plantigrade　蹠行性　　　93
plate, bony　骨板　　　8, 26, 49, 74, 77, 168

pleurocoel　側腹腔　　　62
pleurokinesis　プレウロキネシス　　　98
pneumatic pocket　含気孔　　　62, 110-111
pneumaticity, skeletal　含気骨（空気を含んだ骨）　　　111
pod　ポッド　　　167
postcranial skeleton　頭蓋より後方の骨格　　　87
precocial birds　早成性鳥類　　　156
predentary　前歯骨　　　71, 78
primary covert　初列雨覆羽　　　125
propaliny　プロパリニー　　　135
proto-feather　原羽毛　　　190
proventriculus　前胃　　　114-115
pubis (pubes)　恥骨　　　40, 57, 72
pygostyle　尾端骨　　　198
pyloric region　幽門部　　　114

Q

quartz　石英　　　204-205
quill knob　羽柄痕　　　122

R

rachis　羽軸　　　189
rachis ridge　羽軸隆起　　　190
radius (radii)　橈骨　　　64, 88, 200
remodelling　再構築（骨の）　　　11, 164
reproduction　繁殖・生殖　　　12, 104, 126, 156-157, 164, 166, 168, 171, 210, 216-217
reproductive system　生殖器官　　　35
respiration　呼吸　　　11, 110
rib　肋骨　　　56, 88, 101-102, 107
ribcage　胸郭　　　88-89, 97
rostral　吻骨　　　83
r-selection　r 戦略　　　158

S

sacral　仙椎　　　110
sacrocaudal　仙尾椎　　　110
scapula (scapulae)　肩甲骨　　　86-87
scapulocoracoid　肩甲烏口骨　　　99
scientific name　学名　　　12, 187
sclerotic ring　強膜輪　　　125
selective feeder　セレクティブ・フィーダー　　　132
serration　鋸歯　　　48, 52, 57, 80, 127-128, 134
sex identification　性別の特定　　　103, 164
sexual dimorphism　性的二型　　　170
sexual display　性的誇示　　　122, 169-170, 189-191
sexual selection　性淘汰　　　168-170, 191
sexual selection pressure　性淘汰圧　　　198
sexually mature　性成熟　　　102-103
sheath　鞘　　　190
Shiva Crater　シヴァ・クレーター　　　206
shocked quartz　衝撃石英　　　205
shoulder girdle　肩帯　　　84, 87-88, 91, 97-98,

112, 183
shrink-wrapping　シュリンク包装復元　118
side branch　側枝　191
Silverpit Crater　シルバーピット・クレーター
　　206
skull　頭蓋骨　36, 38-39, 47-49, 54-55,
　　59-60, 64, 66, 68-71, 74-78, 80-83, 85-87, 97,
　　118-119, 126-128, 132-133, 137, 140-142,
　　173-176, 178-179, 183, 185, 189, 200-201,
　　214, 220
smell, sense of　嗅覚　66, 84
soft tissue　軟組織　28, 96, 99-100, 104-106,
　　109, 118-119, 121, 141
species　種　8, 10, 12-16, 18, 20, 22-23,
　　28-29, 32, 40-41, 43-44, 46-47, 49, 52, 56-57,
　　60-61, 64-66, 69-72, 74-76, 78, 81-83, 90-92,
　　96, 100, 104-105, 110-111, 120-123,
　　132-135, 140, 144-147, 149, 151-152,
　　154, 156-162, 165, 168, 170-171,
　　173-179, 182, 187, 189, 198-203,
　　206-208, 210-216, 218, 220-221
spinal cord　脊髄　85, 107
spleen　脾臓　115
sternum　胸骨　86, 88, 113, 185-187, 189, 194
stomach　胃　14, 62, 113-115, 126, 128, 134,
　　142-144, 163, 167, 197-198
subnarial gap　鼻孔下溝　48
'Sue' (*Tyrannosaurus*)　「スー」(ティラノサウルス)
　　172
supratemporal fenestra (fenestrae)　上側頭窓　36

T

tarsometatarsus　足根中足骨　187
tektite　テクタイト　204-205
temporal fenestra (fenestrae)　側頭窓　36
theory of evolution　進化論　182
thoracic air sac　胸気嚢　112
thoracic rib　胸肋骨　86, 88
tibia (tibiae)　脛骨　93-94, 102, 107-108
trace fossil　生痕化石　91
trachea　気管　112-113
transverse process　横突起　109

U

ulna (ulnae)　尺骨　88, 121-122, 200
undertrack　下層足跡　150
ungual　末節骨　88, 90
uropygial gland　尾脂腺　23
Urvogel　ウルフォーゲル（「始祖鳥」を意味する
　　ドイツ語）　195

V

vane　羽板　189-191, 197
vent　総排出腔口　115
vertebra (vertebrae)　椎骨　68-69, 75, 81, 88,
　　97, 100, 108-109, 111-112, 198
vertebral column　脊柱　85, 112

W

WAIR　WAIR →翼アシスト傾斜走行 Wing-
　　Assisted Incline Running も見よ　194
warm-blooded　温血　24-26, 35, 154-155
Wing-Assisted Incline Running　翼アシスト傾斜
　　走行　194
wing-assisted leaping　翼アシスト跳躍
　　193-194

Z

ziphodont　ジフォドント　126-128

【Biographical dictionary】

A

Alvarez, Luis　アルヴァレズ, ルイス　204
Andrews, Roy Chapman　アンドリュース, ロ
　　イ・チャップマン　160
Arbour, Victoria　アーバー, ヴィクトリア
　　109

B

Bakker, Robert　バッカー, ロバート　25, 149
Baron, Matthew　バロン, マシュー　45
Brassey, Charlotte　ブラッシー, シャーロット
　　106
Button, David　バットン, ディヴィッド　178

C

Carnegie, Andrew　カーネギー, アンドリュー
　　21
Carr, Thomas　カー, トーマス　174
Cope, Edward　コープ, エドワード　65

D

Darwin, Charles　ダーウィン, チャールズ
　　171, 182
Dececchi, Alex　ドゥチェッキ, アレックス　194
Dyke, Gareth　ダイク, ガレス　153

G

Goodwin, Mark　グッドウィン, マーク　175

H

Henderson, Donald　ヘンダーソン, ドナルド
　　113, 151
Hennig, Willi　ヘニッヒ, ヴィリー　15
Holliday, Casey　ホリディ, ケーシー　97
Horner, Jack　ホーナー, ジャック　162, 174
Hutchinson, John　ハッチンソン, ジョン
　　110, 147

L

Linnaeus, Carl　リンネ, カール　12

M

Makela, Bob　マケラ, ボブ　162
Mallison, Heinrich　マリゾン, ハインリヒ　99
Mantell, Gideon　マンテル, ギデオン　65
Marsh, Othniel　マーシュ, オスニエル　65
Martin, John　マーティン, ジョン　98

N

Norman, David　ノーマン, ディヴィッド
　　96, 98

O

Ostrom, John　オストロム, ジョン　24-25,
　　182-183
Owen, Richard　オーウェン, リチャード
　　17, 20, 65, 67

P

Parrish, Mike　パリッシュ, マイク　99
Phillips, John　フィリップ, ジョン　65

R

Rayfield, Emily　レイフィールド, エミリー　140
Reisz, Robert　ライス, ロバート　165
Riggs, Elmer　リッグス, エルマー　65

S

Senter, Phil　センター, フィル　91
Stevens, Kent　スティーブンス, ケント　99

V

Varricchio, David　ヴァリッキオ, ディヴィッド
　　164

W

Walker, Cyril　ウォーカー, シリル　199
Wedel, Mathew　ウェデル, マシュー　112
Weishampel, David　ワイシャンペル, ディ
　　ヴィッド　96
Witmer, Larry　ウィトマー, ラリー　97, 119

画像クレジット *Picture credits*

Pg. 9 top, 16/17, 33, 50, 96, 129, 150, 163, 169, 170 top, 186, 198, 220 bottom left ©John Sibbick/The Trustees of the Natural History Museum, London; pg. 10 bottom, 56, 58, 139, 144 ©Emily Willoughby; pg. 11 ©Kirby Seiber/Sauriermuseum Aathal; pg. 12, 14, 20, 21, 22 top, 49, 52, 53, 61 bottom, 66 bottom, 67, 69, 70, 71, 74, 75, 76, 77, 78, 80 top, 81, 85, 88, 90, 91, 92, 93, 94, 95, 101, 103, 105, 108, 120, 127, 128, 130, 131, 133 top, 135, 145 bottom, 152, 160 bottom, 161, 162, 170 middle, 175 top, 196, 197, 215, 220 bottom right ©The Trustees of the Natural History Museum, London; pg. 13, 23, 37, 45, 46, 55, 60, 61 top, 72, 109, 111, 132 bottom, 136, 214 ©Darren Naish; pg. 22 bottom ©Smithsonian Institution Archives; pg. 25 ©Citadel Press; pg. 26/27, 35 ©Robert Nicholls/The Trustees of the Natural History Museum, London; pg. 28, 34, 41, 43, 47 ©Bobby Birchall/NHM; pg. 29, 30 ©Ron Blakey, Colorado Plateau Geosystems Inc.; pg. 31 ©Lara Wilson/NHM; pg. 32 ©Joschua Knüppe; pg. 36 left ©Steveoc 90/Wikipedia; pg. 38, 73 ©Mark Witton; pg. 39 ©De Agostini / The Trustees of the Natural History Museum, London; pg. 40 ©Gabriel Ugueto; pg. 42 ©Mark Witton/The Trustees of the Natural History Museum, London; pg. 48, 123 top, 142 © Nicholls/Paleocreations.com 2015; pg. 52/53 ©Davide Bonadonna/National Geographic Creative; pg. 54 ©Dan Folkes; pg. 57, 86 ©Scott Hartman; pg. 59 ©Andrey Atuchin/The Trustees of the Natural History Museum, London; pg. 63, 100 bottom ©Heinrich Mallisson; pg. 64 ©Adam Yates; pg. 65, 82, 83 ©Berislav Krzic/The Trustees of the Natural History Museum, London; pg. 66 top ©Mike Taylor; pg. 68 ©Bob Nicholls/Leicester Museum; pg. 80 bottom, 137 ©Paul Barrett; pg. 89 ©Institut Royal des Sciences Naturelles de Belgique; pg. 97 ©Taylor MP. 2022. Almost all known sauropod necks are incomplete and distorted. PeerJ 10:e12810 https://doi.org/10.7717/peerj.12810; pg. 99 ©Czerkas & Czerkas; pg. 100 top and middle ©Michael P. Taylor; pg. 110 top ©Victoria Arbour; pg. 110 bottom left ©AMNH; pg. 110 bottom right ©Victoria Arbour& AMNH; pg. 113 ©Mathew Wedel, Research Associate at the Sam Noble Oklahoma Museum of Natural History; pg. 106, 113, 151 ©Charlotte Brassey; pg. 107 ©Matt Dempsey; pg. 116, 117 Reprinted with permission from Dal Sasso C. & Maganuco S., 2011- Scipionyx samniticus (Theropoda: Compsognathidae) from the Lower Cretaceous of Italy. Mem. Soc. It. Sci. Nat. Mus. Civ. St. Nat. Milano, XXXVII (I), 282 pgs. Photo: Roberto Appiani & Leonardo Vitola, © Soprintendenza per i Beni Archeologici di Salerno, Av., Bn. e Cs. / Museo di Storia Naturale di Milano; pg. 119 ©Bill Parsons; pg. 121, 200 bottom ©John Conway; pg. 122 ©Alan Turner; pg. 123 bottom ©Gerald

Mayr; pg. 124 ©Stuart Kearns; pg. 125 ©Museum für Naturkunde Berlin, Antje Dittmann; pg. 133 bottom ©Jordan C. Mallon; pg. 134 ©Bruce Rubidge from the Evolutionary Studies Institute, University of the Witwatersrand, Johannesburg; pg. 140, 141 ©Emily Rayfield; pg. 145 top ©Queensland Museum, Brisbane; pg. 146 ©John Hutchinson; pg. 147 ©Gareth Monger/The Trustees of the Natural History Museum, London; pg. 148 ©Patrick Dumas/Look at Sciences/Science Photo Library; pg. 149 ©Falkingham & Gatesy 2014; pg. 153 ©Colin Palmer; pg. 154 ©Aflo/naturepl.com; pg. 155 ©Doc White/naturepl.com; pg. 159 top ©Adrian Warren/ardea.com;pg. 158 bottom ©Brandon Cole/naturepl.com; pg. 159 ©Pierre Vernay/Biosphoto/ardea.com; pg. 160 top ©Dave Watts/naturepl.com; pg.164 top left & top middle ©Jeffrey A. Wilson; pg. 164 top right, 177, 180/181 ©Julius T. Csotonyi; pg. 164 bottom ©AMNH; pg. 165 ©Anup Shah/naturepl.com; pg. 166 ©John Cancalos/gettyimages.com; pg. 167 ©David Varricchio; pg. 168, 216 bottom, 217, 218, 219 ©David Tipling; pg. 170 bottom, Wikipedia Public Domain; pg. 171 ©Mark Harding/The Trustees of the Natural History Museum, London; pg. 172/173 ©Dallas Krentzel/Flickr; pg. 174 ©Holly Woodward Ballard; pg. 175 ©James St. John, CC BY 2.0 https://creativecommons.org/licenses/by/2.0, via Wikimedia Commons; pg. 176 ©Courtesy of Andrew A. Farke, Ph.D. Augustyn Family Curator and Director of Research & Collections Raymond M. Alf Museum of Paleontology at The Webb Schools; pg. 178 top ©David Button; pg. 183 ©Mark Hallett; pg. 184 ©Scott Hartman; pg. 185 right ©Laurent Geslin/naturepl.com; pg. 188/189 ©Davide Bonadonna; pg. 190 bottom left ©Matt Martyniuk; pg. 190 bottom right ©Leandro Sanches; pg. 191, 199, 200 top ©The Geological Museum of China/The Trustees of the Natural History Museum, London; pg. 192 left ©Kim Taylor/naturepl.com; pg. 192 right ©Stephen Dalton/naturepl.com; pg. 193 ©Bob Nichols/The Trustees of the Natural History Museum, London; pg. 194 ©Robert Clark; pg. 202 ©Peter Barrett/Mitchell Beazley/Octopus Publishing; pg. 204 ©David A. Kring/Science Photo Library; pg. 205 ©Mark Pilkington/Geological Survey of Canada/Science Photo Library; pg. 209 ©Juan-Carlos Munoz/The Trustees of the Natural History Museum, London; pg. 210 ©David Woodfall/gettyimages.com; pg. 211©Norman McLeod; pg. 220 top ©Luiz Claudio Marigo/naturepl.com; pg. 221 ©Nigel Cattlin/FLPA.

Every effort has been made to contact and accurately credit all copyright holders. If we have been unsuccessful, we apologise and welcome corrections for future editions.

謝辞 *Acknowledgements*

　イラストの使用に許可をいただいた、ダヴィデ・ボナドンナ、ジョン・コンウェイ、ジュリウス・コソトニー、ジョシュア・クナッペ、ロバート・ニコルス、ジョン・シビック、エミリー・ウィロビー、そしてマーク・ウィットンに感謝を申し上げる。また、プラテオサウルスとケントロサウルスのCGモデルの使用に許可をいただいた、ハインリッヒ・マリソンと、白亜紀のプランクトンの画像に関して助力をいただいた、ノーマン・マックレオドに御礼を申し上げる。本書で使用している他の画像の使用に許可をいただき、本書で紹介しているさまざまな説について議論していただいた、多くの同僚の方々に心から感謝する。さらに、校正に協力していただいた、クリンスマン・ヒンジャヤとアルバート・チェンに感謝する。最後に、本書の製作に当たり、支援や協力をいただいた、NHM Publishing と NHM Image Resources の職員の方々にお礼を申し上げる。

【著者略歴】

ダレン・ナイシュ（*Darren Naish*）

サイエンスライター、技術編集者、古生物学者。主に白亜紀の恐竜と翼竜を研究しているが、四肢動物すべてに関心を持っている。

ポール・バレット（*Paul Barrett*）

ロンドン自然史博物館の地球科学部門研究員。恐竜に関する科学論文を150件以上執筆しており、世界中を旅して、さまざまな驚異的な恐竜を研究している。

【監訳者略歴】

小林快次（こばやし・よしつぐ）　監訳者序文・第1章・第2章

1971年福井県生まれ。1995年ワイオミング大学地質学地球物理学科卒業。2004年サザンメソジスト大学地球科学科で博士号取得。現在、北海道大学総合博物館副館長・教授。獣脚類恐竜のオルニトミモサウルス類を中心に、恐竜の分類や生理・生態の研究をしている。主な著書に『ぼくは恐竜探検家！』（2018年、講談社）、『恐竜は滅んでいない』（2015年、角川新書）などがある。

久保田克博（くぼた・かつひろ）　第5章・第6章・用語解説・索引

1979年群馬県生まれ。2008年筑波大学大学院生命環境科学研究科博士課程修了。博士(理学)。現在、兵庫県立人と自然の博物館研究員。小型獣脚類恐竜を中心に、恐竜の記載や系統関係について研究している。
主な著書に『恐竜研究の最前線　謎はいかにして解き明かされたのか』（監訳、2021年、創元社）、『キミならどうする!?　もしもサバイバル　恐竜時代で生きのこる方法』（監訳、2021年、ポプラ社）などがある。

千葉謙太郎（ちば・けんたろう）　第3章

1985年札幌市生まれ。2008年東北大学理学部卒業、2011年北海道大学理学院修士課程修了。2018年トロント大学生態学進化生物学科にて博士号取得。現在、岡山理科大学生物地球学部講師。ケラトプス類恐竜の分類と進化、および、骨の内部構造に基づいて古生物の生理・生態の研究している。

田中康平（たなか・こうへい）　第4章

1985年名古屋市生まれ。北海道大学理学部卒業。カルガリー大学地球科学科修了。Ph.D.日本学術振興会特別研究員（名古屋大学博物館）を経て、現在、筑波大学生命環境系助教。恐竜の繁殖行動や子育ての研究を中心に、恐竜の進化や生態を研究している。恐竜の卵化石を探して、世界中を飛び回る。

【訳者略歴】

吉田三知世（よしだ・みちよ）

京都大学理学部物理系卒業。企業勤務ののち英日・日英の翻訳家として独立。訳書にマンロー『ホワット・イフ？』、フォーブズ『ヤモリの指』、シュービン『あなたのなかの宇宙』（以上早川書房）、クリース『世界でもっとも美しい10の物理方程式』（日経BP社）、ドラーニおよびカローガー『動物たちのすごいワザを物理で解く』（インターシフト）などがある。

Dinosaurs was first published in England in 2016 by the Natural History Museum, Cromwell Road, London SW7 5BD.

Copyright © 2016 The Natural History Museum

Photography copyright © As per the Picture Credits

This Edition is published by Sogensha, Inc. by arrangement with The Natural History Museum, London through Tuttle-Mori Agency, Inc., Tokyo

---

恐竜の教科書——最新研究で読み解く進化の謎

2019年2月20日第1版第1刷　発行
2024年3月30日第1版第5刷　発行

著　者	ダレン・ナイシュ *Darren Naish*
	ポール・バレット *Paul Barrett*
監訳者	小林快次　久保田克博　千葉謙太郎　田中康平
訳　者	吉田三知世
翻訳協力	株式会社トランネット　http://www.trannet.co.jp/
発行者	矢部敬一
発行所	株式会社 創元社
	https://www.sogensha.co.jp/
	本社　〒541-0047 大阪市中央区淡路町4-3-6
	Tel.06-6231-9010 Fax.06-6233-3111
	東京支店　〒101-0051　東京都千代田区神田神保町1-2 田辺ビル
	Tel.03-6811-0662
装丁・組版	寺村隆史＋河本佳樹
印刷所	図書印刷株式会社

© 2019, Printed in Japan　ISBN978-4-422-43028-7　C1045

〔検印廃止〕
落丁・乱丁のときはお取り替えいたします。定価はカバーに表示してあります。

JCOPY 〈出版者著作権管理機構 委託出版物〉
本書の無断複製は著作権法上での例外を除き禁じられています。複製される場合は、そのつど事前に、出版者著作権管理機構（電話 03-5244-5088、FAX03-5244-5089、e-mail: info@jcopy.or.jp）の許諾を得てください。